矩形钢管柱端板式连接钢结构

施 刚 王 喆 陈学森
张宏亮 尹 昊 王 琼 著

中国建筑工业出版社

图书在版编目（CIP）数据

矩形钢管柱端板式连接钢结构/施刚等著. —北京：
中国建筑工业出版社，2020.10
ISBN 978-7-112-25297-8

Ⅰ. ①矩… Ⅱ. ①施… Ⅲ. ①钢管-连接板-钢结
构 Ⅳ. ①TU391

中国版本图书馆 CIP 数据核字（2020）第 114907 号

　　本书论述了在矩形钢管柱端板式连接钢结构体系的研发和应用过程中针对主要技术问
题所开展的研究及成果，主要内容包括：矩形钢管柱端板式连接钢结构的预制楼板栓钉连
接性能的试验研究、箱形柱-工形梁端板节点的静力及抗震性能的试验研究及数值模拟研
究、矩形钢管柱端板式连接钢框架的抗震性能拟静力试验研究和振动台试验研究、矩形钢
管柱端板式连接钢结构的数值模拟方法研究、抗震设计方法研究、算例分析和设计建议。
　　本书为矩形钢管柱端板式连接钢结构体系研发的基础性研究成果，并为中国工程建设
标准化协会（CECS）标准《矩形钢管柱端板式连接钢结构技术规程》的编制提供了直接
依据，可供从事钢结构工程设计的技术人员和高等院校相关专业的教师、研究生参考。

责任编辑：聂　伟　王　跃
责任校对：张惠雯

矩形钢管柱端板式连接钢结构

施　刚　王　喆　陈学森
张宏亮　尹　昊　王　琼　著

*

中国建筑工业出版社出版、发行（北京海淀三里河路 9 号）
各地新华书店、建筑书店经销
霸州市顺浩图文科技发展有限公司制版
北京建筑工业印刷厂印刷

*

开本：787 毫米×1092 毫米　1/16　印张：16¼　字数：401 千字
2021 年 1 月第一版　　2021 年 1 月第一次印刷
定价：**58.00** 元
ISBN 978-7-112-25297-8
（36077）

前　　言

钢结构不仅具有自重轻、跨度大、强度高、抗震性能好等优点，还天然具备装配式建筑的属性，可以提高建筑标准化和建筑质量，解决用工供需不平衡的矛盾。近年来，随着我国建筑工业化要求的不断提高，以发展新的建造方式为重点、推广钢结构等装配式建筑已成为我国结构工程发展中的重要方向，在此背景下，具有装配化施工特点的钢结构在我国基础设施建设中的应用日趋广泛。

矩形钢管柱端板式连接钢结构是在上述背景下由山东鲁帆建设科技有限公司、中国建筑标准设计研究院和清华大学土木工程系联合提出的一种新型预制装配式建筑体系。该体系中结构构件采用矩形或箱形钢管柱和工形梁；梁柱之间使用高强度螺栓端板节点进行连接，创新地实现构件完全工厂化预制、现场快速拼装的装配化施工，是一种适用于多层住宅或办公建筑、可实现标准化制造的新型钢结构形式。为了实现该结构体系的分析和设计，为其进一步推广和应用提供条件，本书作者团队自 2014 年以来开展了针对矩形钢管柱端板式连接钢结构体系中主要技术问题的研究，形成了系列研究成果并提出了体系的抗震设计方法。本书是对本书作者团队针对矩形钢管柱端板式连接钢结构研究成果的总结，包括矩形钢管柱端板式连接钢结构的预制楼板栓钉连接性能研究、箱形柱-工形梁端板节点性能研究、钢框架抗震性能拟静力试验研究、钢框架振动台试验研究、结构数值模拟方法研究、抗震设计方法和算例分析。本书研究成果旨在为矩形钢管柱端板式连接钢结构体系的应用和推广提供技术基础，也可为未来类似结构体系的开发与研究工作提供理论和方法依据。

与此同时，中国建筑标准设计研究院和清华大学正在主持编制中国工程建设标准化协会（CECS）标准《矩形钢管柱端板式连接钢结构技术规程》，本书的研究成果将为该标准的编制提供直接依据。

本书的研究工作得到了国家自然科学基金优秀青年科学基金（51522806）、国家自然科学基金面上项目（51478244、51778328）和国家重点研发计划课题（2018YFC0705501）等的资助。本书中的试验研究工作得到了清华大学土木工程系土木工程安全与耐久教育部重点实验室和中国建筑科学研究院建筑安全与环境国家重点实验室的大力支持。

本书是作者及其研究团队的共同研究成果，既包括学术前辈的关怀与指导，也包括了实验室同事及国内外高校和工程界广大专家学者的支持和参与。限于作者的水平，书中难免有不足之处，需要在今后的研究工作中不断加以改进和完善，敬请专家和读者批评指正。

作　者
2020 年于清华园

目　　录

第1章 绪 论

1.1 体系研发背景

钢结构作为一种重要的建筑结构形式，从 19 世纪末开始出现并不断发展[1]。随后的几十年间，钢结构在西方国家开始被应用于中高层建筑、大跨桥梁和工业建筑中，并逐步具备了一定的规模[2]。第二次世界大战后，西方国家城市建筑遭到严重破坏，经济恢复与城市化使得城市人口剧增，一度出现了住房紧张的局面，推广建筑工业化以加快建设速度并节约劳动力成为建筑发展中的重要需求，钢结构在此期间得到了快速发展[3]。钢结构除自重轻、跨度大、强度高、抗震性能好等优点外，还具备装配式建筑的属性，可以提高建筑标准化和建筑质量，解决用工供需不平衡的矛盾。目前世界主要发达国家的建筑工业化水平已相对较高，钢结构建筑占新建建筑的比例基本稳定在 40% 以上[4]；而我国作为目前世界第一产钢大国，钢结构建筑发展的起步较晚，钢结构等装配式建筑占新建建筑的比例尚未达到 30%，因此在建筑工业化的发展进程中钢结构的发展具有巨大的潜力。与此同时，随着我国经济和社会的发展，防灾能力已经成为城市基础设施和房屋建筑建设过程中的重要要求；其中，建筑物的抗震性能已成为新型城镇化进程中需要重点关注的问题。

在上述钢结构、装配化施工、优良抗震性能的要求下，结合多层住宅或办公建筑的用户需求，清华大学土木工程系与山东鲁帆建设科技有限公司、中国建筑标准设计研究院联合开发了一种新型的预制装配式建筑钢结构体系——矩形钢管柱端板式连接钢结构。该体系采用方钢管柱和工形梁；梁柱之间使用高强度螺栓端板节点[5] 进行连接，工厂加工时在方钢管柱中预埋扭剪型高强度螺栓，现场安装时使用电动扳手完成梁柱连接及螺栓预紧力施加；为增大框架抗侧刚度、提高建筑的使用舒适度，结构中使用了交叉布置的柔性支撑；楼板以钢梁为界，划分成矩形区格，工厂预制并现场拼装，楼板预制时四周预留栓钉孔，现场吊装到位后在栓钉孔内向钢梁上表面打栓钉，再灌注灌浆料完成连接。这种适用于多层住宅或办公建筑的新型钢结构体系，具有完全工厂化预制-现场拼装的装配化施工特点。钢结构构件加工精度与安装技术的不断提高使得这种体系的应用成为可能，钢结构装配式建筑在政策上的推动作用、强大的市场需求以及优良的抗震性能，使得这种结构体系具有十分广阔的市场前景。

发展矩形钢管柱端板式连接钢结构体系符合装配式钢结构技术体系的产业发展要求。但是，为了实现该体系的应用与推广，需要针对该体系开展研究论证并提出保证其安全、可靠的应用条件、构造要求与设计方法。因此，有必要采用结构试验、数值模拟、理论分析等方式对矩形钢管柱端板式连接钢结构体系的抗震性能和设计方法进行深入研究。同时，在矩形钢管柱端板式连接钢结构体系的研发和应用过程中，也需要解决钢结构设计和装配式建筑设计的方法和理论中存在的技术问题，主要包括：

（1）预制楼板与钢梁之间的连接、箱形柱与工形梁之间的连接的构造形式、预制装配式施工方式，及其承载能力、传力机理、变形能力等受力性能。

（2）采用螺栓端板节点、柔性支撑、预制装配式楼板端板节点-柔性支撑钢框架体系在地震作用下的受力机理、破坏模式、变形特性、耗能能力等性能。

（3）采用预制装配式构造的矩形钢管柱端板式连接钢结构在真实地震作用下的动力特性、受力特性及抗震性能。

（4）装配式矩形钢管柱端板式连接钢结构体系的精细化数值模拟方法，以及基于数值模拟结果的结构抗震性能。

（5）装配式矩形钢管柱端板式连接钢结构体系中，装配式连接的构造要求、一般设计原则、主要参数影响规律，以及工程应用中的抗震设计方法。

1.2 结构形式与施工步骤

1.2.1 梁柱连接节点的选型

在预制装配式钢框架的设计中，梁柱连接节点是重要的设计内容。一方面，不同构造形式的节点会表现出不同的强度和刚度，节点的强度和刚度会对整个框架结构体系的受力和变形产生重要影响；另一方面，对于预制装配式钢框架，梁柱的连接是现场施工的重要环节，节点构造形式是否合理将对现场施工速度和成本产生直接影响。因此，选择合理的节点构造对预制装配式钢框架的设计和施工都具有十分重要的意义。为了实现预制装配式结构现场快速施工的要求，综合考虑连接的性能与施工的难度，提出了四种在预制装配式钢框架中可以采用的节点构造形式，分别如图 1.1（a）～（d）所示。研发阶段按初步设计方案取 $400 \times 200 \times 8 \times 13$ 工字形截面梁和 350×12 方钢管截面柱，设计了典型节点构造对四种节点进行弯矩作用下的弹塑性有限元模拟计算，比较其弯矩-转角曲线特征以进行选型分析。

所比选的四种节点形式均通过螺栓进行现场连接，并且都在梁端焊接端板。不同之处在于节点 A 和节点 B 的梁端板与柱壁板通过螺栓直接连接，其中节点 A 柱内侧不设横隔板，节点 B 柱内侧与梁翼缘对应位置处设置横隔板；节点 C 与节点 D 在柱壁板上与梁翼缘对应位置焊接外环板并在外环板的外侧焊接柱端板，梁端板与柱端板通过螺栓连接，其中节点 C 为平齐式端板连接，节点 D 为外伸式端板连接。初选的 4 种节点构造中，构造A～D 的用钢量依次增大。

为了对比不同节点构造的力学性能，在以上 4 种节点中选取合理的构造形式，使用有限元软件 ABAQUS 分别建立了 4 种节点的有限元模型并对其受力性能进行了分析。在建模中，连接端板厚度均取为 20mm，梁端板加劲肋厚度为 14mm，构造 B～D 中的柱横隔板或外环板厚度均为 14mm，伸出柱面宽度为 100mm。螺栓在端板上的布置如图 1.2 所示，所采用的螺栓均为 10.9 级 M20 高强度螺栓，螺杆直径为 20mm，螺孔直径 22mm，螺栓建模所需的其余尺寸均按照相关规范取值。在模型中柱长取为 3m，在中央与梁相连；梁端距柱轴线距离 1.2m。所有单元均采用三维 8 节点实体单元 C3D8R 进行模拟。在模型中，梁、柱、端板和加劲肋等钢材均按照 Q345 钢材定义材料模型，采用理想弹塑性本构

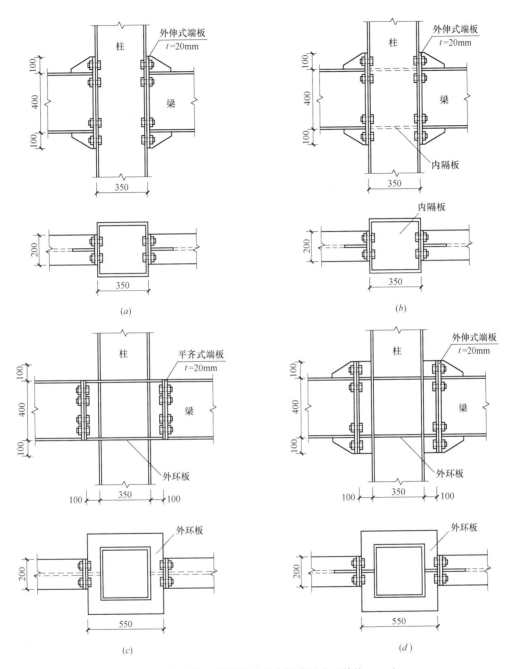

图 1.1 初选的预制装配式节点构造形式（单位：mm）

（a）节点 A；（b）节点 B；（c）节点 C；（d）节点 D

关系，von Mises 屈服准则，弹性模量 206GPa，泊松比 0.3，屈服应力为 345MPa；螺栓的本构关系则采用三线性模型模拟[6]，弹性模量取为 206GPa，泊松比 0.3。10.9 级 M20 高强度螺栓按规程施加 155kN 预紧力[7]。划分网格后的有限元模型如图 1.3 所示。在有限元模型中对以上各处接触均进行了模拟，采用的接触性质为法向硬接触，切向摩擦系数 0.4。

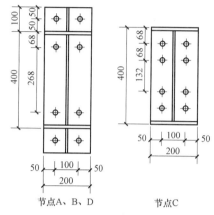

图 1.2　端板螺栓布置示意（单位：mm）

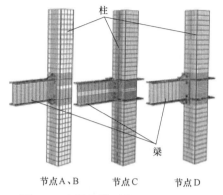

图 1.3　有限元模型的网格划分示意

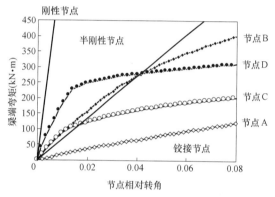

图 1.4　各节点的弯矩-转角曲线

通过有限元分析得到各节点的弯矩-转角曲线，如图 1.4 所示。从图中可以看出，4 种节点形式中节点 A 的初始转动刚度和抗弯承载力都较小，节点 D 的初始转动刚度和抗弯承载力都较大，节点 B 和节点 C 初始转动刚度相似，节点 B 的初始转动刚度略高于节点 C，承载力则明显高于节点 C。依据欧洲规范[8]，按照节点转动刚度与所连接梁的线刚度之比的大小可以将节点分为刚性节点、半刚性节点与铰接节点。按无支撑框架考虑时，根据梁的线刚度绘出节点刚度分类的分界线，即图 1.4 中的黑实线，将弯矩-转角坐标系分为铰接节点、半刚性节点和刚性节点 3 个区域。由各节点初始刚度可以看出，4 种初选节点构造中，节点 A 属于铰接节点，其余节点都属于半刚性节点。

在加载至梁端位移 100mm 时，4 个节点的模型中都出现了较大的屈服区域。此时梁、柱与端板的应力和变形如图 1.5 所示。从图 1.5 中可以看出，当节点的转动变形较大时，节点 A 的柱表面发生严重变形，柱表面与受拉螺栓相连的部分向外凸出，而与受压翼缘相连的部分向内凹陷，同时端板受拉部分发生较大变形；节点 B 的柱表面也发生一定的变形，但由于受到柱内隔板的限制，柱表面的变形要比节点 A 小；节点 C 的柱端板和柱外环板发生明显变形，在梁受拉翼缘附近梁柱端板明显脱开，梁腹板与柱外伸段在受拉螺栓对应高度范围内大面积屈服；节点 D 梁端板与柱端板的变形都较小，在柱环板靠近柱表面的部分形成塑性铰，塑性变形主要集中在这一区域。

对比节点 A 与节点 B 的应力与变形，可以看出柱横隔板可以显著减小与端板连接的柱翼缘的变形；对比节点 B 与节点 D 的应力与变形，可以看出在外环板外侧焊接柱端板可以使螺栓连接位置外移，从而使端板的变形减小；节点 A、节点 B 与节点 D 的受拉侧梁端板加劲肋均进入屈服，表明梁端板加劲肋有明显的传递拉力的作用，可以在一定程度上减小端板的变形并影响螺栓拉力的分布。

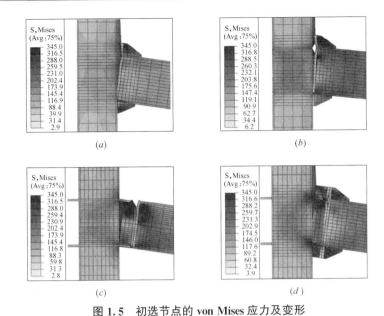

图 1.5 初选节点的 von Mises 应力及变形

(*a*) 节点 A；(*b*) 节点 B；(*c*) 节点 C；(*d*) 节点 D

综上所述，根据对所提出的 4 种节点进行有限元分析的结果，可以得出如下结论[9]：

（1）冷弯方钢管柱与工字形钢梁的连接节点中，设置柱横隔板或柱外环板能显著提高节点的刚度和承载力，而不设置横隔板和外环板的端板连接节点刚度较小。

（2）在钢管柱外侧设置外环板并焊接端板可以将端板连接位置外移，减小端板连接位置的弯矩，从而减小端板的变形和螺栓的拉力；相同条件下，设置内隔板能较显著提高承载力，而设置外环板能较显著提高节点刚度。

（3）采用外伸端板连接时，梁翼缘外侧加劲肋有明显的传力作用，可以在一定程度上限制端板的变形并影响螺栓拉力的分布，但其本身会产生较高的应力水平；平齐式端板连接则会在连接处产生较大的变形，承载力和刚度都相对较低。

经过分析和比选，选择节点 A 作为矩形钢管柱端板式连接钢结构的节点构造，并针对其承载力和刚度特点开展体系研发。

1.2.2 抗侧力体系

在矩形钢管柱端板式连接钢结构的抗震设计中，抗侧力体系的选取及其设计对结构在地震作用下的性能具有重要影响。本书研究的矩形钢管柱端板式连接钢结构以支撑框架作为抗侧力体系，而其梁柱连接节点的刚度和柱间支撑的具体形式是影响结构抗侧性能的重要因素，在研发过程中通过弹塑性时程分析初步探究这两种因素对结构抗震性能的影响。以传统的刚接框架模型、刚接框架-支撑模型和非传统的半刚接框架-支撑模型作为研究的基本模型，通过实际算例来进行结构抗侧力体系中有无支撑的效果比较、中心支撑和屈曲约束支撑的效果比较以及刚接和半刚接的效果比较[10]。

针对 7 度（0.1g）、7 度（0.15g）和 8 度（0.2g）三种抗震设防烈度，以一榀 6 层框架结构（或框架-支撑结构）作为基本模型开展分析，其几何尺寸见图 1.6。在对结构构件进行承载力设计的基础上，在模型中梁、柱均采用 Q345 钢材，柱采用 350×12 方钢管，梁采用 H400×200×8×13 型钢；屈曲约束支撑采用 Q195 钢材，芯板的截面面积为 4000mm²，中心交叉支撑采用 Q235 钢材，截面面积为 3910mm²。在结构体系中每两榀框架设一道支撑，因此对于单榀框架模型中支撑的刚度和强度按实际取值的 1/2 考虑。经验算，以上截面、规格的选择能够保证在 8 度常遇地震作用下所有构件均保持弹性。

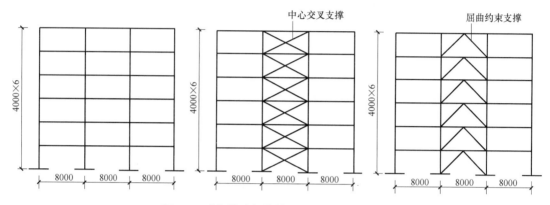

图 1.6 弹塑性分析的基本模型（单位：mm)

通过弹塑性时程分析方法对各模型进行罕遇地震下的抗震性能对比研究。为了方便比较，一共选择了 5 个模型进行分析。弹塑性时程分析时，梁柱单元采用塑性铰模型，钢材的弹塑性本构关系采用双线性模型，地震波采用 El-Centro 波，总时长为 15s，每个记录点的时间间隔为 0.02s。按照规范将地震波等比例调幅至峰值加速度为 2.2m/s²、3.1m/s² 和 4m/s²，以满足 7 度（0.1g）、7 度（0.15g）和 8 度（0.2g）罕遇地震的要求。具体的模型参数、结构基本周期和分析得到的最大层间位移角结果见表 1.1[10]。

各模型弹塑性分析结果[10]   表 1.1

模型编号	节点形式	支撑形式	基本周期（s⁻¹）	烈度	层间位移角					
					1层	2层	3层	4层	5层	6层
1	刚接	无	1.822	7 度(0.1g)	1/111	1/64	1/65	1/81	1/97	1/147
				7 度(0.15g)	1/84	**1/49**	1/54	1/62	1/72	1/110
				8 度(0.2g)	1/66	**1/39**	**1/43**	1/53	1/61	1/93
2	刚接	中心交叉支撑	0.657	7 度(0.1g)	1/200	1/124	1/149	1/266	1/352	1/475
				7 度(0.15g)	1/144	1/89	1/105	1/172	1/327	1/442
				8 度(0.2g)	1/123	1/68	1/71	1/108	1/232	1/440
3	半刚接	中心交叉支撑	0.683	7 度(0.1g)	1/216	1/114	1/127	1/226	1/328	1/450
				7 度(0.15g)	1/158	1/92	1/101	1/154	1/313	1/505
				8 度(0.2g)	1/113	1/66	1/72	1/110	1/260	1/443
4	刚接	屈曲约束支撑	0.650	7 度(0.1g)	1/329	1/262	1/298	1/308	1/355	1/439
				7 度(0.15g)	1/242	1/178	1/211	1/270	1/297	1/358
				8 度(0.2g)	1/199	1/124	1/147	1/236	1/270	1/342
5	半刚接	屈曲约束支撑	0.673	7 度(0.1g)	1/209	1/155	1/201	1/246	1/267	1/317
				7 度(0.15g)	1/214	1/159	1/215	1/256	1/279	1/333
				8 度(0.2g)	1/209	1/155	1/201	1/246	1/267	1/317

基于分析结果，得到的主要结论为[10]：

（1）7 度（0.1g）地震作用下所有模型都能够达到罕遇地震下层间位移角小于 1/50 的要求[11]。7 度（0.15g）和 8 度（0.2g）除不加支撑的纯框架结构（模型 1）最大层间位移角过大，超过了 1/50 的要求（已在表 1.1 中加粗显示）外，其他增加支撑的模型没有出现层间位移角过大的情况。

（2）在罕遇地震下，采用中心支撑的模型层间位移角明显大于采用屈曲约束支撑的模型，尤其是 8 度（0.2g）地震下模型 2 和模型 3 的第 2 层层间位移角已经接近 1/50 的限值。

（3）无论采用的是中心支撑还是屈曲约束支撑，半刚接框架的最大水平位移响应与传统的刚接框架相比并没有明显的增大，一些模型的某个楼层甚至还出现了层间位移减小的现象。

因此，采用半刚接节点的支撑框架在设置中心交叉支撑或屈曲约束支撑情况下都能够形成有效的抗震结构体系，一定条件下在罕遇地震下能够保证层间位移角达到规范对 8 度区的抗震设计要求。所以采用中心交叉的柔性支撑半刚接框架体系作为矩形钢管柱端板式连接钢结构的抗侧力结构体系是可行的。

1.2.3 结构构造形式

本书所研究的矩形钢管柱端板式连接钢结构，采用"方钢管柱＋工形梁＋高强度螺栓端板节点＋柔性交叉支撑＋预制装配式楼板"的结构体系，如图 1.7 所示。该结构的构造形式与其预制装配式施工的方式相协调。采用方钢管柱-工形梁端板节点构造，并根据具体位置采用不同的预制安装方式，如图 1.8 所示；现场安装施加预紧力时无法触及方钢管柱内部以限制螺栓转动，所以在工厂加工时需将扭剪型高强度螺栓预理在方钢管柱中。首先，将中柱在钢梁轴线高度处截断，将边柱及角柱在壁板上开窗；钻孔后将扭剪型高强度螺栓安放到位；然后焊接内隔板和防止螺栓掉落的螺栓套筒；最后用全熔透对接焊缝将柱截断面及开窗处复原。柔性支撑采用圆钢截面，可与框架采用 A、B 两种支撑节点连接（图 1.7）；A 型支撑节点中，将端板外伸加劲肋与支撑连接板合并，并与支撑采用双面角焊缝相连；B 型支撑节点中，在柱表面用四面角焊缝连接一块补强板，将支撑连接板采用双面角焊缝焊在补强板上，支撑与连接板用双面角焊缝连接；为运输方便，支撑与连接板之间的焊缝在现场焊接，其余焊缝在工厂焊接。楼板在工厂预制时需预留栓钉孔，在现场完成栓钉连接件的施工，如图 1.7 所示。

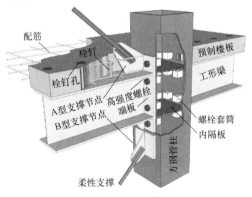

配筋
栓钉
栓钉孔
A型支撑节点
B型支撑节点
柔性支撑
预制楼板
工形梁
高强度螺栓
端板
螺栓套筒
内隔板
方钢管柱

图 1.7 方钢管柱端板节点柔性
支撑钢框架结构体系

基于上述构造形式，矩形钢管柱端板式连接钢结构可以实现现场快速安装施工。以本书第 4 章中的足尺框架拟静力试验试件结构的现场安装为例，说明矩形钢管柱端板式连接钢结构框架预制装配化施工的特点，如图 1.9 所示。首先，在地面上拼装某一方向的平面框架（优先选取跨数较少方向上的框架），螺栓仅初步拧紧；将每榀框架吊装到位，固定

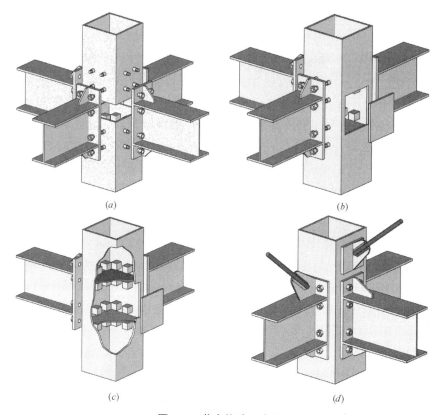

图 1.8 节点构造示意图

（a）中柱节点；（b）边柱节点；（c）角柱节点；（d）支撑节点

柱脚锚栓，如图 1.9（a）所示；然后吊装另一方向的框架梁，用螺栓固定并初步拧紧后，用电动扳手拧掉所有螺栓的梅花头，完成螺栓终拧，如图 1.9（b）所示；接着，吊装楼板，并焊接柔性支撑，如图 1.9（c）~（d）所示；最后，在栓钉孔中焊接栓钉并在栓钉孔和楼板接缝中填满灌浆料，如图 1.9（e）~（f）所示。可见，该结构体系现场施工的主要工作为构件的拼装、吊装和高强度螺栓安装，仅有很少量的焊接工作和灌浆湿作业，具有典型的工厂预制构件、现场装配化施工特点，可有效压缩工期并减小现场施工对周围环境的影响。

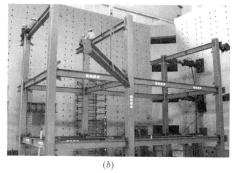

图 1.9 方钢管柱端板节点柔性支撑钢框架拼装流程（一）

（a）单榀框架拼装与吊装；（b）框架梁吊装

图 1.9 方钢管柱端板节点柔性支撑钢框架拼装流程（二）

(*c*) 预制楼板吊装；(*d*) 柔性支撑焊接；(*e*) 栓钉焊接；(*f*) 灌浆料灌孔及填缝

1.3 现有相关研究情况

1.3.1 矩形钢管柱-工形梁螺栓连接节点研究

矩形钢管柱与工形柱相比，双向受力性能相近，承载力更高，延性更好，屈曲后性能更加稳定，是抗震钢框架结构中非常理想的竖向构件。但由于矩形钢管柱的截面为闭口形式，与水平构件之间的连接存在一定难度。与工形柱-工形梁螺栓节点相比，对矩形钢管柱-工形梁螺栓节点的研究起步较晚，相关研究还较缺乏，实际工程案例也极少。近些年来国内外学者针对钢管柱-工形梁的节点开发了多种螺栓连接形式，如外套管连接、T形件连接、梁贯通型连接、对穿螺栓连接、攻丝螺栓连接和盲孔螺栓连接等，并对其受力性能开展了研究，相关研究成果见表1.2。

矩形钢管柱-工形梁螺栓连接节点的研究汇总   表 1.2

年份	学者	研究方法	主要内容
2008	李黎明，等[12]	试验	对方钢管柱-工形梁外套管型螺栓连接节点进行研究。外套管与T形件连接，T形件再与钢梁连接。设计并试验了3个十字形节点，结果显示节点具有较好的抗震性能
2010	Lee, et al.[13]	试验、数值	对3个节点进行了静力加载。柱翼缘与梁翼缘采用T形件连接，梁腹板与柱翼缘之间没有连接。柱与T形件采用盲孔螺栓固定

续表

年份	学者	研究方法	主要内容
2012	刘浩晋,等[14]	试验	对新型的梁贯通型方钢管柱-工形梁螺栓节点进行了循环加载试验,分析了延性、承载力、失效模式等。结果显示,这种节点耗能性能一般,滞回曲线存在较明显的捏拢
2013	杨晓杰,等[15]	试验、理论	对采用对拉螺栓连接的方钢管柱-工形梁 T 形梁柱节点进行了拟静力试验和有限元模拟,研究其滞回性能,并提出了恢复力模型
2013	Wang, et al.[16]	试验、数值	对 4 个方钢管混凝土柱-工形梁端板连接节点进行了静力加载试验,其中两个为平齐式端板,两个为外伸式端板。对节点的破坏模式、弯矩-转角曲线、节点分类进行了研究。用有限元软件进行了数值模拟和参数分析
2016	焦健,等[17]	试验	对两个采用攻丝方式进行端板连接的方钢管柱-工形梁十字形节点进行了拟静力试验,研究其抗震性能
2016	Song, et al.[18]	试验	对双角钢螺栓连接节点进行了静力和循环加载试验。2个角钢背对背焊接在柱子上,现场将梁腹板夹在中间,用高强度螺栓固定
2018	Chen, et al.[19]	试验、数值	对本书中矩形钢管柱端板式连接节点进行了循环加载试验,研究了节点的承载力、刚度、变形、耗能等抗震性能,并用有限元软件对节点进行了数值模拟和参数分析

大多数钢结构节点的研究过程中没有考虑楼板的组合作用,对节点刚度、抗弯承载力、梁柱强度比等均有所低估。国内外学者对带楼板的螺栓连接组合节点进行了试验研究,并对节点的单调和循环受力性能数值模拟进行了探索,见表 1.3。

螺栓连接组合节点的研究汇总　　　　　　　　　　　　　　　　表 1.3

年份	学者	研究方法	主要内容
2014	Kataoka, et al.[20]	数值	基于有限元软件 Diana,对方钢管混凝土柱-工形组合梁的对拉螺栓端板节点的循环受力性能进行了数值模拟
2015～2017	Thai, et al.[21,22]	试验、数值	对平齐式以及外伸式端板组合节点的单调受力性能进行了系统的试验研究及数值模拟。柱子采用方钢管混凝土柱或圆钢管混凝土柱,楼板与工形梁采用栓钉连接。使用盲孔螺栓对梁柱进行连接
2016～2017	Wang, et al.[23,24]	试验、数值	对薄壁钢管混凝土柱-钢梁端板连接节点进行了静力加载,并基于 ABAQUS 对试验进行了有限元模拟。对薄壁钢管混凝土柱-组合梁端板连接节点进行了拟动力试验。梁柱之间使用盲孔螺栓连接
2015～2017	Ataei, et al.[25—27]	试验、数值	对可拆卸平齐式端板连接节点的静力性能进行了试验研究和数值模拟。钢梁与预制楼板采用长螺栓连接;柱子为工形柱或钢管混凝土柱

1.3.2 柔性支撑受力性能研究

柔性支撑只受拉不受压的特性,可能会对结构的抗震性能存在一定的影响,例如支撑松弛后的突然张紧会对周围的节点和构件产生冲击作用[28],支撑松弛后的结构刚度下降会增大地震作用下的位移响应[29],柔性支撑框架较明显的捏拢现象会降低结构的耗能能力[30]。这些对柔性支撑受力性能的担忧导致各国规范对柔性支撑的使用给出了较为严格的条件，限制了其在钢框架结构中的应用。

近期同济大学的研究结果显示[31-33]，合理设计的柔性支撑的钢框架也能表现出良好的抗震性能，并且由于柔性支撑承载力低，不会对周围构件施加过大的附加承载力[33]，同时支撑只受拉不受压的特性以及框架的捏拢效应，可以增强结构地震后的变形可恢复能力[33]。对柔性支撑受力性能研究的文献，汇总于表1.4中。

柔性支撑受力性能的研究汇总 表 1.4

年份	学者	研究方法	主要内容
1995	Tremblay，et al.[28]	试验、理论	对3个两层单榀单跨带柔性交叉支撑的钢框架进行了振动台试验，研究了支撑的循环性能以及应变率的影响，结合理论分析提出了设计方法
2012	王伟，等[31,32]	试验	开发了一种新型的带柔性支撑的装配式钢结构，并对结构性能进行了试验研究
2013	Goggins，et al.[34,35]	试验、数值	对一个单层带柔性中心支撑钢框架进行了地震模拟振动台试验，并基于OpenSees开发可模拟该试验的有限元模型，对试验进行了数值模拟
2018	陈越时[33]	试验、数值、理论	通过足尺振动台试验研究了梁贯通式柔性支撑钢框架的抗震性能；采用OpenSees建立可模拟结构循环受力性能的有限元模型并进行参数分析；研究了结构的变形可恢复性并提出以残余位移为性能目标的设计方法

1.3.3 相关结构体系研究

国内外对于矩形钢管柱端板式连接钢结构的研究较为缺乏，对类似结构体系受力性能和设计方法的研究汇总于表1.5中。类似结构体系的框架试验较为缺乏，数值模拟方法也有待进一步完善。现有的试验研究多数仅针对结构整体性能，对节点和构件的性能研究尚不充分。结构体系层面的数值模拟方法通常过于简化导致精度不够，或者使用显式分析使得可信度大为降低。

方钢管柱-工形梁结构体系研究汇总 表 1.5

年份	学者	研究方法	主要内容
2006	郭兵，等[36]	试验	对采用工厂全焊接节点、端板螺栓节点、角钢螺栓节点的两层一跨缩尺(1:2)模型进行了抗震性能试验。结果表明：采用端板螺栓节点的框架，抗震性能与全焊接节点相似；采用角钢螺栓节点的框架，承载力、耗能能力和侧移刚度远低于另两种框架
2007	Nakashima，et al.[37]	试验	对1个两榀一层两跨的组合钢框架进行了拟静力加载试验，层间位移角最大达0.13，柱子为冷弯箱型柱，梁为H型钢，节点为内隔板外伸型的栓焊混接节点，楼板为压型钢板现浇楼盖
2008	Herrera，et al.[38]	试验	对1榀四层两跨结构形式为"方钢管混凝土柱-工字钢梁-对拉螺栓T形件连接节点"的框架进行了拟动力试验，研究了不同地震水平结构的抗震性能
2013	Wang，et al.[39]	试验、数值	对2个足尺的梁贯通型带柔性支撑钢框架进行了拟静力加载；研究了结构的破坏模式、延性、刚度、剪力分布、循环受力性能等。利用有限元软件ABAQUS建立了数值模型，对试验进行了模拟

1.3.4 现有研究的局限性

虽然国内外学者对矩形钢管柱-工形梁螺栓连接节点、柔性支撑的受力性能以及钢框架体系的受力性能等开展了一定程度的研究，但对于本书中矩形钢管柱端板式连接钢结构的设计指导仍然具有较大局限性，主要表现为：

（1）针对钢管柱-工形梁端板节点的研究不够充分。目前开展的研究中，对钢管柱-工形梁端板节点抗震性能试验、数值模拟、参数分析的研究还很不充分，尚未提出节点承载力和转动刚度的计算方法，导致结构设计过程中存在明显的技术障碍，限制了这种节点形式的应用与推广。并且，钢管柱使用时端板节点在内隔板周边以及钢管柱封口处需采用全熔透焊缝。这些直接受拉的焊缝在真实框架中的循环受力性能、焊缝强度对节点受力性能的影响、局部低周疲劳损伤对节点承载力影响还有待深入的研究，特别是有必要采用框架试验的方法对节点加工、拼装过程以及循环受力性能进行验证。

（2）由于目前对柔性支撑受力性能及带柔性支撑钢框架的抗震性能的研究尚不充分，相关设计规范对柔性支撑在抗震设计中的使用限制严格，对矩形钢管柱端板式连接钢结构中柔性支撑的应用需进一步研究和论证。

（3）钢结构的足尺框架试验数量很少。在所调研的文献中尚未发现采用方钢管柱-工形梁端板节点构造的框架试验；现有的足尺框架试验中，研究的重点通常为结构的整体抗震性能，而对构件和节点在地震作用下的性能的关注则相对较少，难以形成对结构构件和节点设计的有效指导。

（4）目前对于体系层面的螺栓连接钢框架的数值模拟方法还不完善。现有的节点层面的数值模拟研究中，通常采用计算工作量过大的精细化模型，不适合结构层面的模拟；而结构体系层面的研究中则采用过于简化的模型，计算精度不足。

（5）缺乏类似结构体系的参数分析和设计方法方面的研究，抗震性能与材料强度、支撑框架刚度比等参数之间的关系尚不知，无法指导工程设计及规范修订。

1.4 本书的主要内容

针对前述矩形钢管柱端板式连接钢结构抗震性能和设计方法研究方面的不足，本书作者团队采用了连接和节点试验、结构试验、数值模拟和理论研究的方法，对矩形钢管柱端板式连接钢结构体系的抗震性能进行研究，得到并分析该结构体系的预制楼板栓钉连接、箱形柱-工形梁端板连接节点和框架体系的相关试验研究结果数据，提出可模拟结构循环加载受力性能且具有较高精度的有限元模型，基于工程常用的设计方法并进行补充研究后提出适用于矩形钢管柱端板式连接钢结构框架的抗震设计方法，最后进行参数分析来验证设计方法的可靠性并提出设计建议。

本书是对矩形钢管柱端板式连接钢结构体系研发过程中研究的技术内容和主要成果的总结，主要的章节为第 2～8 章，包括矩形钢管柱端板式连接钢结构体系的预制楼板栓钉连接推出试验（第 2 章）、箱形柱-工形梁端板连接节点试验（第 3 章）、钢框架体系拟静力试验（第 4 章）、缩尺结构振动台试验（第 5 章）、结构体系的数值模拟研究（第 6 章）、结构体系的抗震设计方法（第 7 章）以及算例分析和设计建议（第 8 章）。

参考文献

[1] SAC Joint Venture. FEMA-355D state of the art report on connection performance [R]. Federal E-mergency Management Agency，2000.

[2] Nakashima M，Roeder C W，Maruoka Y. Steel moment frames for earthquakes in United States and Japan [J]. Journal of Structural Engineering，2000，126（8）：861-868.

[3] 李湘洲. 国外预制装配式建筑的现状 [J]. 建筑砌块与砌块建筑，1995（4）：24-27.

[4] 张爱林. 工业化装配式高层钢结构体系创新、标准规范编制及产业化关键问题 [J]. 工业建筑，2014，44（8）：1-6.

[5] 施刚，张宏亮，陈学森. 箱形柱-工形梁预制装配式高延性梁柱节点 [P]. 中国专利：ZL 201510201313.8，2019.

[6] 施刚，石永久，王元清. 钢框架梁柱端板连接的非线性有限元分析 [J]. 工程力学，2008，25（12）：79-85.

[7] 中华人民共和国国家标准. 钢结构高强度螺栓连接技术规程 JGJ 82—2011 [S]. 北京：中国建筑工业出版社，2011.

[8] BS EN 1993-1-8：2005. Eurocode 3：Design of steel structures——Part 1-8：Design of joints [S]. Brussels：European Committee for Standardization，2005.

[9] 陈学森，施刚，王喆，等. 多层装配式钢框架梁柱节点选型分析 [C]// 第十四届全国现代结构工程学术研讨会，2014.

[10] 王喆，王琼，陈学森，等. 预制装配式钢框架抗侧力体系研究 [C]// 中国钢结构协会疲劳与稳定分会第 14 届（ISSF-2014）学术交流会暨钢结构教学研讨会，2014，355-361.

[11] 中华人民共和国国家标准. 建筑抗震设计规范 GB 50011—2010（2016 年版）[S]. 北京：中国建筑工业出版社，2016.

[12] 李黎明，李自刚，陈以一. 冷弯方钢管与 H 型钢梁新型连接节点抗震性能研究 [C]. 宝钢学术年会，2008.

[13] Lee J，Goldsworthy H M，Gad E F. Blind bolted t-stub connections to unfilled hollow section columns in low rise structures [J]. Journal of Constructional Steel Research，2010，66（8）：981-992.

[14] 刘浩晋，王伟，陈以一，等. 分层装配式支撑钢结构梁贯通式节点研制与性能试验 [J]. 建筑结构，2012（10）：53-56.

[15] 杨晓杰，张龙，李国强，等. 矩形钢管柱与 H 形梁端板对拉螺栓连接滞回性能研究 [J]. 建筑钢结构进展，2013，15（4）：16-23.

[16] Wang J，Spencer B F. Experimental and analytical behavior of blind bolted moment connections [J]. Journal of Constructional Steel Research，2013，82（82）：33-47.

[17] 焦健，何明胜，王京，等. 方形钢管柱与 H 形钢梁全螺栓连接抗震性能试验研究 [J]. 建筑钢结构进展，2016，18（2）：34-40.

[18] Song Q Y，Heidarpour A，Zhao X L，et al. Performance of double-angle bolted steel I-beam to hollow square column connections under static and cyclic loadings [J]. International Journal of Structural Stability & Dynamics，2016，16（02）：479-486.

[19] Chen X，Shi G. Experimental study of end-plate joints with box columns [J]. Journal of Constructional Steel Research，2018，143：307-319.

[20] Kataoka M N，EI Debs A. Parametric study of composite beam-column connections using 3D finite element modelling [J]. Journal of Constructional Steel Research，2014，102（11）：136-149.

[21] Thai H T，Uy B. Finite element modelling of blind bolted composite joints [J]. Journal of Con-

structural Steel Research，2015，112：339-353.

[22] Thai H T，Vo T P，Nguyen T K，et al. Explicit simulation of bolted endplate composite beam-to-CFST column connections [J]. Thin-Walled Structures，2017，119：749-759.

[23] Wang J F，Zhang N. Experimental and numerical analyses of blind bolted moment joints to CFST columns [J]. Thin-Walled Structures，2016，109 (3)：185-201.

[24] Wang J，Zhang H. Seismic performance assessment of blind bolted steel-concrete composite joints based on pseudo-dynamic testing [J]. Engineering Structures，2017，131：192-206.

[25] Ataei A，Bradford M A，Valipour H R. Experimental study of flush end plate beam-to-CFST column composite joints with deconstructable bolted shear connectors [J]. Engineering Structures，2015，99：616-630.

[26] Ataei A，Bradford M A，Valipour H R. Finite element analysis of HSS semi-rigid composite joints with precast concrete slabs and demountable bolted shear connectors [J]. Finite Elements in Analysis & Design, 2016，122：16-38.

[27] Ataei A，Bradford M A，Liu X. Computational modelling of the moment-rotation relationship for deconstructable flush end plate beam-to-column composite joints [J]. Journal of Constructional Steel Research，2017，129：75-92.

[28] Tremblay R，Filiatrault A. Seismic impact loading in inelastic tension-only concentrically braced steel frames：myth or reality? [J] Earthquake Engineering & Structural Dynamics，2015，25 (12)：1373-1389.

[29] Sabelli R，Roeder C W，Hajjar J F. Seismic design of steel special concentrically braced frame systems [M]. Gaithersburg, USA：National Institute of Standards and Technology，2013.

[30] Elghazouli A Y. Seismic design procedures for concentrically braced frames [J]. Structures & Buildings，2013，156 (4)：381-394.

[31] 刘大伟，王伟，马场峰雄，等. 分层装配式钢结构体系新型支撑研制与性能试验 [J]. 建筑结构，2012 (10)：57-60.

[32] 王伟，陈以一，余亚超，等. 分层装配式支撑钢结构工业化建筑体系 [J]. 建筑结构，2012 (10)：48-52.

[33] 陈越时. 梁贯通式柔性支撑钢框架抗震性能和震后变形可恢复性研究 [D]. 上海：同济大学，2018.

[34] Goggins J，Salawdeh S. Validation of nonlinear time history analysis models for single-storey concentrically braced frames using full-scale shake table tests [J]. Earthquake Engineering & Structural Dynamics，2013，42 (8)：1151-1170.

[35] Salawdeh S，Goggins J. Numerical simulation for steel brace members incorporating a fatigue model [J]. Engineering Structures，2013，46 (1)：332-349.

[36] 郭兵，郭彦林，柳锋，等. 焊接及螺栓连接钢框架的循环加载试验研究 [J]. 建筑结构学报，2006，27 (2)：47-56.

[37] Nakashima M，Matsumiya T，Suita K，et al. Full-scale test of composite frame under large cyclic loading [J]. Journal of Structural Engineering，2007，133 (2)：297-304.

[38] Herrera R A，Ricles J M，Sause R. Seismic performance evaluation of a large-scale composite MRF using pseudo-dynamic testing [J]. Journal of Structural Engineering，2008，134 (2)：279-288.

[39] Wang W，Zhou Q，Chen Y，et al. Experimental and numerical investigation on full-scale tension-only concentrically braced steel beam-through frames [J]. Journal of Constructional Steel Research，2013，80：369-385.

第2章　预制楼板栓钉连接推出试验

2.1　概述

在钢框架中应用混凝土楼板时,混凝土与钢梁通过预埋在钢梁上的栓钉进行连接,这是比较常见的连接形式[1]。现浇混凝土楼板从浇筑到拆模需要一定的养护时间,会影响现场施工进度,不能满足预制装配式钢框架构件预制、现场快速安装工作的要求[2]。在矩形钢管柱端板式连接钢结构中,为与预制装配式的施工特点相协调,采用预制楼板上预留栓钉孔、现场安装时通过在吊装后于栓钉孔内后浇混凝土或灌浆料的方式填充洞口,以达到快速施工和无模板施工的目的。

虽然我国《钢结构设计标准》GB 50017—2017 中已给出栓钉连接抗剪承载力的设计方法[3],但是由于现有的研究中对于混凝土楼板与钢梁之间的栓钉连接大多为传统的现浇构造[4-6],对于预留栓钉孔后浇混凝土或灌浆料的构造形式的设计适用性缺乏充分的论证。由于后浇区域的存在,栓钉抗剪连接应用于预制混凝土楼板时的性能与应用于整浇混凝土楼板时存在一定的差异[7,8];为了研究预制楼板留孔后浇的施工方式对栓钉抗剪连接造成的影响,并对比现浇楼板与留孔后浇的预制楼板采用栓钉连接时抗剪性能的差异,进行了对比试验研究。

2.2　试验方案

2.2.1　试件设计

推出试验试件基于某预制装配式钢框架住宅中梁和楼板的尺寸进行设计。3 个试件的构造和做法完全相同,分别编号为 LFTC-1、LFTC-2 和 LFTC-3;钢梁采用 Q345 牌号 HN300×200×8×12 热轧型钢梁;楼板采用 120mm 厚 C30 混凝土板,栓钉采用 4.6 级 M19 栓钉。为了直观对比留孔后浇预制楼板和整浇楼板中栓钉连接抗剪性能的差异,本次试验的试件中钢梁两侧的楼板采用不同的制作方法:钢梁东侧的混凝土楼板为整浇楼板,钢梁西侧的混凝土楼板为留孔后浇的预制楼板。试验时混凝土的龄期为 60 天。试件的构造和尺寸见图 2.1,预制楼板预留孔的尺寸和位置见图 2.2。

2.2.2　加载和量测

试验采用 5000kN 压力试验机进行单调加载,如图 2.3 所示。依据规范提供的栓钉连接抗剪承载力验算方法[3],计算得到试件每一侧栓钉的抗剪承载力。对于 4.6 级 M19 栓钉与 C30 混凝土,栓钉横截面面积 $A_s = 283.53\text{mm}^2$,栓钉设计强度 $f = 215\text{MPa}$;混凝土

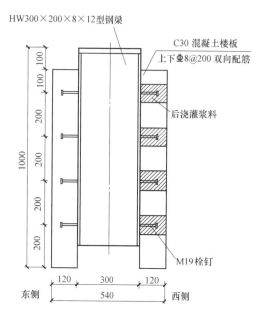

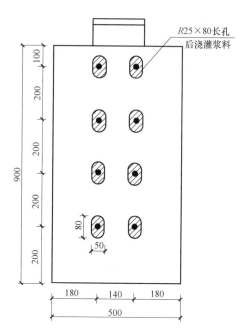

图 2.1　推出试验试件的构造和尺寸（单位：mm）　　图 2.2　预制楼板留孔的尺寸和位置（单位：mm）

轴心受压承载力设计值 $f_c = 14.3\text{MPa}$，弹性模量 $E_c = 3.0 \times 10^4 \text{MPa}$，计算得到一个栓钉的抗剪承载力设计值为 71.26kN（对应的极限值状态为圆柱头焊钉的受剪屈服）[9]。每侧有 8 个抗剪栓钉，故每侧的抗剪承载力设计值为 570kN，试件的总设计荷载为 1140kN。在试验中荷载达到设计值前采用力控制加载，达到设计值后用位移控制加载。当试件发生破坏或荷载下降到峰值荷载的 80% 时结束试验。

　　试验中通过千斤顶的加载控制系统记录荷载值，并在重要位置布置了位移计和应变片，如图 2.4 所示。每侧混凝土楼板与钢梁之间在上侧和下侧各布置位移计量测混凝土与

图 2.3　推出试验加载装置

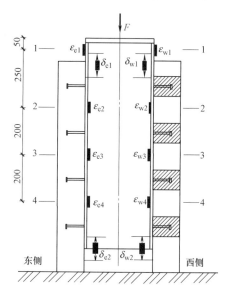

图 2.4　试件位移计和应变片的布置（单位：mm）

钢梁之间的相对滑移，以两个位移计测值的平均值作为该侧的滑移量；选取钢梁上的 4 个截面量测钢梁的轴向应变，其中 1-1 截面应变片布置在梁翼缘外侧，其余截面上应变片布置在梁翼缘内侧。

2.3 试验结果及分析

2.3.1 材性试验

试件浇筑混凝土时留置了 4 个边长 150mm 立方体标准试块，在混凝土龄期为 60 天时进行轴压试验得到的试验结果见表 2.1，抗压强度平均值为 38.0MPa，混凝土强度满足 C30 混凝土的要求。

混凝土试块材性试验结果　　　　　　　　　　　　　　　　　　　　　表 2.1

试件编号	长（mm）	宽（mm）	高（mm）	荷载（kN）	强度（MPa）	平均强度（MPa）
1	149.8	150.1	150.0	868	38.6	
2	150.2	150.4	150.8	848	37.5	38.0
3	149.5	149.5	149.6	852	37.8	

在钢梁的翼缘和腹板上各取样制作了 3 个拉伸试件，试验得到的典型的应力-应变试验曲线如图 2.5 所示，主要材性数据平均值见表 2.2。

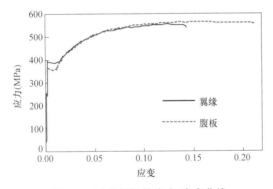

图 2.5　试件钢梁的应力-应变曲线

钢材材性试验结果　　　　　　　　　　　　　　　　　　　　　表 2.2

板件	厚度 t（mm）	弹性模量 E（MPa）	屈服强度 f_y（MPa）	屈服应变 ε_y	抗拉强度 f_u（MPa）
梁翼缘	12	216134	367.8	0.0017	557.8
梁腹板	8	207658	396.8	0.0019	562.2

2.3.2 试验现象

试件 LFTC-1 东侧的整浇混凝土楼板-栓钉体系在加载初期几乎没有滑移现象，在总荷载达到 1200kN 以后滑移开始迅速增长，达到荷载峰值时滑移量为 5.70mm，之后荷载缓慢下降，滑移量继续增长；西侧的留孔后浇混凝土楼板-栓钉体系的滑移量从加载初期就稳定增长，随着荷载的增大，滑移刚度逐渐减小，加载到峰值荷载时滑移量达到

10.08mm。在整浇侧的滑移量达到 9.87mm 时，试件发出清脆的"呼"声，整浇侧栓钉全部剪断，试件发生破坏，如图 2.6 所示。试件破坏时后浇侧的滑移量达到 12.81mm。整个加载过程中两侧的混凝土板表面都没有发现裂缝。观察破坏后的断面，可以看到所有的栓钉都在根部被剪断，露出灰色的平齐切断面，如图 2.7（a）所示。剪断前栓钉有比较明显的剪切变形，栓钉孔壁附近很小的范围内混凝土出现局部脱落。

图 2.6　试件 LFTC-1 破坏情况

(a) 　　　　　　　　　(b)

图 2.7　试件的剪切破坏情况

（a）LFTC-1 东侧破坏面；（b）LFTC-3 西侧破坏面

　　试件 LFTC-2 两侧的混凝土楼板-栓钉体系在加载初期滑移量都较小，西侧的滑移量比东侧滑移量稍大；当荷载超过 1400kN 后，两侧的滑移量都开始迅速增加；达到峰值荷载时，东侧的滑移量为 9.41mm，西侧的滑移量为 10.71mm。当荷载下降到峰值荷载的80% 时出于安全考虑停止试验并进行卸载，两侧的混凝土楼板-栓钉体系的卸载刚度相近。

　　试件 LFTC-3 在加载过程中的现象与 LFTC-1 类似，在加载初期两侧的滑移刚度就出现了明显的差异；在荷载开始下降后，两侧的滑移继续增大，在西侧的滑移量达12.87mm 时，突然听到一声脆响，荷载迅速下降。为了保护实验设备，此时将所有的量测仪表拆除后继续加载。随后西侧的预制楼板与钢梁之间明显脱开，陆续听到脆断声，最终所有栓钉都被剪断。剪断后的栓钉露出灰色的平齐剪切断口，栓钉位置附近较大范围内的灌浆料和混凝土被压溃并脱落，如图 2.7（b）所示。

2.3.3　荷载-滑移曲线

　　试验中每个试件两侧的连接特性可能存在差异，因此分别基于两侧的滑移绘制了荷载-滑移曲线，如图 2.8 所示。从图中可以看出，在整个加载过程中预制楼板侧的滑移量都大于整浇混凝土楼板侧，预制楼板侧栓钉连接的抗剪刚度比整浇楼板侧的抗剪刚度小，并且在加载初期就随着荷载的增大而进一步减小。

　　主要的试验结果参数见表 2.3。其中 F_u 是试验得到的峰值荷载；将峰值荷载与设计荷载的比值 μ 定义为试件的安全系数；δ_d 为设计荷载下的滑移量；δ_u 为极限状态下的滑移量。3 个试件的安全系数在 1.29～1.45 之间，表明各试件均满足规范规定的抗剪承载力的要求；在设计荷载下和极限状态下预制楼板侧栓钉连接的滑移量都明显大于整浇楼板

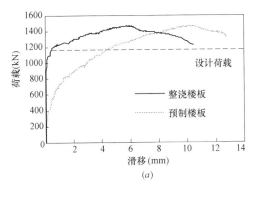

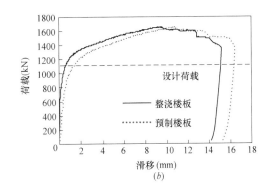

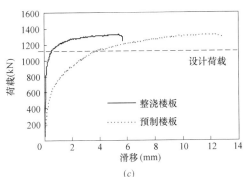

图 2.8　试件的荷载-滑移曲线

（*a*）LFTC-1；（*b*）LFTC-2；（*c*）LFTC-3

侧，表明预制楼板留孔后浇的栓钉连接形式的滑移刚度较小、变形能力较大。

试验结果汇总　　　　　　　　　　　　　　　　　　　　表 2.3

试件	混凝土	F_u(kN)	μ	δ_d(mm)	δ_u(mm)
LFTC-1	整浇	1466	1.29	0.37	9.87
	预制			4.24	12.81
LFTC-2	整浇	1654	1.45	0.68	9.41
	预制			1.46	10.71
LFTC-3	整浇	1472	1.29	0.57	5.69
	预制			4.04	12.87

2.3.4　应变分布

试验中在加载面以下和钢梁翼缘上各排栓钉之间布置了应变片量测钢梁不同截面的轴向应变。图 2.9 给出了设计荷载下图 2.4 所示各测点的应变分布。由图 2.9 可知钢梁各截面上轴向压应变分布的总体规律是截面越靠下其轴向应变越小。由于栓钉之间的截面与加载面和栓钉的距离都较远，可以认为其满足平截面假定，所以上述应变分布规律间接表明在梁端所施加的轴向荷载是通过每排栓钉逐级传递到混凝土中的。但由于图 2.4 所示 1-1 截面距离加载端较近，局部的应力状态比较复杂，因而其应变不符合这一规律。

$$F_e = \frac{EA}{4}(\varepsilon_e + \varepsilon_w) + \frac{\varepsilon_e - \varepsilon_w}{h - 2t_f}\frac{EI}{h} \tag{2.1}$$

19

$$F_{w}=\frac{EA}{4}(\varepsilon_{e}+\varepsilon_{w})-\frac{\varepsilon_{e}-\varepsilon_{w}}{h-2t_{f}}\frac{EI}{h} \tag{2.2}$$

式中，F_{e} 与 F_{w} 分别为所选截面以下的东侧所有栓钉剪力之和与西侧翼缘内所有栓钉剪力之和；ε_{e} 与 ε_{w} 分别为所选截面东侧与西侧翼缘内应变测点的应变值；E 为钢材的杨氏模量；A 和 I 分别为钢梁的截面面积和截面惯性矩；h 与 t_{f} 分别为梁高和翼缘厚。

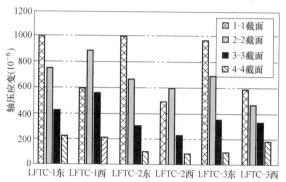

图 2.9　设计荷载下各应变测点截面的轴向应变分布

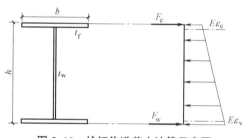

图 2.10　栓钉传递剪力计算示意图

从图 2.9 和表 2.2 中还可以看出，设计荷载下各测点的轴向应变均不超过 ε_{y}，因此可以认为该状态下各试件的钢梁截面均保持弹性。依据栓钉之间的各截面两侧的测点应变值和平截面假定可以确定该截面的应力分布，据此可以计算出截面的内力值。如图 2.10 所示，假设栓钉的剪力均作用于梁翼缘外表面位置，则由式（2.1）和式（2.2）可以得到平衡钢梁内力所需的外侧剪力。

相邻截面间的 F_{e} 之差可以表示钢梁东侧各排栓钉传递的剪力值，相邻截面间的 F_{w} 之差可以表示钢梁西侧各排栓钉传递的剪力值。图 2.11 给出了据此得到的每排单个栓钉传递剪力平均值分布。可以看出，各排栓钉传递的剪力并不均匀。因此，在推出试验中如果采用多排栓钉，其破坏荷载会由受力最不利的栓钉控制，基于栓钉剪力均匀分布的假定得到的单个栓钉的抗剪承载力会偏于保守。

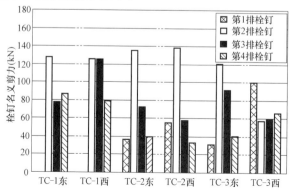

图 2.11　设计荷载下单个栓钉传递的剪力分布

需要说明的是，试件 LFTC-1 的第 1 排栓钉承担剪力的计算值为负数，这与实际情况不符，可能的原因为实际情况并不完全满足平截面假定，同时应变片的测量值也会有一定的误差。除了第 1 排栓钉外，其余栓钉承担剪力的结果的相对大小仍然具有比较意义。从结果中可以看出，各推出试件中靠近加载面的第 2 排栓钉受力最为不利。由于在栓钉群中各栓钉的剪力分布并不均匀，所以在进行设计时，如果需要对栓钉群的抗剪承载力进行验算，有必要考虑一定的安全系数，以避免复杂工况下最不利的栓钉发生失效而导致连锁破坏。

2.4　小结

（1）三个试件表现出三种不同的破坏模式，LFTC-1 为整浇侧的栓钉在根部剪断；LFTC-2 为加载过程中荷载下降至峰值荷载的 80%；LFTC-3 为后浇侧的栓钉在根部剪断。三个试件破坏时的安全系数均达到或超过 1.29，表明两种栓钉连接构造都能够满足抗剪承载力的相关要求。

（2）两个发生破坏的试件都是栓钉剪断破坏，表明在现有构造条件下两种混凝土浇筑方式得到的栓钉连接中混凝土的强度均满足相关要求，控制条件均为栓钉的抗剪强度。

（3）整浇侧的混凝土-栓钉体系的滑移刚度比后浇侧的混凝土-栓钉体系大。三个试件在设计荷载处，整浇侧的割线刚度分别是后浇侧的割线刚度的 11.5 倍、2.1 倍和 7.1 倍。较低的滑移刚度会增大使用荷载下的跨中挠度，同时也会减小负弯矩区栓钉的抗剪作用，改善负弯矩区的开裂情况，在设计中应根据具体要求进行综合考虑。

（4）后浇侧混凝土破坏时，灌浆料的脱落面积和局部破坏情况比整浇侧更为严重，表明滑移刚度的差异可能是由后浇侧填孔灌浆料与原混凝土性质的差异引起的，如混凝土收缩导致灌浆料和混凝土间的结合部不够密实，或灌浆料的弹性模量较低。所以可以通过调整灌浆料的性质来实现对滑移刚度的调整。

（5）从整个试验过程中来看，后浇侧混凝土的变形能力要大于整浇侧混凝土的变形能力；不管是整浇侧混凝土还是后浇侧混凝土，栓钉所在的钢梁截面的局部应力状态较复杂，可能会对其强度产生不利影响。因此在梁的设计中对于栓钉所在的截面应留有一定的安全系数。

（6）不管是整浇侧混凝土还是后浇侧混凝土，在栓钉群受剪时，各个栓钉承担的剪力并不相同，所以栓钉群的总剪力按照各个栓钉的剪力设计值之和计算时应留有一定的安全系数。

参考文献

[1] Tam V W Y, Tam C M, Zeng S X, et al. Towards adoption of prefabrication in construction [J]. Building and Environment, 2007, 42 (10): 3642-3654.

[2] Jaillon L, Poon C S, Chiang Y H. Quantifying the waste re-duction potential of using prefabrication in building construc-tion in Hong Kong [J]. Waste Management, 2009, 29 (1): 309-320.

[3] 中华人民共和国国家标准. 钢结构设计标准 GB 50017—2017 [S]. 北京：中国建筑工业出版

社，2018.

［4］ 薛伟辰，丁敏，王骅，等. 单调荷载下栓钉连接件受剪性能试验研究［J］. 建筑结构学报，2009，30 （1）：95-100.

［5］ 聂建国，谭英. 钢-高强混凝土组合梁栓钉剪力连接件的设计计算［J］. 清华大学学报：自然科学版，1999，39 （12）：94-97.

［6］ 聂建国，王洪全. 钢-混凝土组合梁纵向抗剪的试验研究［J］. 建筑结构学报，1997，18 （2）：13-19.

［7］ Shim C S，Lee P G，Chang S P. Design of shear connection in composite steel and concrete bridges with precast decks［J］. Journal of Constructional Steel Research，2001，57 （3）：203-219.

［8］ 戴益民，廖莎. 钢-混凝土预制板组合梁的试验研究［J］. 建筑结构，2007，37 （1）：75-76.

［9］ 陈学森，施刚，王喆，等. 装配式钢框架预制楼板栓钉抗剪连接性能试验研究［J］. 钢结构，2017，32 （8）：37-41.

第3章 箱形柱-工形梁端板连接节点试验

3.1 概述

在矩形钢管柱端板式连接钢结构设计中，箱形柱与工形梁之间的端板连接节点是尚缺少完整设计方法，但对结构性能有显著影响的重要部分。螺栓端板连接作为钢框架梁与柱连接节点的重要形式之一，具有可以快速施工、避免现场焊接作业的优势。针对工形柱和工形梁之间的螺栓端板连接节点，目前国内外的研究已比较丰富[1-5]，同时我国规范、美国规范和欧洲规范中也都规定了较实用的设计方法[6-9]。但是，由于箱形柱的封闭截面无法提供高强度螺栓连接的施工空间，加之缺乏箱形柱与工形梁之间螺栓端板连接的深入研究，现有的设计方法无法涵盖箱形柱-工形梁端板连接中柱壁板的验算[10,11]。

为了在预制装配式钢框架中应用箱形柱-工形梁端板螺栓连接，本书作者团队提出了箱形柱-工形梁端板连接节点的三种预制加工方法，并已申请专利[12]。第一种方法为在柱节点区没有与梁连接的侧面壁板上开方形窗口（简称为侧面开窗，记为 XW），窗口大小以可通过其对角线放置横隔板为准，通过该窗口将扭剪型高强度螺栓置于柱内螺栓孔位置，焊接带底套筒以防止螺栓滑落，并在和梁翼缘对应位置焊接横隔板，内部的预装和加工完成后通过焊接

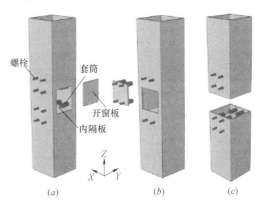

图 3.1 预埋螺栓和内隔板的箱形柱预制方法示意图
(a) 侧面开窗 XW；(b) 正面开窗 YW；(c) 中间截断 NW

钢板将窗口补全，见图 3.1 (a)；第二种方法与第一种方法类似，区别在于开窗口的位置在与梁连接的柱壁板上（简称为正面开窗，记为 YW），在补全窗口后需要将补焊窗口的焊缝磨平，以保证与端板接触的柱表面平整，见图 3.1 (b)；第三种方法为在柱的中央位置将柱截断（简称为中间截断，记为 NW），利用截断后的断口完成柱内部的螺栓布置和横隔板焊接，之后将截断的柱焊接拼接，并将与梁连接的柱表面的焊缝磨平以保证与端板接触的柱表面平整，见图 3.1 (c)。上述三种预制方法的所有切割和焊接作业均在工厂完成，在施工现场仅需通过电动扳手完成预埋扭剪型高强度螺栓的紧固安装。实际的箱形柱节点通常为四面柱壁板都与梁相连的空间节点，在制作应用于空间节点的箱形柱时也可选择开窗或截断方式；当采用开窗方式时，开窗柱壁板对应的节点可视为图 3.1 中的 YW 构造，而与之相邻的两侧壁板对应的节点可视为图 3.1 中的 XW 构造；当采用截断的方式时，各节点都可视为图 3.1 中的 NW 构造。

为了研究箱形柱-工形梁端板连接节点的性能及上述不同预制加工方法对其的影响，通过对 1 个足尺节点试件和 3 个采用不同预制方法加工的足尺节点试件分别进行单调加载和循环加载试验研究，以期为矩形钢管柱端板式连接钢结构中梁柱节点的设计和应用提供依据。

3.2　试验方案

3.2.1　试件设计

本次试验选取矩形钢管柱端板式连接钢结构典型设计中的中柱节点。原型结构中采用的柱为 300×12 冷弯方钢管柱，梁为 HN294×200×8×12 热轧型钢梁。梁柱之间采用端板连接，由于目前规范中尚无与端板相连的箱形柱翼缘的验算方法，所以试件中节点区的柱翼缘保持了冷弯方钢管的厚度。梁端焊接端板，端板与柱翼缘通过螺栓连接。梁柱连接节点的构造和尺寸如图 3.2 所示，端板厚 20mm，设置厚 8mm 的端板加劲肋，柱内设厚 12mm 内隔板。端板加劲肋采用如图 3.2（d）所示的构造以提高节点的刚度和承载力[8]。4 个试件的尺寸均相同，但采用了不同的预制加工方式（图 3.1）或加载制度，详见表 3.1。

试验试件汇总表　　　　　　　　　　　　　　表 3.1

试件编号	梁截面(mm)	柱截面(mm)	梁长(mm)	柱长(mm)	加工方法	加载方法
1-XW-M	H294×200×8×12	□300×12	1800	3000	侧面开窗(XW)	单调
2-XW-C	H294×200×8×12	□300×12	1800	3000	侧面开窗(XW)	循环
3-YW-C	H294×200×8×12	□300×12	1800	3000	正面开窗(YW)	循环
4-NW-C	H294×200×8×12	□300×12	1800	3000	中间截断(NW)	循环

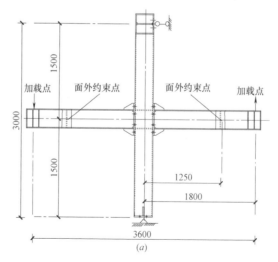

图 3.2　试验试件节点构造图（单位：mm）（一）

（a）试件主视图

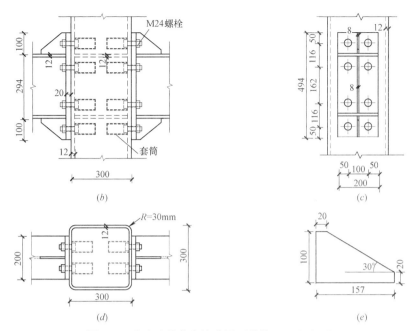

图 3.2 试验试件节点构造图（单位：mm）（二）

（b）节点区正视图；（c）节点区侧视图；（d）节点区俯视图；（e）端板加劲肋

3.2.2 试验及加载

试验加载装置见图 3.3 和图 3.4。箱形底座通过实验室地锚固定，柱底与箱形底座通过螺栓连接，柱顶端通过连接梁与反力架相连，采用两个 500kN 千斤顶在梁端进行反对称加载。柱底箱形底座上表面与柱顶连接梁中心线之间的柱长为 3m，每侧千斤顶轴线与柱轴线之间的梁长为 1.8m。为了控制构件保持平面受力，在两侧均设置了面外约束（北

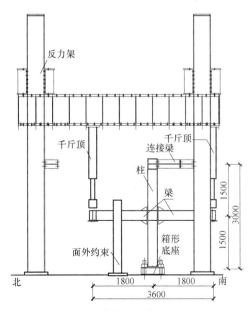

图 3.3 试验加载装置示意图（单位：mm）

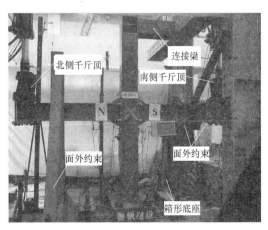

图 3.4 完成试件安装的试验装置

25

侧为三角支撑，南侧为与反力架相连的悬挑侧撑梁）。

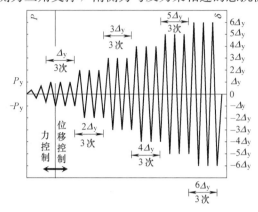

图 3.5　循环加载的加载制度示意图

以北侧千斤顶向下、南侧千斤顶向上加载为正方向，考虑两种加载制度。第一种为单调加载，即按照正方向施加荷载直至试件破坏或达到千斤顶行程（伸长或缩短量达到 210mm）；第二种为循环加载，依据规范[13]，在试件屈服前使用力控制加载，分为三个荷载级，即 $P_y/3$、$2P_y/3$ 和 P_y，每级循环 1 次；在试件屈服后使用位移控制加载，分为六个位移级，分别对应 $\Delta_y \sim 6\Delta_y$ 的加载位移，每一级循环 3 次，见图 3.5 及表 3.2。根据有限元试算的结果，循环加载中的屈服荷载 P_y 取为 120kN，屈服位移 Δ_y 取为 35mm，对应的层间位移角 φ_y 为 0.0194rad。单调加载试件 1-XW-M 的试验结果证明了上述取值的合理性。

需要说明，为避免柱轴力和弯矩共同作用下试验结果的影响因素不明确，试验中没有施加柱轴力，导致试验的加载状态和结构中节点的真实受力状态存在一定差异。但此次试验采用的加载制度可较为明确地考察弯矩作用下箱形柱-工形梁端板连接节点的受力性能，并为该节点类型在弯矩作用下的设计提供参考依据。

循环加载试件的加载制度表　　　　　　　　　　　　　　　　表 3.2

荷载级别	控制方式	加载力（kN）	加载位移（mm）	循环次数	层间位移角（rad）
1	力	40	—	1	0.0065
2	力	80	—	1	0.0129
3	力/位移	120（1 圈）	35（2 圈）	3	0.0194
4	位移	—	70	3	0.0389
5	位移	—	105	3	0.0583
6	位移	—	140	3	0.0777
7	位移	—	175	3	0.0972
8	位移	—	210	3	0.1167

3.2.3　试验量测

试验中通过千斤顶的加载控制系统记录荷载值，并在重要位置布置了应变片和位移计，见图 3.6（a），其中截面 A-A、B-B 和 C-C 上各布置了 9 个应变片（S1～S9）以量测截面应变分布。每侧梁加载端布置竖向位移计量（D1、D2）测梁端位移（δ_1 和 δ_2），柱的上下两端布置水平位移计（D3、D4）监测试件的支座位移（δ_3 和 δ_4），如图 3.6（a）所示；在节点区域内布置了 4 组位移计（D5～D11、D'9～D'11），分别量测节点域对角线长度改变量（δ_5 和 δ_6）、梁翼缘中心线高度处柱的水平位移（δ_7 和 δ_8）、梁翼缘中心线高度处端板与柱壁板间的水平相对位移（δ_9 和 δ'_9，δ_{10} 和 δ'_{10}）以及端板的滑移（δ_{11} 和 δ'_{11}），如图 3.6（b）所示。

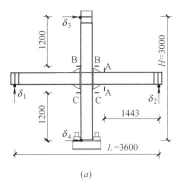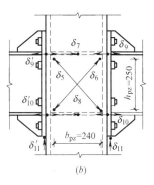

(a) (b)

图 3.6 试件量测布置示意图（单位：mm）

(a) 试件整体；(b) 节点局部

基于以上的测量结果，节点试件的层间位移角 φ_d 可以由下式计算[14]：

$$\varphi_d = \frac{\delta_1 - \delta_2}{L} - \frac{\delta_3 - \delta_4}{H} \tag{3.1}$$

式中，梁跨 L 和柱高 H 见图 3.6 (a)。

在采用螺栓端板连接节点的框架结构楼层发生水平位移时，层间位移角 φ_d 由 5 个分量组成[15]，分别为节点域剪切转角 φ_{pz}，柱弯曲转角 φ_c，端板缝隙转角 φ_{ep}，滑移转角 φ_{sp} 和柱弯曲转角 φ_b。基于试验中的量测布置，节点域剪切转角 φ_{pz} 可以由下式计算[16]：

$$\varphi_{pz} = \frac{\delta_5 - \delta_6}{2} \frac{\sqrt{h_{pz}^2 + b_{pz}^2}}{h_{pz} b_{pz}} \tag{3.2}$$

式中，h_{pz} 和 b_{pz} 的取值见图 3.6 (b)；柱弯曲转角 φ_c 可以由下式计算：

$$\varphi_c = \frac{\delta_7 - \delta_8}{h_b - t_{bf}} - \varphi_{pz} \tag{3.3}$$

式中，梁截面高 h_b 取 294mm，梁翼缘厚 t_{bf} 取 12mm；端板缝隙转角 φ_{ep} 可以由下式计算：

$$\varphi_{ep} = \frac{\delta_9 - \delta_{10}}{h_b - t_{bf}} \tag{3.4}$$

滑移转角 φ_{sp} 可以由下式计算：

$$\varphi_{sp} = \frac{2\delta_{11}}{L} \tag{3.5}$$

梁弯曲转角 φ_b 可以通过从层间位移角 φ_d 中扣除其他分量得到。

在上述层间位移角的各分量中，节点域剪切转角 φ_{pz} 和端板缝隙转角 φ_{ep} 之和即为节点转角[17]。层间位移角 φ_d 通常被用来评价节点的抗震性能[18]，而节点转角通常被用来分析节点的转动性能[17]。在各层间位移角的分量中，节点域剪切转角 φ_{pz} 和柱弯曲转角 φ_c 直接对 φ_d 产生贡献；而其余分量受梁、柱和连接单元变形情况综合影响，每个十字形节点试件两侧的梁对应两组 φ_b、φ_{ep} 和 φ_{sp}，每一分量对 φ_d 产生的贡献是由两侧梁对应部分的平均值决定的。

　　试件的应变布片和应变花的布置见图 3.7。在端板以外的 50mm 处的柱截面上，两侧的翼缘和一侧的腹板上各布置 3 个应变片（P1～P18），量测该截面沿柱的轴向的应变分布；在北侧梁的加劲肋外侧 50mm 处的上、下翼缘和腹板上各布置 3 个应变片（P19～27），量测该截面梁的纵向应变分布；考虑到试件两侧的梁的应力分布具有反对称特点，所以南侧梁不设应变片；在节点域中心和两个交点布置应变花（F1～F3），量测节点域应变分布。

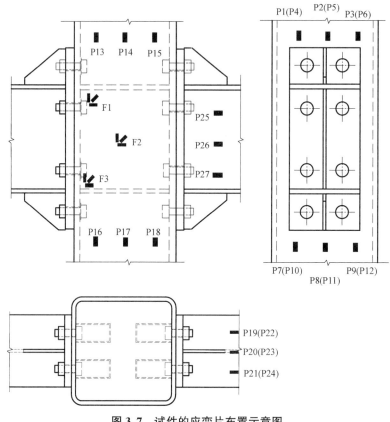

图 3.7　试件的应变片布置示意图

3.3　试验结果

3.3.1　材性试验

　　分别选取试验中的不同位置和不同厚度的钢板制作 3 个材性试件，材性试件的取样位置和几何尺寸见图 3.8，试件的梁、柱、端板和加劲肋板件均采用 Q345 钢材。对试验采用的梁翼缘、梁腹板、柱壁板，以及用于端板厚 20mm 的钢板、用于端板加劲肋厚 8mm 的钢板各取了 3 个材性试件进行拉伸试验。试验得到的典型应力-应变曲线见图 3.9，主要试验结果见表 3.3。从试验结果可以看出，柱壁板钢材的屈服强度较高、延性较差、没有明显的屈服平台，具有典型的冷弯型钢材性特点[19]。

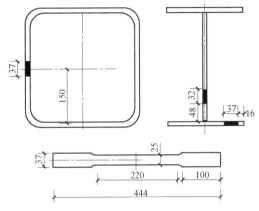

图 3.8 材性试件的取样位置和尺寸（单位：mm）

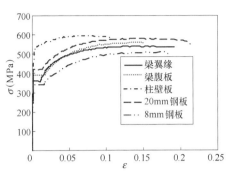

图 3.9 钢材的典型材性曲线

钢材的材性试验结果 表 3.3

钢板	t(mm)	E(MPa)	f_y(MPa)	ε_y	ε_{st}	f_u(MPa)	A(%)
梁翼缘	12	216134	367.8	0.0017	0.1371	557.8	31.1
梁腹板	8	207658	396.8	0.0019	0.1401	562.2	28.8
柱壁板	12	205827	547.5	0.0027	—	605.5	19.4
20mm 板	20	212757	419.4	0.0020	0.1519	589.2	27.3
8mm 板	8	218172	340.9	0.0015	0.1571	513.9	—

试验中采用的螺栓均为 10.9 级 M24 高强度扭剪型螺栓。螺栓的安装通过电动扳手在端板侧完成，单个螺栓依据规范施加的预紧力为 225kN[6]。依据材性试验结果可计算梁、柱截面的抗弯承载力，以及螺栓的设计承载力对应的柱表面弯矩值，见表 3.4。

试件节点的承载性能计算值 表 3.4

失效模式	弹性弯矩(kN·m)	塑性弯矩(kN·m)	弹性弯矩对应荷载(kN)	塑性弯矩对应荷载(kN)
梁端屈服	271.15	301.89	164.33	182.96
柱截面屈服	698.10	817.14	387.83	453.97
螺栓屈服	203.04	—	123.23	

3.3.2 试验现象及失效模式

单调加载试件 1-XW-M 在加载过程中荷载持续上升，节点表现出良好的变形能力，如图 3.10（a）所示；加载至节点屈服后可以明显观察到端板受拉侧与柱壁板之间产生缝隙，且柱壁板发生明显鼓曲，如图 3.10（b）所示。随着荷载继续增加，受拉侧柱壁板的鼓曲变形进一步增大。当荷载增大到 200kN 时，在靠近端板加劲肋端部的梁翼缘表面出现漆皮开裂现象，端板附近的受压梁翼缘出现局部屈曲，如图 3.10（c）所示。在加载位移达到 210mm 时由于千斤顶行程限制停止加载，此时试件的层间位移角达到 0.122rad，两侧节点的节点转角均超过 0.07rad，柱表面处的弯矩分别为 436kN·m 和 426kN·m，均已超过梁的全截面塑性弯矩。整个加载过程中荷载持续增大，卸载后螺栓未出现松脱情况。

图 3.10　试件 1-XW-M 变形情况

（a）整体变形；（b）柱壁板鼓曲；（c）梁翼缘屈曲

循环加载试件 2-XW-C，在加载初期试件的荷载随着加载位移的增大稳定上升，加载至 $2\Delta_y$ 时，在加载到峰值位置时已可以看到较明显的端板张开位移，并可以观察到柱壁板的鼓曲。在 $3\Delta_y$ 循环时端板与柱壁板之间的缝隙已比较明显，变形的主要来源为柱壁板鼓曲，如图 3.11（a）所示。试件的承载力在 $4\Delta_y$ 第 1 次循环时达到最大，为 383.3kN·m；在 $4\Delta_y$ 第 2 次循环时试件出现撕裂声，在受拉侧柱壁板沿内隔板边缘位置出现水平裂缝，试件的承载力开始下降。在随后的加载过程中，上述水平裂缝逐渐扩展，端板和柱表面之间的缝隙进一步增大。在 $4\Delta_y$ 第 2 次循环正向加载到峰值点时，柱的北面上侧壁板被拉断，出现一声脆响，承载力出现下降。之后反方向加载时柱北面下侧和南面上侧开裂，第

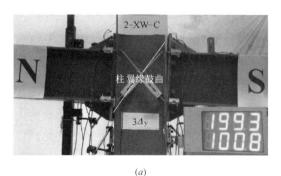

图 3.11　试件 2-XW-C 变形情况

（a）$3\Delta_y$ 循环结束；（b）$6\Delta_y$ 循环结束

3 圈加载到正向最大位移时观察到柱的南面下侧壁板开裂。以上所有开裂位置的裂缝都呈水平方向，并且沿着柱内隔板的外边缘发展。在之后的加载过程中，不断听到撕裂的声音，上述各条裂缝不断扩展。柱壁板鼓曲的塑性变形不断增大。到 $6\Delta_y$ 循环时，水平裂缝已经严重张开，端板和柱壁板的缝隙达到 45mm，节点的承载力显著下降，如图 3.11（b）所示。出于安全考虑，在完成 $6\Delta_y$ 第 1 次循环加载后停止试验。试验结束并卸载后将梁卸下以观察柱壁板的裂缝分布特点。如图 3.12 所示，壁板的主裂缝由沿内隔板边缘出现的水平初始裂缝扩展形成，扩展长度为 181～191mm，并在临近两侧柱壁板的位置纵向扩展。卸载后主裂缝残余的张开宽度达 15mm（见图 3.13），这表明在试验的后期，裂缝的扩展张开是节点的缝隙转角和层间位移角的重要来源。此外，从图 3.12 和图 3.13 中还可以看出柱壁板的各螺栓孔附近也出现了放射状分布的裂纹。

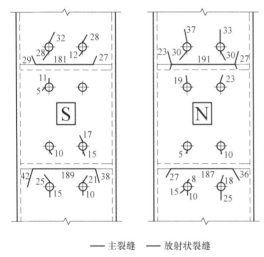

—— 主裂缝　　—— 放射状裂缝

图 3.12　试件 2-XW-C 柱表裂缝最终分布情况
（标注为裂缝长度，单位：mm）

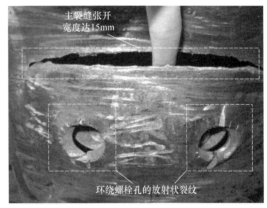

图 3.13　试件 2-XW-C 柱表主裂缝张开情况

试件 3-YW-C 加载至 $2\Delta_y$ 峰值位置时可见较明显的端板张开位移，透过缝隙可以看到柱表面出现了鼓曲。在滞回中卸载到位移接近 0 点时，可以听到鼓曲的柱表面被压回时发出的闷响。在 $3\Delta_y$ 的循环中，柱表的鼓曲已经使端板和柱原表面之间整体张开一定的距离；$4\Delta_y$ 时第 2 次循环反向加载到 90mm 时，听到一声脆响，之后陆续听到撕裂声；加载到 140mm 时，观察到柱北侧表面下侧横隔板以下开裂，裂纹起于螺栓孔正对位置并沿横向发展，同时承载力有比较明显的下降。第 3 次循环正向加载至 90mm 左右时出现脆响，随后为持续的撕裂声，柱北侧表面上侧横隔板以上开裂，裂纹横向发展；第 3 次循环反向加载至 60mm 有一声脆响，柱南侧表面上侧横隔板以上开裂。加载到 $5\Delta_y$ 第 2 次循环时，南侧开窗位置的东侧纵向后补焊缝开裂，并向上、向下发展。柱南侧表面下侧横隔板以下开裂。在 $5\Delta_y$ 加载过程中，每次经过位移 0 点附近时，可以听到一声脆响，为裂缝被压回时碰撞和剐蹭的声音。随着加载，各处裂缝不断延伸，各横向裂纹在发展到柱侧面壁板内表面附近后，开始沿纵向向外侧横隔板发展。加载到 $6\Delta_y$ 第 1 次循环，反向加载至 130mm 左右时突然出现较大的一声脆响，柱南侧开窗位置的焊缝裂口延伸至内隔板，并

图 3.14　试件 3-YW-C 卸载后的残余变形

和内隔板以上的焊缝贯穿。出于安全考虑，试验在加载完 $6\Delta_y$ 第 1 次循环后停机。图 3.14 给出了试件卸载后的残余变形情况，图 3.15 给出了试验卸载后开窗位置后补焊缝的开裂情况。可以看出开窗位置的后补焊缝虽不是首先开裂的位置，但却是该节点的薄弱环节，在开裂后迅速发展并导致内隔板与壁板间的焊缝断裂，内隔板两侧柱壁板的焊缝贯通，使节点承载力下降相对较快。

　　试件 4-NW-C 加载至 $3\Delta_y$ 第 2 次循环峰值点时，试件发出较大声音的脆响，但表面没有观察到裂缝，承载力也没有发生掉落；$4\Delta_y$ 第 1 次循环反向加载至 120mm 时，出现撕裂声，柱南侧壁板上侧开裂。第 2 次循环反向加载到 130mm 时，又听到比较明显的撕裂声，柱北侧壁板下侧开裂。第 3 次循环正向加载到最大位移时，出现一声脆响和持续的撕裂声，柱北侧壁板上侧开裂。$5\Delta_y$ 第 1 次循环正向加载到 130mm 左右时，听到撕裂声，柱南侧壁板下侧开裂。在随后的加载过程中四个位置的裂缝不断横向扩展，在 $5\Delta_y$ 第 3 次循环加载后，四个位置的裂纹都已经达到柱的前后壁板，并沿着壁板内侧纵向发展。在 $6\Delta_y$ 正向加载至第 3 次循环时，北面柱壁板上侧第二排螺栓与上侧内隔板之间开裂，并且迅速发展，承载力显著下降；反向加载时裂缝闭合。完成 $6\Delta_y$ 的三次循环后试验停机。图 3.16 给出了卸载后裂缝残余的张开位移情况，图 3.17 给出了柱北面上侧内隔板以下的柱壁板开裂情况。这表明在 $6\Delta_y$ 下循环多次后，内隔板内侧的柱壁板也有发生断裂的风险。

后补焊缝开裂并与隔板上侧焊缝贯通

图 3.15　试件 3-YW-C 柱南面东侧开窗位置后补焊缝纵向开裂

3.3.3　弯矩-转角单调曲线

　　节点转角是指弯矩作用下节点处梁轴线和柱轴线的相对转角[17]，对于端板连接节点来说主要由节点域剪切转角 φ_{pz} 和端板缝隙转角 φ_{ep} 组成。对十字形节点试件来说两侧的节点端板缝隙转角 φ_{ep} 可以不同并且仅受该侧梁端弯矩的影响，但节点域剪切转角 φ_{pz} 是两侧节点所共享的，并且受节点域两侧梁端弯矩共同影响[20]。图 3.18 给出了试件 1-XW-M 两侧节点的弯矩-端板缝隙转角曲线（M-φ_{ep} 曲线），其中 M 为荷载在柱轴线处产生的弯矩，端板缝隙转角 φ_{ep} 由式（3.4）计算得到。图 3.19 给出了试件 1-XW-M 的梁端总弯矩-节点域剪切转角曲线（M_t-φ_{pz} 曲线），其中 M_t 为两侧节点的弯矩之和，节点域剪切转角 φ_{pz} 由式（3.2）计算得到。从图 3.18 和图 3.19 中可以看出，试件 1-XW-M 的节点塑性转角的主要来源是两侧节点的端板缝隙转角，虽然在总弯矩超过 700kN·m 时节点域已明显屈服，但节点域发展的塑性转角仅为端板缝隙塑性转角的 20% 左右。

图 3.16 试件 4-NW-C 卸载后裂缝的残余张开变形

图 3.17 试件 4-NW-C 内隔板内侧壁板纵向开裂

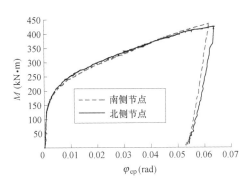

图 3.18 试件 1-XW-M 节点弯矩-端板缝隙转角曲线

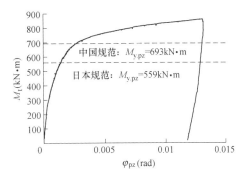

图 3.19 试件 1-XW-M 总弯矩-节点域剪切转角曲线

从图 3.18 和图 3.19 的曲线中可以分析端板连接的抗弯承载力和节点域的抗剪承载力特点。对于箱形柱节点域的抗剪承载力，我国规范[21] 和日本规范[22] 中都给出了具体的计算方法，分别见式（3.6）和式（3.7）：

$$M_{y.pz} = \frac{4\sqrt{3}}{5}(h_b - 2t_{bf})(h_c - 2t_{cf})t_{cw}f_y \qquad (3.6)$$

$$M_{y.pz} = \frac{16}{9\sqrt{3}}(h_b - t_{bf})(h_c - t_{cf})t_{cw}f_y \qquad (3.7)$$

式中，h_c、t_{cf} 和 t_{cw} 分别为柱截面高、柱翼缘厚和柱腹板厚，试验中试件取 $h_c = 300\text{mm}$，$t_{cf} = t_{cw} = 12\text{mm}$。依据两种方法得到的试验试件节点域承载力见图 3.19。从图中可以看出，应用中国规范计算得到的箱形柱节点域承载力安全富裕较小，而应用日本规范计算得到的箱形柱节点域承载力则相对准确。

通过图 3.18 和图 3.19 的曲线可以得到端板连接节点的转动刚度及其分量。由图 3.18 中的曲线得到端板连接的初始转动刚度，南侧为 $1.335 \times 10^5\,\text{kN} \cdot \text{m}$，北侧为 $1.419 \times 10^5\,\text{kN} \cdot \text{m}$，由图 3.19 中的曲线得到节点域的初始转动刚度 $K_{\varphi.\text{pz}}$ 为 $6.615 \times 10^5\,\text{kN} \cdot \text{m}$。对于十字形节点试件，节点的转动刚度 K_φ 可以由下式计算：

$$K_\varphi = \cfrac{1}{\cfrac{1}{K_{\varphi.\text{ep}}} + \cfrac{1}{K_{\varphi.\text{pz}}}} \tag{3.8}$$

式中，$K_{\varphi.\text{ep}}$ 是端板缝隙转角对应的转动刚度，这里取为十字形两侧刚度的平均值；$K_{\varphi.\text{pz}}$ 为节点域剪切转角对应的转动刚度。

由式（3.8）计算得到试验节点的转动刚度为 $1.140 \times 10^5\,\text{kN} \cdot \text{m}$。依据欧洲规范[9]，当节点转动刚度与梁线刚度之比小于 0.5 时节点为铰接；在无侧移框架中节点转动刚度与梁线刚度之比大于 8 或有侧移框架中节点转动刚度与梁线刚度之比大于 25 时，节点为刚接；其余情况节点为半刚接[9]。该节点设计中的矩形钢管柱端板式连接钢结构原型框架中包含了 3.6m 和 6m 两种梁跨，并且在不同抗震设防要求下可以采用有支撑形式或无支撑形式，因此不同情况下节点的刚度分类如下：①无支撑框架中，3.6m 梁跨对应节点为半刚接节点，6m 梁跨对应节点为刚接节点；②支撑框架中，3.6m 梁跨与 6m 梁跨对应的节点均为刚接节点。

3.3.4　弯矩-层间位移角曲线

图 3.20 给出了 3 个循环加载试件的弯矩-层间位移角（M-φ_d）滞回曲线，其中弯矩 M 为两侧节点处弯矩的平均值，层间位移角 φ_d 由式（3.1）计算得到。图中还同时给出了对应试件的骨架曲线和试件 1-XW-M 的 M-φ_d 单调曲线。从图中可以看出，3 个循环加载试件的滞回性能相似，在加载到 $4\Delta_y$ 第 2 次循环之前 3 个试件的荷载均稳定发展且骨架曲线与试件 1-XW-M 的单调加载曲线几乎重合。但从 $4\Delta_y$ 第 2 次循环起由于各试件都出现了柱壁板开裂，节点的承载力开始退化，骨架曲线也与单调加载试件的曲线分离。各个试件的最大受弯荷载 M_u 均出现在 $4\Delta_y$ 第 1 次循环，对应层间位移角为 0.077rad。

从图 3.20 中可以观察到从 $2\Delta_y$ 第 2 次循环起各试件的滞回曲线都表现出一定的捏拢现象，这是因为柱壁板的鼓曲使受拉侧端板和柱壁板之间的接触面积减小，并且反向加载时塑性鼓曲变形不能完全恢复，所以端板和柱壁板之间接触传压面积减小、柱壁板受压时的刚度减小，在受拉侧壁板开始鼓曲、受压侧壁板鼓曲变形尚未恢复时，节点的转动刚度有所降低，出现捏拢现象。

各节点的失效都是由柱壁板的开裂引起的。壁板开裂在 $4\Delta_y$ 第 2 次循环起开始出现，随后裂缝逐渐扩展、节点的抗弯承载力逐渐减小。依据我国规范[13]，当循环加载试件的承载力下降至峰值荷载的 85% 以下时认为节点失效，因此将骨架曲线上 $0.85M_u$ 对应的层间位移角定义为极限层间位移角 φ_u，并定义延性系数 $\mu = \varphi_u / \varphi_y$。表 3.5 给出了各循环加

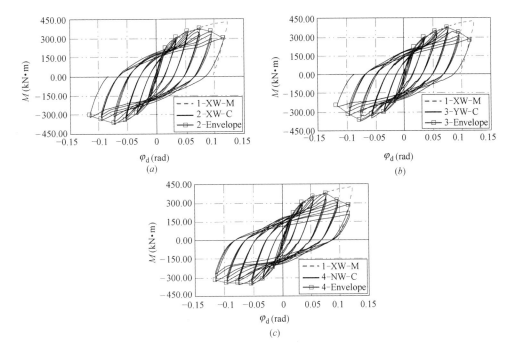

图 3.20 循环加载试件的弯矩-层间位移角滞回曲线

(*a*) 试件 2-XW-C；(*b*) 试件 3-YW-C；(*c*) 试件 4-NW-C

载试件的 M_u、φ_u 和 μ，可以看出 3 个循环加载试件的 M_u 几乎相同，且都已超出梁的全截面塑性弯矩；φ_u 都在 0.1rad 以上，已明显高于大部分抗震钢框架结构的抗震需求，表明试验的节点可以发展良好的延性；μ 均超过 5.0。表 3.5 中还列出了正则化的能量耗散系数 $\sum A_i/(M_y\varphi_y)$，其中 $\sum A_i$ 为节点失效前所有滞回环包围的总面积，代表了试件在加载过程中的总耗能。虽然试件 3-YW-C 的耗能能力稍低于其余两个循环加载试件，但总体来看 3 个试件都表现出良好的抗震性能，均可满足抗震设计的要求。

<table>
<tr><td colspan="5" align="center">循环加载试件试验结果汇总</td></tr>
</table>

表 3.5

试件	M_u(kN·m)	φ_u(rad)	μ	$\sum A_i/(M_y\varphi_y)$
2-XW-C	383.3	0.109	5.63	64.12
3-YW-C	381.2	0.100	5.16	45.01
4-NW-C	383.0	0.117	6.00	56.68

3.3.5 应变分布

试验中在如图 3.7 所示的截面上布置了应变片量测其应变 ε 及加载过程中的变化。图 3.21 和图 3.22 给出了从 Δ_y 到 $6\Delta_y$ 各级循环的第一圈峰值点处各截面的应变分布；图中 3-YW-C 中 A-A 截面 4 号应变片、各试件 B-B 截面 3 号应变片损坏，故图中无相应数据。从图 3.21 中可以看出，所测量的梁截面应变分布大致符合平截面假定；由于量测的截面靠近端板加劲肋，梁翼缘中心线处的轴向应变比两侧稍小。各个试件梁截面的应变水平均在 $4\Delta_y$ 处达到最高，之后随着承载力的降低梁截面的应变水平也开始降低。这表明虽然节点试件的极限弯矩已超过了梁的全截面塑性弯矩，但节点试件加载后期塑性层间位移角的发展并不依赖于梁的塑性变形，在荷载开始下降后虽然梁端位移继续增大，但梁的弯曲变形有所减小。此外，在 $4\Delta_y$ 时各试件布置应变片的梁截面的弯矩已超过梁的全截面塑性弯矩，并出现不同程度的局部屈曲，导致受压侧梁翼缘边缘的应变片量测到的应变绝对值出现不同程度增大，其中试件 3-YW-C 中 3 号应变片的应变值增大最显著。

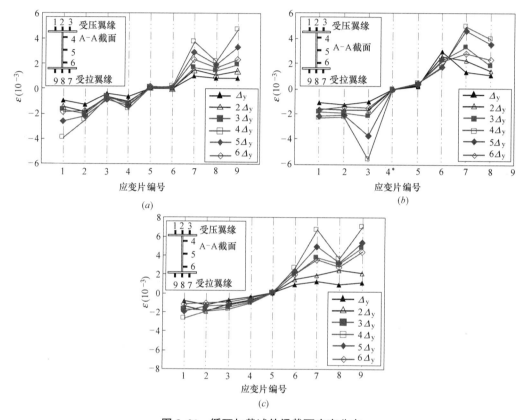

图 3.21　循环加载试件梁截面应变分布

（a）试件 2-XW-C：A-A 截面；（b）试件 3-YW-C：A-A 截面；（c）试件 4-NW-C：A-A 截面

注：标有 * 的应变片损坏，故图中没有相应数据。

从图 3.22 中可以看出，柱腹板的应变分布（见各试件柱截面的 4～6 号应变片）与梁腹板类似，其应变在 $4\Delta_y$ 之后开始下降。但柱翼缘的应变分布明显不同。一方面，柱翼缘的应变分布不再具有平截面假定的特点，受拉翼缘外表面出现压应变的情况比较普遍；另一方面，柱翼缘的应变水平主要受加载位移的影响，在 $4\Delta_y$ 之后虽然荷载下降，但随着加载位移增大，柱翼缘外表面的应变继续提高。这样的应变分布特点主要是由柱翼缘的塑性鼓曲变形引起的。柱翼缘的鼓曲变形会造成板厚方向的应变变化，在图 3.22（a）所示布置应变片的柱截面处表现为柱翼缘的外表面受压、内表面受拉，而试验中的应变片均贴在外表面，当受拉侧柱翼缘发生严重的鼓曲变形时，翼缘外表面的应变无法反映柱的整体变形情况而主要受翼缘板弯曲的影响，因此表现为压应变。同时，柱翼缘鼓曲变形是节点塑性转角的主要来源，试件屈服后柱翼缘截面的应变以塑性应变为主，所以主要受加载位移影响。

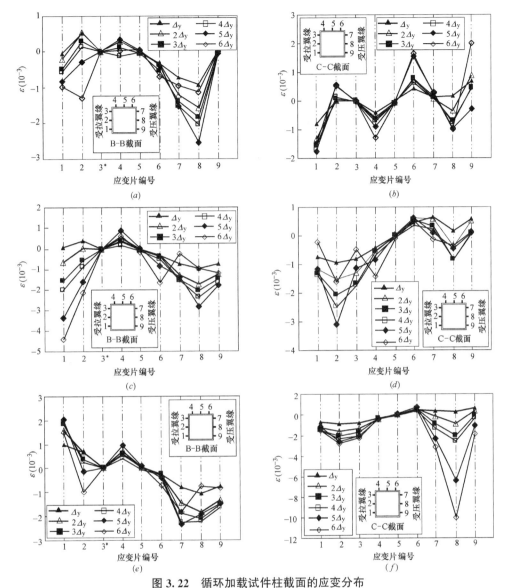

图 3.22　循环加载试件柱截面的应变分布

（a）试件 2-XW-C：B-B 截面；（b）试件 3-YW-C：C-C 截面；（c）试件 4-NW-C：B-B 截面；
（d）试件 2-XW-C：C-C 截面；（e）试件 3-YW-C：B-B 截面；（f）试件 4-NW-C：C-C 截面
注：标有 * 的应变片损坏，故图中没有相应数据。

3.4　结果分析

3.4.1　层间位移角分量

　　如前所述，节点试件的层间位移角 φ_{d} 由 5 个分量组成，理论上通过试验量测的位移可以计算出所有分量；但在试验过程中由于柱翼缘的鼓曲变形和端板的张开位移较大，导致量测滑移的位移计在试验后期出现较严重的错位甚至脱落，所以无法得到准确的端板滑移（图 3.6 中的 δ_{11} 和 δ'_{11}），也无法得到滑移转角 φ_{sp} 和梁弯曲转角 φ_b。但是，φ_{sp} 与 φ_b 之和可以通过从 φ_d 中扣除其他分量得到。

循环加载试件层间位移角分量　　　　　　　　　　　　　　　　　表 3.6

试件	位移级	φ_d(rad)	$\varphi_b+\varphi_{sp}$(rad)	φ_c(rad)	φ_{pz}(rad)	φ_{ep}(rad)	φ_{ep}/φ_d(%)
2-XW-C	Δ_y	0.017	0.004	0.007	0.001	0.006	33.1
	$2\Delta_y$	0.038	0.007	0.010	0.001	0.020	52.8
	$3\Delta_y$	0.059	0.008	0.013	0.001	0.037	62.6
	$4\Delta_y$	0.082	0.008	0.015	0.002	0.057	69.3
	$5\Delta_y$	0.104	0.008	0.011	0.005	0.081	77.8
	$6\Delta_y$	0.126	0.007	0.002	0.004	0.113	90.0
3-YW-C	Δ_y	0.021	0.005	0.006	0.001	0.009	41.2
	$2\Delta_y$	0.039	0.007	0.007	0.002	0.022	57.4
	$3\Delta_y$	0.060	0.009	0.009	0.003	0.039	65.4
	$4\Delta_y$	0.084	0.014	0.010	0.004	0.056	66.9
	$5\Delta_y$	0.105	0.009	0.010	0.005	0.082	77.5
	$6\Delta_y$	0.127	0.006	0.008	0.004	0.109	85.8
4-NW-C	Δ_y	0.021	0.006	0.007	0.000	0.008	36.6
	$2\Delta_y$	0.039	0.008	0.010	0.001	0.020	52.2
	$3\Delta_y$	0.059	0.009	0.011	0.001	0.038	63.5
	$4\Delta_y$	0.084	0.013	0.012	0.002	0.057	68.4
	$5\Delta_y$	0.105	0.008	0.010	0.003	0.085	80.2
	$6\Delta_y$	0.127	0.006	0.008	0.002	0.110	86.9

将 $\varphi_b+\varphi_{sp}$ 视作一个分量，图 3.23 和表 3.6 给出了各节点试件在不同位移级第 1 次

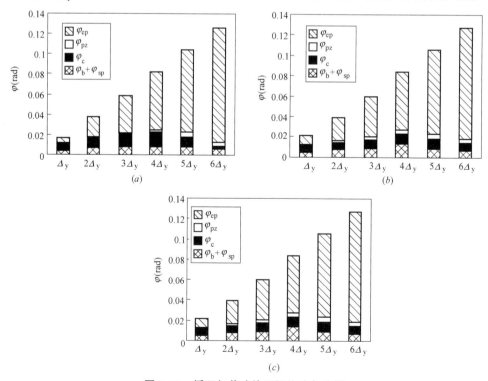

图 3.23　循环加载试件层间位移角分量

（*a*）试件 2-XW-C；（*b*）试件 3-YW-C；（*c*）试件 4-NW-C

循环最大位移时 φ_d 的分量组成。可以看出，在加载位移为 Δ_y 时端板缝隙转角 φ_{ep} 占 φ_d 的比例为 $33.1\%\sim41.2\%$；随着加载位移的增大，φ_{ep} 所占的比例逐渐增大，在加载位移为 $4\Delta_y$，即达到各试件的承载力峰值时，φ_{ep} 占 φ_d 的比例已达到 $66.9\%\sim69.3\%$。表 3.7 给出了极限层间位移角 φ_u 下三个循环加载试件的层间位移角分量分布情况，此时 φ_{ep} 占 φ_d 的比例增大到 $75.4\%\sim84.1\%$。这表明节点的塑性变形主要来自端板缝隙转角。

循环加载试件极限层间位移角分量   表 3.7

试件	φ_u(rad)	$\varphi_b+\varphi_{sp}$(rad)	φ_c(rad)	φ_{pz}(rad)	φ_{ep}(rad)	φ_{ep}/φ_d(%)
2-XW-C	0.109	0.008	0.009	0.004	0.088	81.0
3-YW-C	0.100	0.010	0.010	0.004	0.075	75.4
4-NW-C	0.117	0.007	0.009	0.003	0.098	84.1

柱的弯曲转角 φ_c，以及梁弯曲转角与滑移转角之和 $\varphi_b+\varphi_{sp}$ 在加载位移为 Δ_y 时也是 φ_d 的重要组成部分，但是在随后的加载过程中这两部分转角变化都很小，并且在加载位移超过 $4\Delta_y$ 后随着荷载的降低而有所减小，同时由于 φ_{ep} 的增大，φ_c 及 $\varphi_b+\varphi_{sp}$ 所占的比例迅速减小。节点域剪切转角 φ_{pz} 在循环加载过程中所占的比例都很小，在分析中可忽略。

3.4.2 试件加工方法的比较

试验中 3 个循环加载试件采用了不同的预制加工方法，以探究不同加工方法对节点抗震性能的影响。总体上 3 种加工方法的试件节点的承载性能和滞回性能相差不大。各循环加载试件的 φ_u 均超过 0.1rad，延性系数 μ 均大于 5.0，表现出良好的延性和变形能力，因此采用 3 种加工方法均可以满足结构的抗震要求。尽管如此，从表 3.5 中可以看出试件 3-YW-C 的延性系数和耗能能力略低于试件 2-XW-C 和 4-NW-C，且出现了开窗位置后补焊缝开裂破坏的失效模式。因此，虽然采用 YW 加工方法可以保证结构安全，但在实际结构应用中建议优先采用 NW 和 XW 加工方法。

3.5 有限元分析

3.5.1 有限元模型

本书应用有限元软件 ABAQUS 建立了试验试件的有限元模型以对矩形钢管柱端板式连接钢结构中的梁柱节点开展进一步的分析。有限元模型的尺寸与试验试件相同，详见图 3.2；模型中使用 4 节点壳单元 S4R 和 3 节点壳单元 S3 分别模拟构件中板件的规则部分和不规则部分，同时使用实体单元 C3D6 和 C3D8 模拟螺栓连接部分；模型的网格划分见图 3.24；模型中钢材的本构使用双线性随动强化模型，弹性模量按表 3.3 材性试验结果取值，强化模量取为材性试验得到的应力-应变曲线（见图 3.9）中的屈服点与峰值点连线的斜率。模型中的焊接连接通过直接粘贴的方式模拟，螺栓连接则考虑接触和摩擦作用进行建模[23]，并在施加梁端荷载前首先施加螺栓预紧力 225kN；模型的边界条件为柱端铰接、梁端通过位移竖向加载。

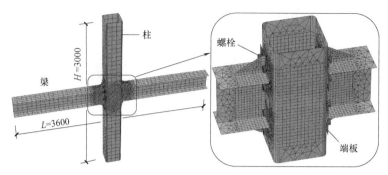

图 3.24　有限元模型网格划分示意图

3.5.2　模型验证

应用上述有限元模型对试验中的 4 个试件进行了模拟计算，计算得到单调加载试件的弯矩-端板缝隙转角（M-φ_{ep}）曲线、总弯矩-节点域转角（M_t-φ_{pz}）曲线和循环加载试件的弯矩-层间位移角（M-φ_d）曲线（有限元模型中不能体现各循环加载试件的区别，仅以试件 2-XW-C 为例）。将有限元计算得到的结果与试验结果对比，见图 3.25 和图 3.26。从图 3.25 和图 3.26 可看出，总体上有限元模型可以较准确地模拟单调加载试验的宏观试验结果及循环加载试验的试件在发生断裂之前的宏观试验结果。

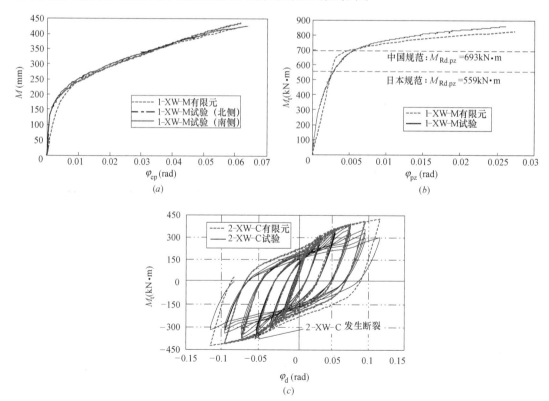

图 3.25　试验与有限元计算结果对比

（a）1-XW-M 弯矩-端板缝隙转角曲线；（b）1-XW-M 总弯矩-节点域转角曲线；（c）2-XW-C 弯矩-层间位移角曲线

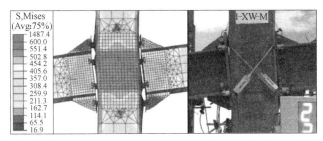

图 3.26　有限元与试验单调加载试件变形对比

依据图 3.27 中欧洲建筑钢结构协会 ECCS 推荐的方法[24]，可由试验及有限元弯矩-端板缝隙转角（M-φ_{ep}）曲线和总弯矩-节点域转角（M_t-φ_{pz}）曲线，得到试验及有限元模型中的端板连接屈服弯矩 $M_{ep.y}$ 和节点域屈服弯矩 $M_{pz.y}$ 及其对应的屈服转角。试验和有限元得到的单调加载试件的力学性能指标及对比见表 3.8。从表 3.8 中可看出，有限元模型可较为准确地模拟节点的承载力，其得到的 $M_{ep.y}$ 和 $M_{pz.y}$ 与

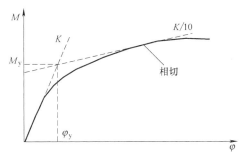

图 3.27　单调试件弯矩-转角曲线的
屈服点确定方法[24]

试验结果相差不超过 5%；但是，有限元模型对于弹性阶段节点转动刚度的模拟结果与试验结果相差较大，得到的屈服转角偏大、转动刚度偏小，这是由于在弹性阶段试验试件的变形很小，位移计读数基本不超过 1mm，易产生较大的相对误差[23]。总体上，有限元模型可以较准确地模拟节点在单调荷载下的转动性能和承载力，可用于进一步的参数分析。

试验与有限元得到的力学性能指标对比　　　　　　　　　　　　　　　　表 3.8

模型	$M_{ep.y}(\text{kN} \cdot \text{m})$	$M_{pz.y}(\text{kN} \cdot \text{m})$	$\varphi_{ep.y}(\text{rad})$	$\varphi_{pz.y}(\text{rad})$
1-XW-M 试件	198.9	602.2	0.14%	0.18%
1-XW-M 有限元	205.6	631.1	0.33%	0.29%

3.5.3　参数分析

应用上述经验证的有限元模型，考虑 3 种不同的柱壁板厚度（取柱翼缘厚 t_{cf} 与柱腹板厚 t_{cw} 相同）和 3 种不同的端板厚度（t_{ep}），建立了 9 个参数分析模型，如表 3.9 所示。表 3.9 中也列出了各模型有限元分析结果中的主要力学性能指标，包括基于 M-φ_{ep} 曲线得到的端板连接的屈服弯矩 $M_{ep.y}$ 和其与梁截面塑性承载力 $M_{p.b}$ 的比值，以及基于 M_t-φ_{pz} 曲线得到的节点域屈服弯矩 $M_{pz.y}$。表 3.9 中同时列出了基于中国规范和日本规范计算得到的节点域设计承载力 $M_{Rd.pz}^{C}$ 和 $M_{Rd.pz}^{J}$，及其与有限元结果的比值。其中，表中的后 5 个模型因其节点域承载力显著高于端板连接的承载力，所以在分析中未发生节点域屈服，无法得到其 $M_{pz.y}$，仅以有限元分析中得到的节点域弯矩最大值（对应加载层间位移角 0.1rad）作为其下限值列出。

有限元模型参数分析结果　　　　　　　　　　表 3.9

模型	t_{ep} (mm)	$t_{cf}(t_{cw})$ (mm)	$M_{ep,y}$ (kN·m)	$M_{pz,y}$ (kN·m)	$M^C_{Rd,pz}$ (kN·m)	$M^J_{Rd,pz}$ (kN·m)	$\dfrac{M_{ep,y}}{M_{p,b}}$	$\dfrac{M^C_{Rd,pz}}{M_{pz,y}}$	$\dfrac{M^J_{Rd,pz}}{M_{pz,y}}$
EP20-CF12	20	12	205.6	631.1	693.5	559.3	0.670	1.099	0.886
EP16-CF12	16	12	206.1	641.1	693.5	559.3	0.672	1.082	0.872
EP12-CF12	12	12	184.4	621.4	693.5	559.3	0.601	1.116	0.900
EP20-CF16	20	16	301.3	877.0	897.8	735.4	0.982	1.024	0.839
EP16-CF16	16	16	282.3	>833.9	897.8	735.4	0.920	<1.077	<0.882
EP12-CF16	12	16	222.8	>826.4	897.8	735.4	0.726	<1.086	<0.890
EP20-CF20	20	20	328.9	>867.2	1088.8	906.3	1.072	<1.255	<1.045
EP16-CF20	16	20	299.1	>825.9	1088.8	906.3	0.975	<1.318	<1.097
EP12-CF20	12	20	224.6	>823.1	1088.8	906.3	0.732	<1.323	<1.101

　　从表 3.9 中可看出，$M_{ep,y}$ 受端板厚度和柱壁板厚度的共同影响，两者厚度相匹配时可充分利用构件截面和板件的强度实现较高的节点承载力，当两者相差较大时，较厚的板件实际上未得到充分利用。考虑柱壁板在传递节点弯矩的同时尚需承担竖向轴力，所以设计中建议柱壁板厚度略大于端板厚度。同时，从 $M_{ep,y}$ 和 $M_{p,b}$ 的比值可看出，所分析的节点除端板厚度和柱壁板厚度均不小于 20mm 的情况外，都属于部分强度节点[17]，不易通过构件屈服耗能，但可以通过控制端板连接的屈服模式为端板最先屈服实现节点耗能。此外，从表中还可看出，中国规范计算得到的节点域设计承载力略高于有限元计算结果，而日本规范计算得到的节点域设计承载力略低于有限元计算结果。所以，在设计中如需控制节点域不参与屈服耗能时，应用我国规范进行节点域承载力验算或构造检验可能得到偏不安全的结果。

3.6　小结

　　(1) 本章提出了箱形柱-工形梁端板连接节点及其 3 种预制加工方式，并通过 4 个十字形足尺节点试验研究了该节点形式的单调性能和循环性能。

　　(2) 单调荷载作用下试件的柱翼缘鼓曲屈服，没有发生断裂，节点的极限弯矩大于 420kN·m。循环荷载作用下节点的失效模式为柱翼缘沿内隔板边缘开裂，节点的极限弯矩约为 380kN·m。单调荷载和循环荷载下节点的极限弯矩均已超过梁的全截面塑性弯矩。

　　(3) 采用日本规范方法计算得到的箱形柱节点域屈服承载力较为合理，而采用我国规范方法计算得到的节点域屈服承载力安全富余较小。

　　(4) 试验节点的转动刚度为 1.140×10^5 kN·m，依据实际情况可按刚接节点或半刚接节点设计；试验节点的极限层间位移角均超过 0.10rad，可以满足抗震框架的变形要求；柱翼缘开裂对应的层间位移角已超过 0.07rad，表明试验节点具有良好的变形能力和延性。

　　(5) 端板缝隙转角是试件层间位移角的主要来源，在达到极限层间位移角时端板缝隙转角占试件层间位移的 75.4%~84.1%。端板缝隙转角主要由柱翼缘的鼓曲产生。

　　(6) 根据试验结果，虽然采用正面开窗的加工方法可保证结构安全，但其在节点变形较大时存在开窗位置后补焊缝开裂的风险，在实际应用中建议优先采用中间截断或侧面开窗的加工方法。

（7）端板连接的承载力受到端板厚度和柱壁板厚度的共同影响，两者厚度相匹配时可充分利用构件截面和板件强度实现较高的节点承载力，考虑到柱壁板尚需承担竖向轴力，设计中建议柱壁板厚度略大于端板厚度。

参考文献

［1］ 施刚，石永久，李少甫，等. 多层钢框架半刚性端板连接的循环荷载试验研究［J］. 建筑结构学报，2005，26（2）：74-80，93.

［2］ 石永久，施刚，王元清. 钢结构半刚性端板连接弯矩-转角曲线简化计算方法［J］. 土木工程学报，2006，39（3）：19-23.

［3］ 施刚，石永久，王元清，等. 门式刚架轻型房屋钢结构端板连接的有限元与试验分析［J］. 土木工程学报，2004，37（7）：6-12.

［4］ Korol R M，Ghobarah A，Osman A. Extended end-plate connections under cyclic loading：Behaviour and design［J］. Journal of Constructional Steel Research，1990，16（4）：253-280.

［5］ Aggarwal A K. Behaviour of flexible end plate beam-to-column joints［J］. Journal of Constructional Steel Research，1990，16（2）：111-134.

［6］ 中华人民共和国行业标准. 钢结构高强度螺栓连接技术规程 JGJ 82—2011［S］. 北京：中国建筑工业出版社，2011.

［7］ 中华人民共和国国家标准. 门式刚架轻型房屋钢结构技术规范 GB 51022—2015［S］. 北京：中国建筑工业出版社，2015.

［8］ ANSI/AISC 358-10. Prequalified connections for special and intermediate steel moment frames for seismic applications［S］. Chicago，Illinois：American Institute of Steel Construction，2010.

［9］ BS EN 1993-1-8：2005. Eurocode 3：Design of steel structures，Part 1-8：Design of joints［S］. Brussels：European Committee for Standardization，2005.

［10］ Lee J，Goldsworthy H M，Gad E F. Blind bolted T-stub connections to unfilled hollow section columns in low rise structures［J］. Journal of Constructional Steel Research，2010，66（8）：981-992.

［11］ Wang Z Y，Tizani W，Wang Q Y. Strength and initial stiffness of a blind-bolt connection based on the T-stub model［J］. Engineering Structures，2010，32（9）：2505-2517.

［12］ 施刚，张宏亮，陈学森. 箱形柱-工形梁预制装配式高延性梁柱节点［P］. CN104863266B，2019.

［13］ 中华人民共和国行业标准. 建筑抗震试验规程 JGJ/T 101—2015［S］. 北京：中国建筑工业出版社，2015.

［14］ Clark P，Frank K，Krawinkler H，et，al. Protocol for fabrication，inspection，testing，and documentation of beam-to-column connection tests and other experimental specimens：SAC/BD-97/02［R］. Sacramento：SAC Joint Venture，1997.

［15］ 胡方鑫，施刚，石永久，等. 工厂加工制作的特殊构造梁柱节点抗震性能试验研究［J］. 建筑结构学报，2014，35（7）：34-43.

［16］ 施刚，袁锋，霍达，等. 钢框架梁柱节点转角理论模型和测量计算方法［J］. 工程力学，2012（2）：52-60.

［17］ Faella C，Piluso V，Rizzano G. Structural steel semirigid connections：theory，design and software［M］. Boca Raton，Florida：CRC Press LLC，2000：137-149.

［18］ ANSI/AISC 341-10. Seismic provisions for structural steel buildings［S］. Chicago，Illinois：American Institute of Steel Construction，2010.

［19］ 刘天新，韩军科，李振宝. 冷弯矩形钢管冷成型对节点性能的影响［J］. 钢结构，2007，22（6）：

30-32.

[20]　陈学森，施刚，王喆，等. 箱形柱-工形梁端板连接节点试验研 [J]. 建筑结构学报，2017，38 (8)：113-123.

[21]　中华人民共和国国家标准. 钢结构设计标准 GB 50017—2017 [S]. 北京：中国建筑工业出版 社，2018.

[22]　AIJ. 鋼構造接合部設計指針 [S]. 東京：日本建築学会. 2012.

[23]　陈学森，施刚，王东洋，等. 超大承载力端板连接节点有限元分析和设计方法 [J]. 土木工程学 报，2017，53 (3)，19-27.

[24]　ECCS. Recommended testing procedure for assessing the behaviour of structural steel elements under cyclic loads [S]. 1986.

第4章 钢框架抗震拟静力试验

4.1 概述

为研究矩形钢管柱端板式连接钢结构体系的抗震性能和受力机理，结合实际工程背景设计了原型框架，然后从原型结构中提取了3层、2榀、2跨、1个半开间的子结构，模拟现场施工条件制作和安装完成足尺试件并进行了拟静力循环加载试验。通过对试验中监测到的荷载、应变、位移等数据进行分析，研究了整体框架及其内部构件和节点等的受力性能，包括足尺框架试件在循环荷载作用下的破坏模式、滞回性能、承载力、变形能力、耗能能力，以及方钢管柱、工形梁、柔性支撑等构件的循环受力性能，提供方钢管柱端板节点柔性支撑钢框架的基础试验数据，为该类结构的优化设计和抗震设计方法制定提供参考依据。

4.2 试件设计

4.2.1 原型框架结构

结合实际工程背景，设计了如图4.1所示的原型框架结构。结构为2跨6层，层高为3m，跨度分别为3.8m和5.5m，其中5.5m的跨度被分隔为宽1.7m的走廊和进深3.8m的房间；根据各房间不同的功能需求，建筑的开间分别为4.0m、4.9m和6.8m。为提高框架抗侧刚度、减小侧移、提高建筑使用舒适度，在横向各榀框架3.8m跨内，以及结构纵向A、D轴线框架4.9m跨内布置柔性交叉支撑。

框架各层的恒荷载标准值取$8kN/m^2$，活荷载标准值取$2kN/m^2$。抗震设计条件为8度（$0.2g$）设防，场地类别为Ⅲ类，设计地震分组为第一组，抗震设防类别为丙类。结构钢材选用Q345B，节点选用10.9级M24扭剪型高强度螺栓，栓钉选用4.6级M19栓钉，楼板混凝土强度等级为C30，内部双层双向配筋，强度等级为HRB400。框架柱为□300×300×12×12冷弯方钢管，框架梁为HM294×200×8×12工形梁，柔性支撑为直径25mm的圆钢，端板厚度为25mm。

基于原型框架的设计结果，框架梁在永久荷载和可变荷载标准值作用下最大挠度为$L/655$（L为梁跨度，后同），小于挠度限值$L/400$[1]，满足规范要求；框架梁在可变荷载标准值作用下最大的挠度为$L/2619$，小于挠度限值$L/500$[1]，满足规范要求。框架在水平地震作用标准值作用下的最大层间位移角为1/444（3层），小于规范对多遇地震下弹性层间位移角1/250的限值[2]。

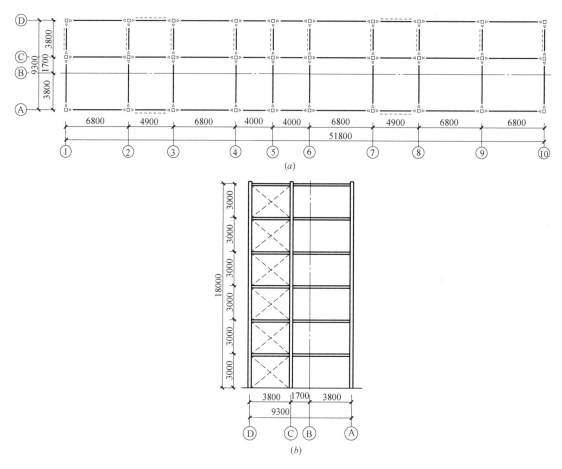

图 4.1　原型框架结构（单位：mm）

（a）平面图；（b）立面图

4.2.2　框架详图

综合考虑实验室的加载能力、台面和反力墙上锚栓孔的分布情况，从原型框架中提取底部 3 层子结构，并对构件轴线位置进行适当调整后得到试验试件。试件的平面图和立面图见图 4.2。试件由两榀框架组成，包含一个边榀框架和一个中间榀框架，如图 4.2（a）、（b）所示。两榀框架之间的间距为 4500mm，中间榀框架的外侧有 1500mm 的悬挑段，包含悬臂梁和三边支承的楼板，如图 4.2（a）、（c）所示。将原型框架 3800mm 和 5500mm 的跨度略微调整为 3500mm 和 6000mm，以适应实验室台面的锚栓孔位置。在两榀框架中间的位置，沿结构横向布置一道次梁，如图 4.2（a）所示。试验中，所有框架柱的截面均为 □300×300×12×12，所有横向框架梁、纵向框架梁以及次梁的截面均为 HM294×200×8×12。

梁柱节点均采用带加劲肋的外伸式端板节点，如图 4.3（a）、（b）所示。横向框架短跨内按照原型框架的设计结果布置交叉柔性支撑（直径 25mm），如图 4.2（b）所示；为提高框架纵向刚度，减小平面外位移，在纵向各榀框架内也布置相同截面的交叉柔性支撑，如图 4.2（c）所示。采用了 A、B 两种支撑节点，如图 4.3（a）所示：A 型支撑节

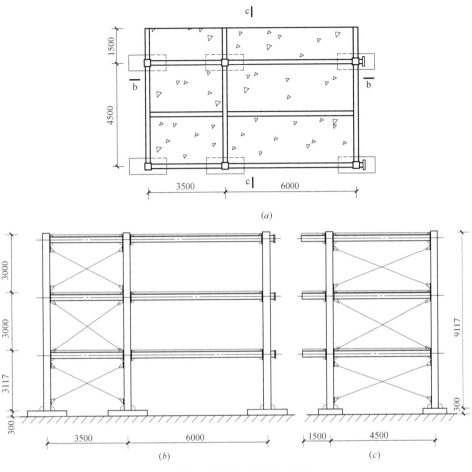

图 4.2 试件平面图和立面图（单位：mm）
（a）平面图；（b）b-b 立面图；（c）c-c 立面图

点中，支撑连接板与端板加劲肋合并，支撑与连接板用双面角焊缝连接；B 型支撑节点中，厚度 20mm 的补强板与柱翼缘四面围焊，支撑连接板与补强板、柔性支撑与连接板之间，均采用双面角焊缝连接。试件 2 层的柔性支撑均采用 A 型支撑节点，而试件 1 层和 3 层的柔性支撑均采用 B 型支撑节点，如图 4.2（b）、（c）所示。楼板与框架连接详图以及柱脚详图分别见图 4.3（c）、（d）。

4.2.3 材料性能

试件加工过程中，方钢管柱、热轧工形梁、端板、加劲肋所用的钢材，与第 3 章中节点试验中所用钢材为同一批次[3]，材料属性[4,5]一致，详见 3.3.1 节及表 3.3。柔性支撑（直径 25mm）和楼板内配筋（直径 8mm）的屈服强度 f_y、抗拉强度 f_u 和断后伸长率 f_u 基于产品检测得到，见表 4.1。预制混凝土楼板以及结构拼装时，各预留了 3 块边长 150mm 的混凝土和灌浆料标准试块[6]，并与试件在同条件下养护。试验结束后立即对混凝土和灌浆料标准试块的抗压强度进行测试，其抗压强度平均值分别为 37.7MPa 和 37.4MPa，抗压强度标准值分别为 29.8MPa 和 32.3MPa。

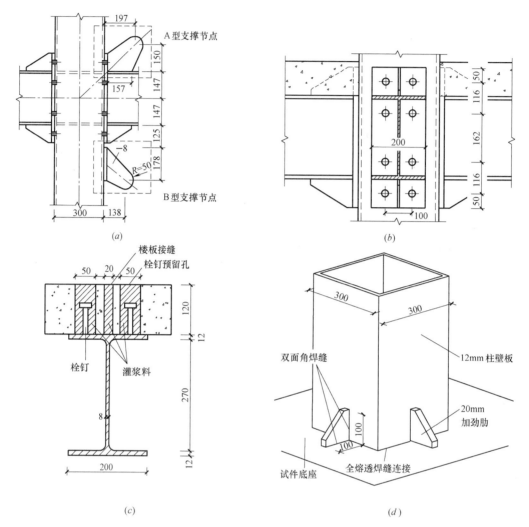

图 4.3　构件和节点详图（单位：mm）

（a）节点详图；（b）端板详图；（c）楼板与框架连接详图；（d）柱脚详图

支撑与钢筋的材性检验结果　　　　　　　　　　　　表 4.1

钢材	t(mm)	f_y(MPa)	f_u(MPa)	A(%)
支撑	25(直径)	367.5	553.0	33.3
钢筋	8(直径)	418.5	614.0	29.5

4.3　试验方案

4.3.1　试验装置

　　试验在清华大学土木工程安全与耐久教育部重点实验室进行。试验装置示意图和试验装置照片分别见图 4.4 和图 4.5。试件的主要受力框架沿南北方向布置，东榀框架为边榀框架，仅西侧有楼板；西榀框架为中间榀框架，两侧均有楼板。沿两榀框架各层主梁轴线布置作动器，每层 2 个，共 6 个；作动器通过刚性底座固定在北侧反力墙上，用于施加水平往复荷载。6 个作动器的最大行程均为 ±250mm，1 层、2 层、3 层每个作动器的吨位分别为 50t、75t 和 100t。主要构件及作动器的编号见图 4.4：C 为柱编号，B 为梁编号；图 4.4（a）中的 * 代表楼层号（1、2 或 3）；图 4.4（b）中的 * 代表东侧作动器（E）或西侧作动器（W）。

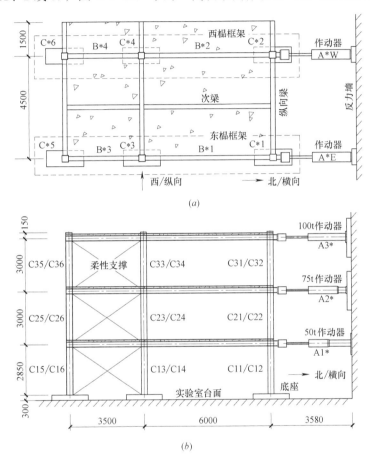

图 4.4 试验装置示意图（单位：mm）

（a）平面图；（b）东立面图

为了增大试件的纵向（东西向）刚度，避免主要受力框架产生平面外的位移和失稳，在框架各层布置了纵向的柔性交叉支撑。与柱脚连接的刚性底座用锚栓固定在实验室台面上。每层楼面均布 250kg/m^2 的沙袋，以模拟结构重力荷载代表值。试件的拼装过程见 1.2.3 节及图 1.9。

4.3.2 加载方案

试验加载以顶点位移控制，采用力和位移混合控制加载方法，控制 6 个作动器在结构各层同时施加水平往复荷载。加载过程中，顶层两个作动器保持位移同步，并且东榀框架和西榀框架各 3 个作动器的荷载分别保持为 1 层：2 层：3 层＝3：2：1（保持荷载倒三角分布[7]）的比例。

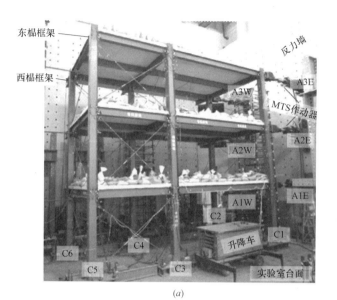

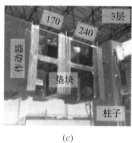

图 4.5　试验装置照片

（a）试件照片；（b）2 层作动器垫块；（c）3 层作动器垫块

以支撑屈服作为结构的屈服状态。柔性支撑受拉应变 ε 与层间侧移 Δ 的关系可由式 (4.1) 表示。

$$\varepsilon = \frac{\sqrt{(L+\Delta)^2+H^2}}{\sqrt{L^2+H^2}}-1 = \frac{f_y}{E} \tag{4.1}$$

式中，L 为带支撑跨的跨度，H 为层高，在本次试验中分别为 3500m 和 3000mm；f_y 和 E 分别为钢材的屈服强度和弹性模量。支撑的屈服强度为 367.5MPa，屈服应变为 1784$\mu\varepsilon$，则支撑屈服时的层间位移为 10.8mm，对应的层间位移角为 0.36%。近似认为弹性阶段结构各层侧移呈线性分布，则结构屈服时的顶点位移角为 0.36%。

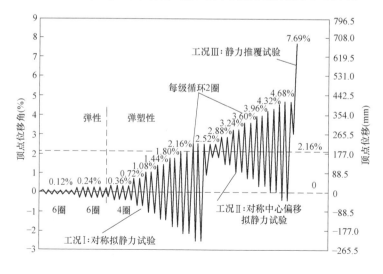

图 4.6　顶点位移角加载制度

顶点位移角的加载制度结合《建筑抗震试验规程》JGJ/T 101—2015[7] 和美国钢结构抗震设计规范（ANSI/AISC 341-16）[8] 确定，如图 4.6 所示。试验分 3 个工况加载：

（1）工况Ⅰ：对称拟静力试验。结构屈服之前分两级加载，分别以顶点位移角 0.12%和 0.24%加载 6 圈；屈服位移下（顶点位移角 0.36%）循环 4 圈；接着以 0.36%的顶点位移角为增量，逐级增大，每级循环 2 圈。受作动器最大行程的限制，本工况的最大顶点位移角为 2.52%。

（2）工况Ⅱ：对称中心偏移拟静力试验。在 2 层和 3 层作动器端头与试件连接端之间增设钢垫块，将作动器的中心位置偏移至试件顶点位移角为 2.16%的位置。以顶点位移角 2.16%为循环对称中心，首先以顶点位移角 0.36%循环两圈，接着以 0.36%的顶点位移角为增量，逐级增大，每级循环 2 圈。本工况相对于循环对称中心的最大顶点位移角为 2.52%，相对于初始位置的最大顶点位移角为 4.68%。

（3）工况Ⅲ：静力推覆试验。在 2 层和 3 层作动器端头与试件连接端之间更换更厚的钢垫块，将结构单向推覆至最大顶点位移角为 7.69%的位置。工况Ⅲ中作动器垫块的布置方式及具体尺寸见图 4.5（b）、（c）。

试验各级循环加载过程中结构的目标峰值位移和实际峰值位移见附录 A。

4.3.3 测量方案

试验过程中，对作动器的力以及框架的应变和位移进行了监测，如图 4.7、图 4.8 所示。每个作动器加载端布置有力传感器（LC），以监测施加在框架上的侧向力。东西两榀框架的南侧各布置了 4 个位移计（D），以监测各层梁轴线高度及底座处的水平位移。

在两榀框架的构件表面还布置了大量的应变片，如图 4.7 所示。每个柱子距离上方梁轴线 1000mm 和 2000mm 的 S1 截面上，在翼缘宽度的三分点处布置应变片，以监测柱轴线方向的应变[9]；在每个支撑跨中附近的 S2 截面上，布置两个应变片，以监测支撑轴线方向的应变；中柱两侧主梁的 S3 截面（距离柱轴线 350mm），在钢梁上布置 5 个应变片，以监测梁端应变开展；1 层长跨主梁梁端的 S4 截面（距离柱轴线 550mm），在钢梁和楼板上表面布置应变片，以研究楼板应变分布及其组合作用。

在东榀框架的 9 个端板连接节点表面，布置了大量的位移计和倾角仪，以监测节点变

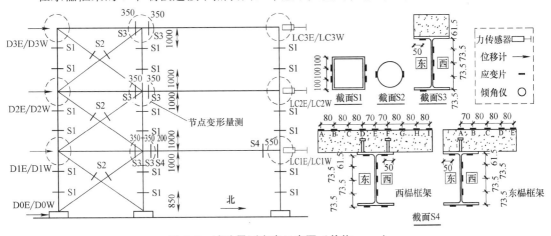

图 4.7　试验量测方案示意图（单位：mm）

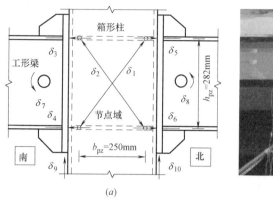

(a)

图 4.8　东榀框架节点变形量测方案

(a) 量测示意图；(b) 传感器布置

形[10,11]，如图 4.8 所示。节点域交叉布置位移计 T_1 和 T_2，以监测变形 δ_1 和 δ_2，从而计算节点域的剪切变形；端板与柱壁板之间，沿着梁翼缘厚度中线布置位移计 T_3 至 T_6，以监测端板的张开变形 δ_3 至 δ_6；梁端腹板上距离柱表面一半梁高（147mm）的位置布置倾角仪 I_7 和 I_8，以监测梁端转角 δ_7 和 δ_8；端板下边缘沿竖向布置位移计 T_9 和 T_{10}，以监测端板的竖向滑移 δ_9 和 δ_{10}。

以上对试验过程中力、应变和位移的监测共用通道 418 个。

4.4　试验现象

试验分 3 个工况进行加载，各工况最大侧移状态下框架的变形情况见图 4.9。工况 I（对称拟静力试验）达到最大顶点位移角 2.52% 时，最大层间位移角为 2.85%（2 层）；工况 II（对称中心偏移拟静力试验）达到最大顶点位移角 4.68% 时，最大层间位移角为 5.16%（2 层）；工况 III（静力推覆试验）达到最大顶点位移角 7.69% 时，最大层间位移角为 8.78%（1 层）。

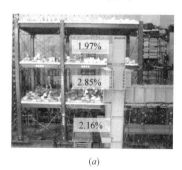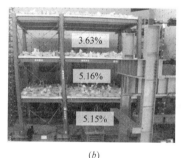

(a)　　　　　　　　　　　(b)　　　　　　　　　　　(c)

图 4.9　各工况最大侧移状态下框架的变形情况

(a) 顶点位移角 2.52%；(b) 顶点位移角 4.68%；(c) 顶点位移角 7.69%

以下针对支撑、梁及节点、柱、混凝土楼板等内容分别介绍试验过程中观察和记录到的现象。

4.4.1 支撑

柔性支撑几乎没有受压承载力,故在弹性阶段就可以观察到支撑受压屈曲退出工作的现象,如图 4.10(a) 所示。以顶点位移角 0.72% 循环的过程中,支撑受拉屈服,产生一定的塑性变形,并可观察到漆皮开裂。随后的循环加载过程中,支撑受拉时张紧并参与受力,受压时屈曲并退出工作。随着顶点位移角的不断增大,支撑的残余变形和屈曲现象也越来越明显,见图 4.10(b)~(d)。

试验结束后,支撑表面的漆皮基本全部脱落,表明支撑产生了明显的塑性变形。试验过程中没有出现支撑的断裂以及支撑节点的开裂,表明所采用的支撑及其连接方式具有良好的延性。

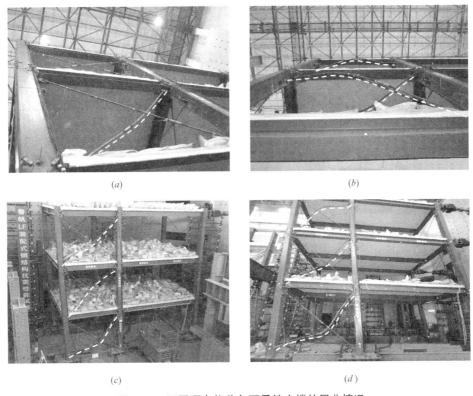

(a) (b)

(c) (d)

图 4.10 不同顶点位移角下柔性支撑的屈曲情况

(a) 顶点位移角 0.36%;(b) 顶点位移角 2.52%;(c) 顶点位移角 4.68%;(d) 顶点位移角 7.69%

4.4.2 梁和节点

整个加载过程中,梁和节点没有出现螺栓拉断和焊缝开裂,没有观察到梁整体失稳。梁和节点表现出了良好的循环受力性能。

对称拟静力试验(工况Ⅰ)过程中,梁和节点有轻微变形。工况Ⅰ结束后,部分梁端下翼缘出现漆皮开裂,底部两层部分梁端有轻微的端板张开残余变形(端板下缘与柱翼缘之间的最大缝隙约 2mm),如图 4.11 所示。3 层的层间侧移相对较小,梁及节点没有观察到明显现象。

　　对称中心偏移拟静力试验（工况Ⅱ）过程中，1 层和 2 层中柱节点的节点域观察到漆皮开裂，说明节点域产生了明显的剪切变形。梁端下翼缘漆皮开裂和端板张开变形加剧，工况Ⅱ结束时最大的端板下缘与柱翼缘之间缝隙约为 10mm。

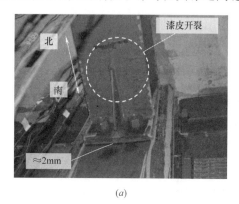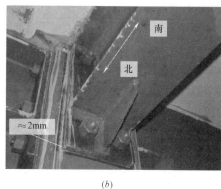

(a)　　　　　　　　　　　　　　(b)

图 4.11　对称拟静力试验结束后梁端漆皮开裂和端板张开

(a) 梁 B12 南端；(b) 梁 B22 北端

　　静力推覆试验（工况Ⅲ）中，在顶点位移角达到 5.67% 时下翼缘受压的梁端发生局部屈曲，并随着加载的继续逐渐发展，如图 4.12 所示。1 层和 2 层中柱节点的节点域剪切变形继续开展，造成明显的漆皮开裂，如图 4.13 所示。

(a)　　　　　　　　　　　　　　(b)

(c)　　　　　　　　　　　　　　(d)

图 4.12　东榀框架 1 层南侧节点梁端屈曲过程

(a) 顶点位移角 4.68%；(b) 顶点位移角 5.76%；(c) 顶点位移角 6.48%；(d) 顶点位移角 7.69%

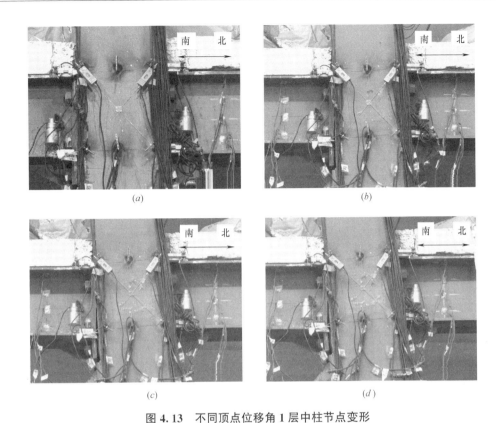

图 4.13 不同顶点位移角 1 层中柱节点变形

(*a*) 顶点位移角 2.52%；(*b*) 顶点位移角 4.68%；(*c*) 顶点位移角 6.12%；(*d*) 顶点位移角 7.69%

东榀框架的 9 个端板连接节点外露，可以清楚地观察节点的变形情况。试验结束之后东榀框架的节点照片见图 4.14。

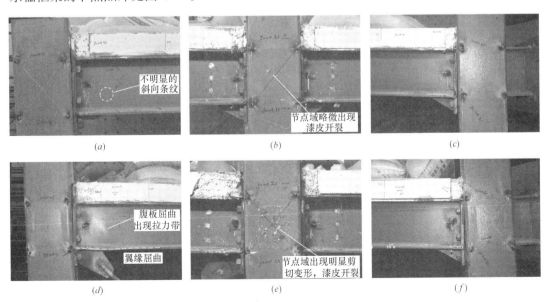

图 4.14 试验结束后东榀框架节点照片（一）

(*a*) 3 层南节点；(*b*) 3 层中节点；(*c*) 3 层北节点；(*d*) 2 层南节点；(*e*) 2 层中节点；(*f*) 2 层北节点

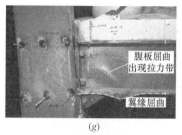

(g)　　　　　　　　　　　　*(h)*　　　　　　　　　　　　*(i)*

图 4.14　试验结束后东榀框架节点照片（二）

（*g*）1 层南节点；（*h*）1 层中节点；（*i*）1 层北节点

4.4.3　柱

除柱脚外的其他柱端未观察到特殊的现象。工况Ⅰ（对称拟静力试验）结束后，各个柱脚均可观察到漆皮开裂。柱 C5 和 C6 的柱脚在以顶点位移角 3.96% 循环时屈曲，柱 C1 和 C2 的柱脚在以顶点位移角 4.68% 循环时屈曲，柱 C3 和 C4 的柱脚受到支撑补强板的加强作用，始终没有发生屈曲。试验结束后 C1～C6 各柱脚的状态如图 4.15 所示。

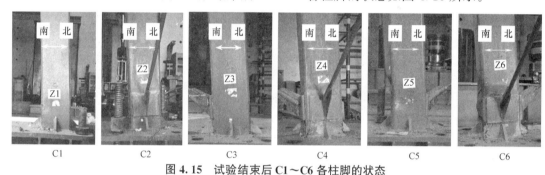

C1　　　　　C2　　　　　C3　　　　　C4　　　　　C5　　　　　C6

图 4.15　试验结束后 C1～C6 各柱脚的状态

4.4.4　混凝土楼板

弹性阶段混凝土楼板没有出现明显开裂。以顶点位移角 0.36% 循环结束后，不同区格楼板之间的接缝处均出现了贯通裂缝；柱子附近区域的楼板也发生开裂，并且随着循环加载顶点位移角的增大，裂缝逐渐发展（延伸，变宽并增多），如图 4.16 所示。对称拟静力试验（工况Ⅰ）加载完成后部分柱子附近区域楼板的开裂情况见图 4.17。

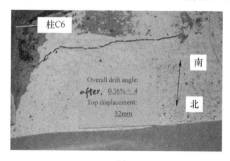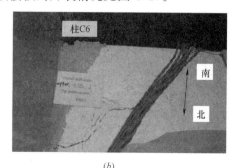

(a)　　　　　　　　　　　　　　　　　　*(b)*

图 4.16　1 层柱 C6 西侧楼板在对称拟静力试验中的开裂过程（一）

（*a*）顶点位移角 0.36%；（*b*）顶点位移角 0.72%

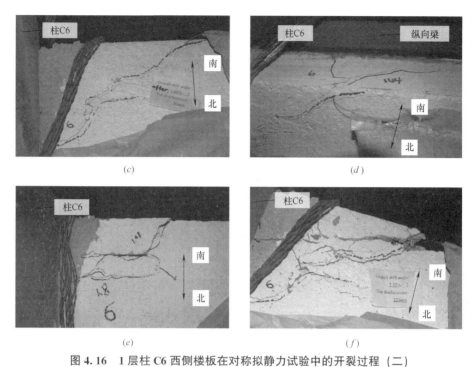

(c)   (d)

(e)   (f)

图 4.16 1 层柱 C6 西侧楼板在对称拟静力试验中的开裂过程 (二)

（c）顶点位移角 1.08%；（d）顶点位移角 1.44%；（e）顶点位移角 1.80%；（f）顶点位移角 2.52%

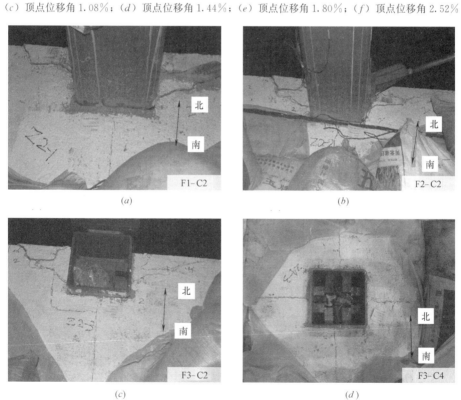

(a)   (b)

(c)   (d)

图 4.17 柱附近区域楼板开裂情况

（a）1 层楼板 C2 柱附近区域；（b）2 层楼板 C2 柱附近区域；
（c）3 层楼板 C2 柱附近区域；（d）3 层楼板 C4 柱附近区域

对称中心偏移拟静力试验（工况Ⅱ）和静力推覆试验（工况Ⅲ）中裂缝继续发展。柱 C1、C2、C5 和 C6 东、西两侧楼板开裂严重，在栓钉和端板加劲肋的剥离作用下，甚至出现了混凝土块掉落的现象。以 1 层楼板为例，试验结束后裂缝的分布情况如图 4.18 所示，其中楼板上、下表面以及侧面的裂缝分别用不同曲线表示。

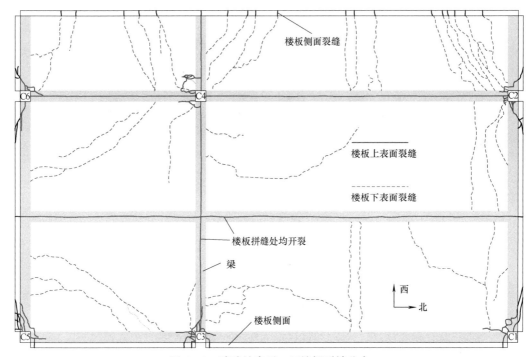

图 4.18　试验结束后 1 层楼板裂缝分布

4.5　框架的整体受力性能

4.5.1　滞回性能与骨架曲线

试件在 3 个加载工况中的基底剪力-顶点位移角滞回曲线见图 4.19（*a*），其中基底剪力为 6 个作动器的荷载总和。在对称拟静力试验（工况Ⅰ）中，试件表现出很稳定的循环性能，但由于结构使用了柔性交叉支撑，并且端板连接节点的滞回曲线存在一定的捏拢现象[3]，结构的滞回曲线有一定的捏拢。柔性支撑导致结构滞回曲线捏拢的原因是：支撑受拉屈服会产生残余变形，循环加载的卸载阶段，受拉支撑卸载后的一段行程内结构没有支撑作用，侧移刚度减小，曲线在卸载阶段过早弯折；继续加载，待另一侧支撑张紧后，结构重新有了支撑作用，侧移刚度增大，反向加载曲线斜率增大。

对称中心偏移拟静力试验（工况Ⅱ）中，由于加载制度存在顶点位移角 2.16% 的偏移，滞回曲线呈现不对称的形状。对称中心偏移拟静力试验的最后一级循环，顶点位移角达到 4.68%，此时结构已经接近极限承载力。

静力推覆试验（工况Ⅲ）中，结构在达到峰值承载力（对应的顶点位移角为 6.59%）时，仍表现出良好的承载力和延性；在承载力基本没有降低的情况下，顶点位移角可以达到 7.69%。结构的侧向极限承载力为试件总重（1335.6kN，不包括底座）的 1.95 倍。

西榀框架和东榀框架的基底剪力-顶点位移角滞回曲线分别见图 4.19（b）、（c），两榀框架均表现出稳定的滞回性能及良好的延性。由于连接在两榀框架上的作动器同时作用，框架没有产生扭转，东西两榀框架水平位移基本协调，可认为楼盖传递水平力很小，故各榀框架的基底剪力为其各层作动器的荷载总和。

各级循环第 1 圈和最后 1 圈位移峰值点所连成的骨架曲线也标于图 4.19 中（静力推覆试验的曲线上，以层间位移角为横坐标，按照 0.36% 的间隔筛选数据点作为骨架曲线上的顶点）。试件在顶点位移角 0.36% 开始屈服，到顶点位移角 4.68% 附近接近极限承载力，之后骨架曲线没有明显下降，结构没有出现软化，表现出了良好的延性。第 1 圈骨架曲线和最后 1 圈骨架曲线贴合良好，框架在各级循环中没有出现明显的强度退化。取顶点位移角为 ±0.12% 和 ±0.24% 对应的数据点，经线性拟合可得弹性阶段的侧移刚度 k_e：试件整体、西榀框架和东榀框架分别为 29.8kN/mm、15.4kN/mm 和 14.4kN/mm。西榀框架两侧均有楼板，而东榀框架仅一侧有楼板，西榀框架组合梁抗弯刚度稍强，使得西榀框架的弹性侧移刚度比东榀框架略大。

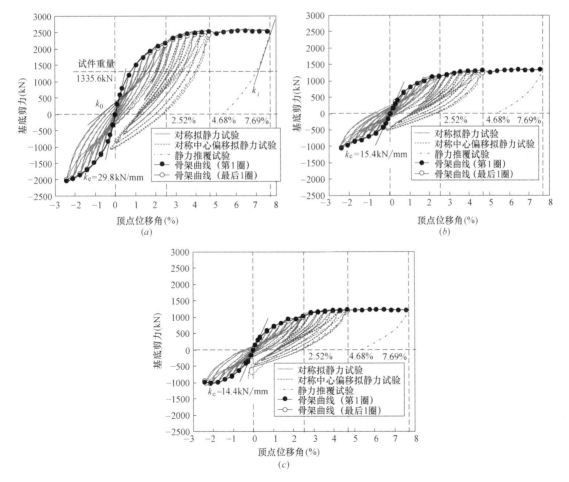

图 4.19 基底剪力-顶点位移角滞回曲线及骨架曲线

（a）试件整体；（b）西榀框架；（c）东榀框架

　　图 4.20 为框架各层的层剪力-层间位移角滞回曲线及骨架曲线。1 层层剪力（基底剪力）为全部 6 个作动器的荷载总和，2 层层剪力为 2 层和 3 层 4 个作动器的荷载总和，3 层层剪力为顶部 2 个作动器的荷载总和。第 1 圈骨架曲线和最后 1 圈骨架曲线贴合良好，框架各层在各级循环中没有出现明显的强度退化。

　　框架各层的弹性侧移刚度 k_e 分别为 89.5kN/mm（1 层）、64.7kN/mm（2 层）和 53.4kN/mm（3 层）。1 层、2 层和 3 层的全过程滞回曲线层剪力峰值分别为 2600.5kN、2172.3kN 和 1317.6kN，对应的层间位角分别为 7.43%、7.18% 和 5.18%。峰值层间剪力与对应楼层及其之上结构重量之比分别为：1.95、2.44 和 2.89。

　　对称拟静力试验（工况Ⅰ）峰值位移（顶点位移角 2.52%）处各层的层间位移角分别为 2.16%（1 层）、2.85%（2 层）和 1.97%（3 层）；对称中心偏移拟静力试验（工况Ⅱ）峰值位移（顶点位移角 4.68%）处各层的层间位移角分别为 5.15%（1 层）、5.16%（2 层）和 3.63%（3 层）；极限位移（顶点位移角 7.69%）状态下，各层的层间位移角分别为 8.78%（1 层）、8.29%（2 层）和 6.14%（3 层）。

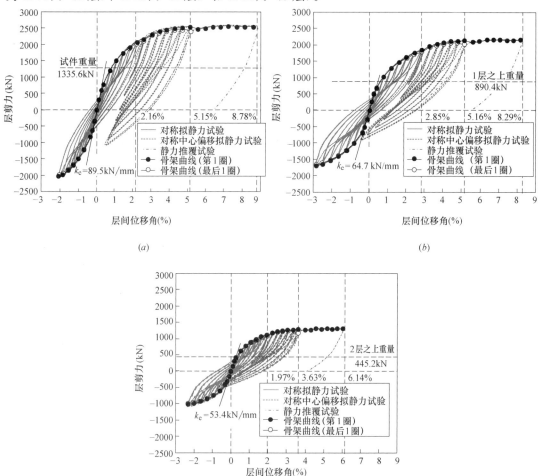

图 4.20　层剪力-层间位移角滞回曲线及骨架曲线

（a）框架 1 层；（b）框架 2 层；（c）框架 3 层

4.5.2 侧移刚度

提取图 4.19（a）和图 4.20 滞回曲线各圈正向卸载阶段最初的对应于顶点位移 31.9mm（即顶点位移角 0.36%）的试验数据，线性拟合求得结构整体和各层的卸载刚度 k_i，如图 4.19（a）所示。框架卸载刚度退化曲线如图 4.21 所示。4 条曲线均有下降趋势，其中 1 层卸载刚度在对称拟静力试验中下降较为明显，且卸载刚度为 1 层＞2 层＞3 层。端板连接的塑性变形导致框架刚度下降，但由于支撑钢材本身的刚度退化并不明显，支撑拉紧参与受力时提供的卸载刚度无明显下降，且支撑提供的抗侧刚度占比较大，故结构的卸载刚度没有特别明显地下降。

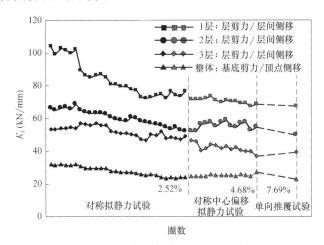

图 4.21 框架卸载刚度退化曲线

提取图 4.19（a）和图 4.20 滞回曲线 ±0.36% 顶点位移角范围内的数据，经线性拟合可求得框架在初始位置侧移刚度 k_0，见图 4.19（a）（此处仅分析对称拟静力试验）。框架初始位置侧移刚度退化曲线见图 4.22。结构在以屈服位移（顶点位移角 0.36%）加载的 4 圈循环结束之前，侧移刚度略有下降。0.72% 第 1 圈的加卸载过程中初始位置侧移刚度有明显下降，之后随着试验进行继续下降；工况 I 加载结束时，仅约为弹性侧移刚度 k_e 的 1/10。

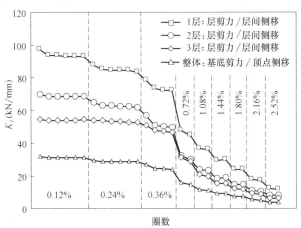

图 4.22 初始位置侧移刚度退化曲线

4.5.3　变形性能

　　为研究结构在各级加载过程中进入塑性的程度，作出对称拟静力试验（工况Ⅰ）中每半圈循环的顶点或层间的塑性位移和累积塑性位移，如图 4.23 所示。

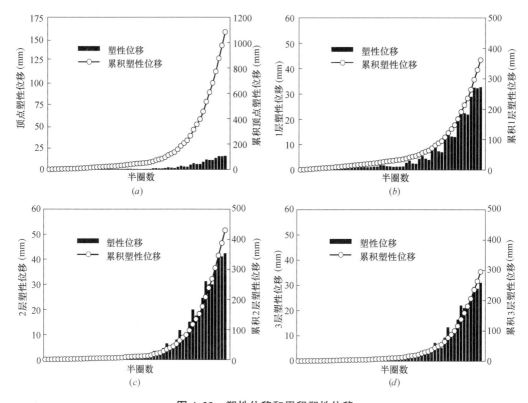

图 4.23　塑性位移和累积塑性位移
（a）结构顶点；（b）1 层；（c）2 层；（d）3 层

　　试件在顶点位移角 0.36% 以及之前的加载阶段没有产生明显的塑性位移。从顶点位移角 0.72% 第 1 圈加载开始有明显的塑性位移，而且随着加载幅值增大而快速上升。顶点位移角 1.80% 之后的加载阶段，塑性位移大致与加载幅值呈线性关系。查看数据可以发现，顶点位移角 1.80% 之前，1 层塑性位移最大；顶点位移角超过 1.80% 之后，2 层的塑性位移最大，以致在顶点位移角超过 1.80% 之后其累积塑性层间位移已经超过 1 层；3 层的塑性位移和累积塑性位移最小。

　　地震作用下结构若存在软弱层，则可能导致结构倒塌或严重破坏。在图 4.24 中作出工况Ⅰ（对称拟静力试验）和工况Ⅱ（对称中心偏移拟静力试验）每圈正向最大位移处，以及工况Ⅲ（静力推覆试验）中整数倍初始屈服位移（顶点位移角 0.36%）处各层的层间位移比。工况Ⅰ中，层间位移比基本保持在 1 层：2 层：3 层＝30%：40%：30%，从工况Ⅱ开始，1 层层间位移比开始逐渐上升，3 层层间位移比开始逐渐下降，2 层基本保持不变，结构静力推覆至最大位移时（顶点位移角 7.69%），层间位移比大致为 1 层：2 层：3 层＝35%：40%：25%。工况Ⅰ后期柱脚逐渐形成塑性铰，1 层位移占比增加；1 层端板连接刚度的降低减小了梁对柱的转动约束能力，2 层的层间位移占比相对增加。试验中各层层间位移比仅发生了略微的变化，框架变形分配均匀，没有出现某层位移的突然增大，试件不存在软弱层。

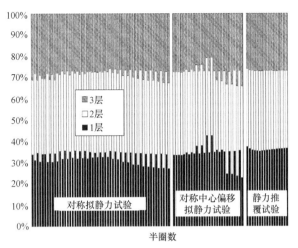

图 4.24 框架各层的层间位移比

4.5.4 耗能性能

按照积分方法可计算出图 4.19（a）和图 4.20 中滞回曲线以试验循环中心为界的单圈耗能。结构的单圈耗能条形图及累积耗能曲线见图 4.25。工况Ⅰ（对称拟静力试验）中

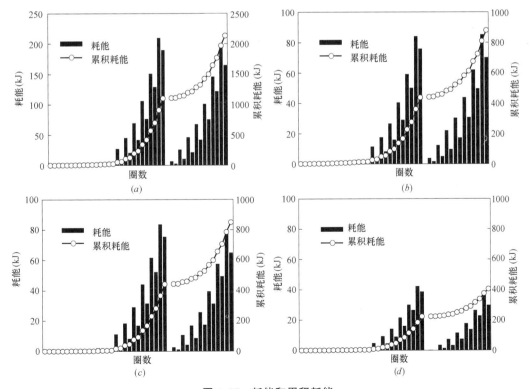

图 4.25 耗能和累积耗能

（a）整体结构；（b）1 层结构；（c）2 层结构；（d）3 层结构

试件在顶点位移角达到 0.72% 时才有明显的耗能；同一级两圈循环中，第 2 圈耗能较第 1圈略小；顶点位移角达到 0.72% 之后的循环过程中，工况 I（对称拟静力试验）和工况 II（对称中心偏移拟静力试验）仅平衡位置不同，加载制度其实是一致的，两者耗能也大致相同，即 1 层、2 层耗能较多，3 层较少。

　　循环加载每圈内框架各层的层间耗能比和累积层间耗能比分别见图 4.26 和图 4.27。结构在出现明显耗能时（顶点位移角达到 0.72% 之后），累积耗能比大致稳定在 1 层：2层：3 层＝2：2：1。东、西两榀框架耗能比大致为 1：1，西榀框架耗能略高于东榀框架，如图 4.28 所示。

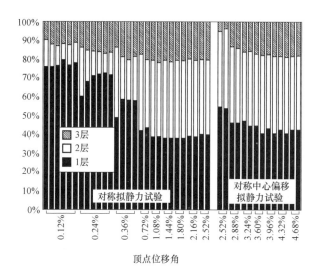

图 4.26　框架各层耗能比

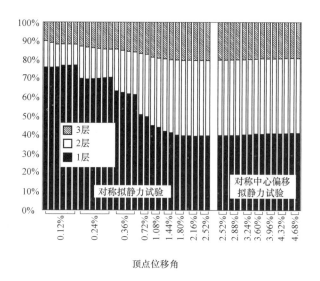

图 4.27　结构各层累积耗能比

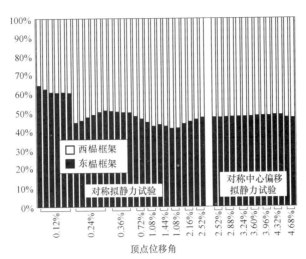

图 4.28 东榀框架与西榀框架的耗能比

4.6 框架中的构件和节点受力性能

东、西两榀框架中构件与节点的编号见图 4.29，其中梁、柱的编号与图 4.4 中编号一致；支撑编号时，BR 表示支撑，E 和 W 分别表示东榀框架和西榀框架；节点编号时，JE 和 JW 分别表示东榀框架和西榀框架的节点，S 表示南侧节点，N 表示北侧节点，而中柱节点两侧均有梁，部分内容需分别针对两侧进行分析，故分别编号为 MS（中节点南侧梁）和 MN（中节点北侧梁）。

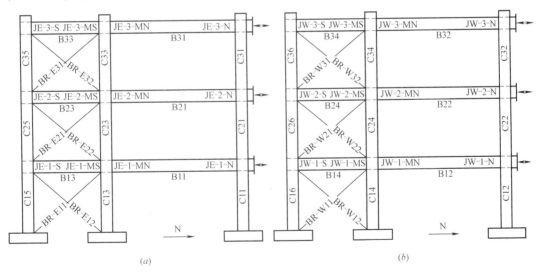

图 4.29 构件与节点编号

(a) 东榀框架；(b) 西榀框架

以下分别针对构件的受力性能（4.6.1 节）、节点的受力性能（4.6.2 节）、结构的塑性开展次序（4.6.3 节）以及预制装配式楼板的组合作用（4.6.4 节）进行讨论。

4.6.1　构件的受力性能

（1）支撑

试验的不同加载阶段 1 层、2 层和 3 层支撑的应变分布分别见图 4.30（a）～（c），图中每个数据点代表各加载级第 1 圈循环峰值位移处支撑上布置的两个应变片的应变平均值。横坐标为顶点位移角，纵坐标为支撑应变，并将支撑钢材的屈服应变 $\varepsilon_y = 1784\mu\varepsilon$ 标于图中。为了便于对比，此处及后文支撑分析中定义交叉柔性支撑在受拉时对应的层间位移角为正，在受压时对应的层间位移角为负。

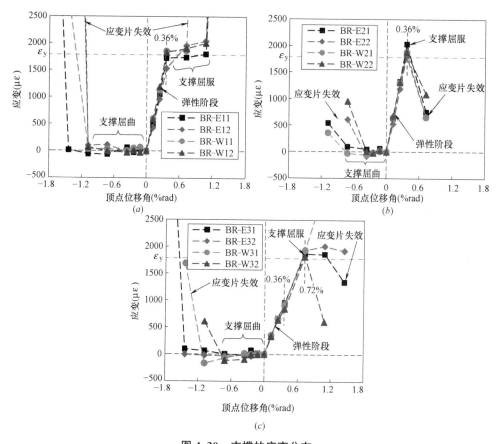

图 4.30　支撑的应变分布

（a）1 层支撑；（b）2 层支撑；（c）3 层支撑

正向位移峰值点支撑受拉参与框架受力，在弹性阶段（顶点位移角小于 0.36%）应变与顶点位移角基本呈线性关系。1 层和 2 层的支撑在顶点位移角达到 0.36% 时应变达到材料屈服应变 ε_y，开始屈服；而 3 层的支撑在顶点位移角达到 0.72% 时才开始屈服；试验中框架 3 层的层间位移相对较小，支撑塑性发展相对较晚，如图 4.30（c）所示。柔性支撑受拉屈服时，应力不再明显增加，塑性变形会集中于整个支撑相对薄弱的区段，其余截面的应力和应变维持在屈服点处，如图 4.30（a）所示；支撑继续拉伸，发生明显塑性变形的区段不断扩展，最终发展至布置应变片的截面，造成应变片的失效，如图 4.30（a）所示；若布置应变片的截面刚好位于支撑相对薄弱的区段，较早出现了明显的塑性应变，则应变片会较早失效，如图 4.30（b）所示。

负向位移峰值点处，应变很小，支撑受压屈曲退出工作，不参与框架的受力。试验中的支撑正则化长细比达到了 7.88，受压承载力几乎为零，可被视作柔性支撑。顶点位移角达到 0.72% 或 1.08% 后，受拉时塑性发展导致应变片失效，随后测得的支撑受压应变也无效。

（2）柱

图 4.31 为框架内力分析示意图。试验过程中试件受到作动器沿梁轴线作用的水平荷载，各层框架柱上均没有水平荷载作用，故框架柱上弯矩呈线性分布，且剪力恒定。试验中在每个柱子上方距离梁轴线 1000mm 和 2000mm 的两个截面（见图 4.31 中的 S_T 和 S_B 截面）上各贴了 4 个应变片，用于监测柱弹性截面上的应变分布。通过 4 个应变片所测应变数据，可以得到该截面的平均轴向应变和曲率，进而得到弹性截面上的轴力（N_c）和弯矩（M_T 和 M_B）。由于柱上弯矩呈线性分布，故可以通过弯矩图形线性外推的方法得到柱顶及柱脚截面的弯矩 M_{cT} 和 M_{cB}。两个截面弯矩之差与截面高度差之比即为柱子上的剪力。弯矩为零处即为框架柱的反弯点。

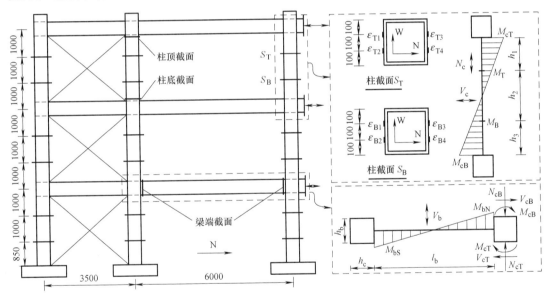

图 4.31 框架内力分析示意图（单位：mm）

S_T 和 S_B 截面上的弯矩可由下式求得：

$$M_T = \frac{E_s I_c}{2h_c}(\varepsilon_{T3} + \varepsilon_{T4} - \varepsilon_{T1} - \varepsilon_{T2}) \tag{4.2}$$

$$M_B = \frac{E_s I_c}{2h_c}(\varepsilon_{B3} + \varepsilon_{B4} - \varepsilon_{B1} - \varepsilon_{B2}) \tag{4.3}$$

式中，ε_{Ti} 和 ε_{Bi} 为柱表面的应变；h_c 为柱截面高度；E_s 为钢材弹性模量；I_c 为柱截面惯性矩。

根据如图 4.31 所示的弯矩图，将 S_T 和 S_B 截面弯矩线性外推即可得到柱端弯矩：

$$M_{cT} = M_T + \frac{h_1}{h_2}(M_T - M_B) \tag{4.4}$$

$$M_{cB}=M_B+\frac{h_3}{h_2}(M_B-M_T)\tag{4.5}$$

柱轴力及柱剪力可由以下公式求得，其中 A_c 为柱截面面积：

$$N_c=\frac{1}{8}E_sA_c(\varepsilon_{T1}+\varepsilon_{T2}+\varepsilon_{T3}+\varepsilon_{T4}+\varepsilon_{B1}+\varepsilon_{B2}+\varepsilon_{B3}+\varepsilon_{B4})\tag{4.6}$$

$$V_c=\frac{M_T-M_B}{h_2}\tag{4.7}$$

1、2、3 层框架柱柱端截面的弯矩-轴力相关曲线分别见图 4.32～图 4.34。图中标出
了塑性相关曲线（梭形虚线）和弹性相关曲线（菱形虚线）。塑性相关曲线上的点所对应
的弯矩和轴力，可刚好使柱截面进入全截面屈服的状态。弹性相关曲线上的点所对应的弯
矩和轴力，可使得截面边缘纤维达到屈服应力，其表达式为：

$$\frac{|M|}{M_y}+\frac{|N|}{N_y}=1\tag{4.8}$$

$$M_y=f_{yc}W_c\tag{4.9}$$

$$N_y=f_{yc}A_c\tag{4.10}$$

式中，f_{yc} 为钢材屈服应力；W_c 为柱抗弯截面系数；A_c 为柱截面面积。

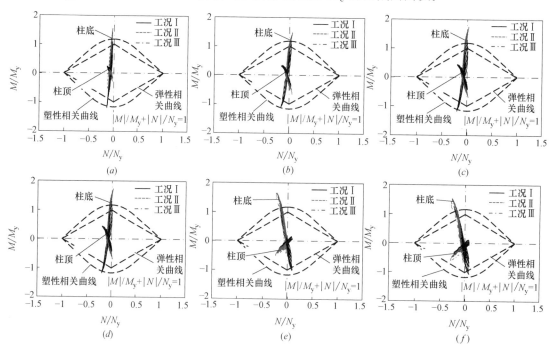

图 4.32　1 层柱柱端截面的弯矩-轴力相关曲线
(a) 柱 C11；(b) 柱 C12；(c) 柱 C13；(d) 柱 C14；(e) 柱 C15；(f) 柱 C16

当曲线落在弹性相关曲线内部时，表明截面保持弹性状态；当曲线落在塑性相关曲线
和弹性相关曲线之间时，表明截面部分进入塑性；当曲线落在塑性相关曲线以外时，表明
材料产生了强化，承载力已经大于全截面塑性承载力。从图 4.32 中各个框架柱柱端截面
的弯矩-轴力相关曲线可以看出，试验中柱端内力以弯矩为主，而轴力影响较小。6 个框架
柱的柱脚在工况Ⅰ（对称拟静力试验）中就已经出现了明显屈服，并在工况Ⅱ（对称中心

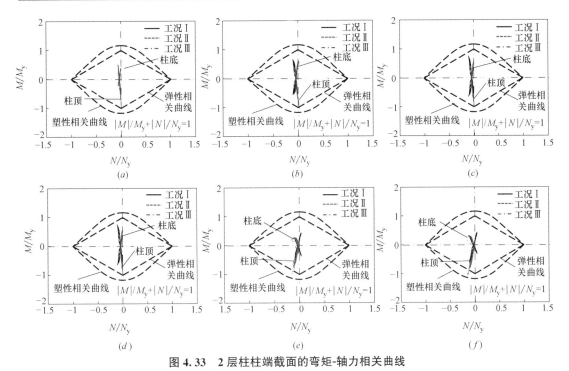

图 4.33 2层柱柱端截面的弯矩-轴力相关曲线

（a）柱 C21；（b）柱 C22；（c）柱 C23；（d）柱 C24；（e）柱 C25；（f）柱 C26

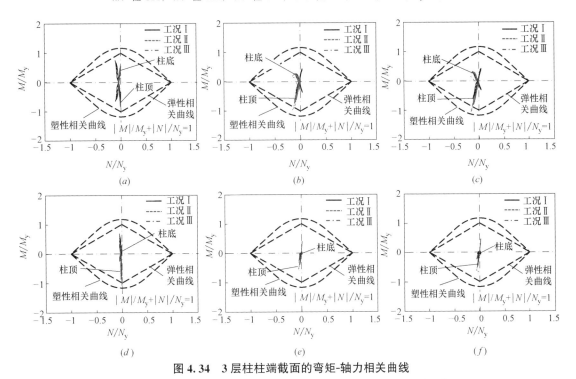

图 4.34 3层柱柱端截面的弯矩-轴力相关曲线

（a）柱 C31；（b）柱 C32；（c）柱 C33；（d）柱 C34；（e）柱 C35；（f）柱 C36

偏移拟静力试验）和工况Ⅲ（静力推覆试验）中塑性继续发展，但柱顶始终没有屈服，应力水平较低；由于材料的强化以及柱脚加劲肋的加强作用，柱脚的极限弯矩达到了柱边缘纤维屈服弯矩的 1.27 倍（柱 C16）～1.75 倍（柱 C11）；2 层柱柱底普遍不出现截面屈服，而柱顶在工况 II 和工况 III 中出现了屈服；3 层柱柱端截面应力水平较低，仅 C32、C33、C34 的柱顶在工况 II 和工况 III 中略微进入塑性。

由于柱端截面内力中弯矩占主导作用，故在图 4.35 中以各层柱 C3 的柱顶及柱底截面为例，作出弯矩-层间位移角滞回曲线以研究柱端的循环受力性能。柱脚在循环受力过程中出现了明显的屈服和屈曲，表现出了良好的循环耗能性能，见图 4.35（a）；1 层柱柱顶截面、

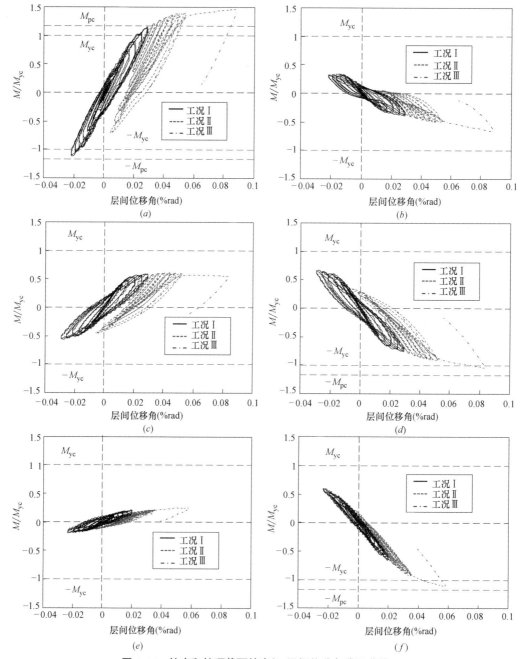

图 4.35　柱底和柱顶截面的弯矩-层间位移角滞回曲线

（a）C13 柱底；（b）C13 柱顶；（c）C23 柱底；（d）C23 柱顶；（e）C33 柱底；（f）C33 柱顶

2 层柱柱底和柱顶截面也表现出了一定的循环耗能能力，见图 4.35（b）~（d）；而 3 层柱的柱端进入塑性程度较低，在试验中没有出现明显的循环耗能，见图 4.35（e）、（f）。

尽管结构的精确化分析方法已经非常成熟，许多结构设计人员还是会用简化分析方法来对结构进行粗略分析，以对软件的精细化分析结果进行校核[12]。框架内力和位移的简化分析方法通常是基于框架柱反弯点（弯矩为零点）的内力确定分析方法。反弯点法作为一种常用的框架分析方法，简单地假定首层柱反弯点位于 2/3 柱高的位置，其余楼层柱反弯点位于柱轴线中点处[12]。日本的武藤清博士于 1930 年提出了 D 值法[13]，考虑了不同层高、梁柱线刚度比以及上下梁线刚度比对柱反弯点高度的影响。反弯点法和 D 值法在框架简化分析中应用较多[13]。

将反弯点相对高度 y 定义为反弯点高度 h（柱反弯点与柱脚或下方梁轴线之间的距离）与层高 H 之比。将工况 I、工况 II 中每圈循环正向峰值位移处，以及工况 III 中每间隔顶点位移角 0.36% 处的反弯点相对高度进行分析并汇总于图 4.36 中；为了与框架简化分析方法进行对比，将反弯点法和 D 值法求得的反弯点相对高度也标注在图中。

将试验弹性阶段测得的反弯点相对高度与框架简化分析方法所得的反弯点相对高度进行对比。底层边柱（C11、C12、C15 和 C16）的反弯点相对高度试验结果与反弯点法和 D 值法均较吻合。两种简化分析方法所得的 2 层柱（C21~C26）、3 层柱（C31~C36）以及 1 层中柱（C13 和 C14）反弯点位置均比试验结果略高。总体上，D 值法对弹性阶段框架反弯点高度的估计结果比反弯点法更加精确。

框架屈服后，由于框架内塑性的发展，反弯点高度产生了变化。对于首层柱：C13、C14 的反弯点相对高度在弹性阶段稳定在 0.6，C11、C12、C15、C16 的反弯点相对高度稳定在 0.65；顶点位移角超过 0.72% 之后，结构局部出现塑性变形，1 层柱反弯点逐渐升高，在工况 I 结束时，C11、C12、C15、C16 的反弯点相对高度超过 0.8，C13、C14 超过 0.7；随后在工况 II 和工况 III 中，1 层柱的反弯点位置又有下降趋势。试件在极限位移状态下（顶点位移角 7.69%），C11、C12 反弯点相对高度约为 0.8，C13、C14、C15、C16 反弯点相对高度约为 0.7。对于 2 层柱：除 C25 以外，其余框架柱的反弯点相对高度在工况 I 中基本保持恒定，C21、C22、C26 稳定在 0.4，C23、C24 稳定在 0.45；从工况 II 开始，这 5 根柱子的反弯点相对高度开始逐渐下降，在极限位移状态下，C21、C22 降至 0.3，C23、C24 降至 0.35，C26 降至 0.2；C25 在弹性阶段，反弯点相对高度稳定在 0.4，结构屈服之后逐渐下降，工况 I 结束时降至 0.3，在极限位移状态下降至 0.25。对于 3 层柱：反弯点相对高度较低，并且随着框架塑性开展，反弯点位置迅速下降；柱 C31、C32、C35 和 C36 的反弯点甚至下降到了下层梁轴线以下的位置。

（3）梁

试验中监测了东榀框架的梁端转角（图 4.8）。梁内力分析方法见图 4.31，靠近边柱的梁端弯矩（图 4.31 中 M_{bN}）由上下柱端内力按照节点内力平衡的原则求得：

$$M_{bN} = M_{cB} + M_{cT} + h_b(V_{cB} + V_{cT}) + 0.5h_c(N_{cB} - N_{cT}) \tag{4.11}$$

水平荷载作用下，框架梁上的弯矩线性分布，故中柱附近梁端弯矩 M_{bS} 可由弯矩 M_{bN} 和剪力 V_b 求得：

$$V_b = N_{cT} - N_{cB} \tag{4.12}$$

$$M_{bS} = M_{bN} - V_b \cdot l_b \tag{4.13}$$

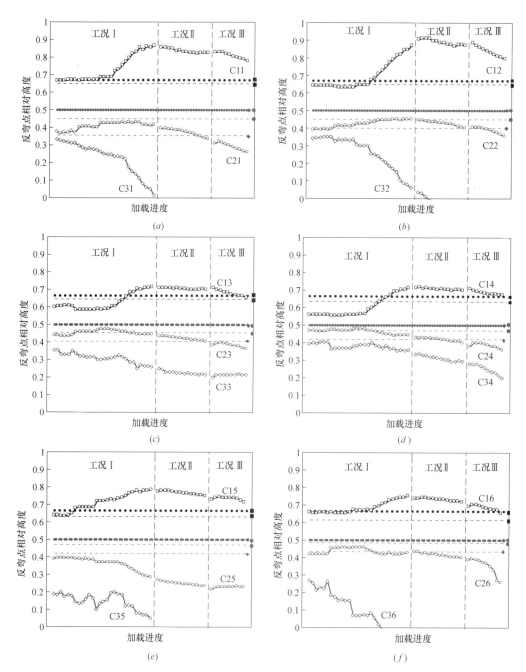

图 4.36　框架试验、反弯点法和 D 值法所得柱反弯点相对高度对比

(a) 柱 C11，C21，C31；(b) 柱 C12，C22，C32；(c) 柱 C13，C23，C33；(d) 柱 C14，C24，C34；

(e) 柱 C15，C25，C35；(f) 柱 C16，C26，C36

　　按照上述方法求得的中柱两侧梁端弯矩之比可作为中柱节点梁端弯矩的分配系数,用于分配中柱节点上下柱端的不平衡内力,以求得中柱节点两侧的梁端弯矩。以梁 B11 和 B23 南梁端、梁 B21 和 B31 北梁端为例,做出梁端的弯矩-转角滞回曲线,见图 4.37,图中的纵坐标为以纯钢截面边缘纤维屈服弯矩 M_{yb}(271.7kN・m)正则化的弯矩。循环加载工况中(工况Ⅰ和工况Ⅱ)梁端均未出现塑性铰,没有明显耗能。B13 和 B23 南梁端(工况Ⅲ中下翼缘受压的梁端)在工况Ⅲ中发生了局部屈曲,产生塑性铰,出现了明显的梁端转角。梁 B21 和 B31 北梁端(工况Ⅲ中下翼缘受拉的梁端)在整个试验过程中均没有产塑性铰,截面整体基本保持弹性。由于材料的强化、端板加劲肋对截面的加强以及楼板的组合作用,南梁端的负弯矩和北梁端的正弯矩在工况Ⅱ和工况Ⅲ中已经超过了纯钢梁的全截面塑性弯矩 $M_{pb}=306.8$kN・m。

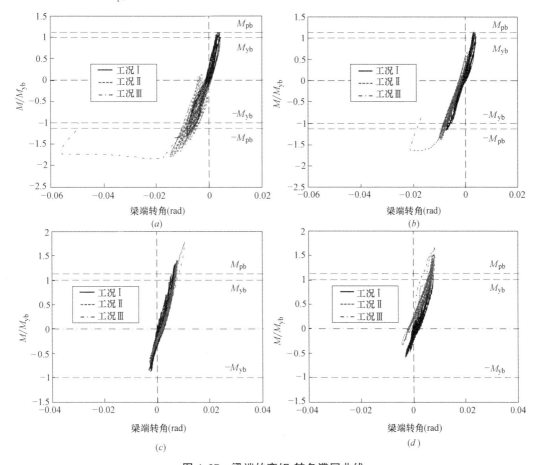

图 4.37　梁端的弯矩-转角滞回曲线
(*a*) B13 南梁端;(*b*) B23 南梁端;(*c*) B21 北梁端;(*d*) B31 北梁端

(4) 框架实测弯矩图
　　两榀框架在工况Ⅰ(对称拟静力试验)、工况Ⅱ(对称中心偏移拟静力试验)和工况Ⅲ(静力推覆试验)最大位移状态下的框架实测弯矩图分别见图 4.38、图 4.39 和图 4.40。分别确定各构件端部截面的弯矩,再用直线相连即可得到框架实测弯矩图。梁端弯矩和柱端弯矩分别用钢梁的边缘纤维屈服弯矩($M_{yb}=271.7$kN・m)和柱的边缘纤

维屈服弯矩 $（M_{yc}＝698.7kN \cdot m）$ 的倍数表示。

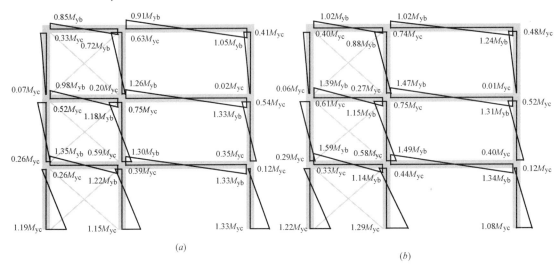

图 4.38 工况 Ⅰ（对称拟静力试验）最大位移状态的框架实测弯矩图
（a）东榀框架；（b）西榀框架

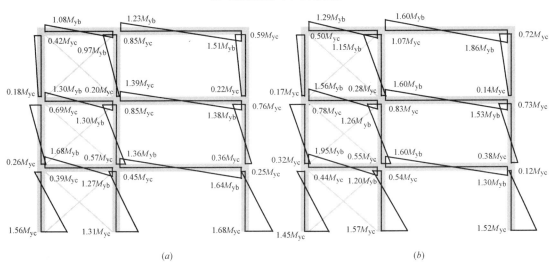

图 4.39 工况 Ⅱ（对称中心偏移拟静力试验）最大位移状态的框架实测弯矩图
（a）东榀框架；（b）西榀框架

4.6.2 节点的受力性能

（1）节点变形分析

钢框架若采用端板连接节点，则其侧向变形主要有 5 个来源[3,14,15]，即节点域的剪切变形、端板连接的张开变形、梁弯曲变形、端板竖向滑移变形以及柱弯曲变形。在框架试验中用位移计和倾角仪监测了东榀框架 9 个端板连接节点的变形，如图 4.41 所示。

上述导致框架侧向变形的 5 个来源构成了框架的层间位移角分量，如图 4.42 所示。假定框架产生侧移时梁的反弯点始终位于跨中，且节点域中点与梁跨中截面中点保持在同一高度。

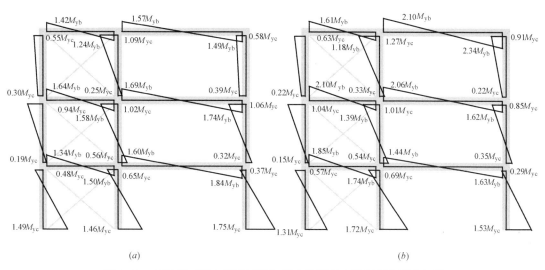

图 4.40 工况Ⅲ（静力推覆试验）最大位移状态的框架实测弯矩图

（a）东榀框架；（b）西榀框架

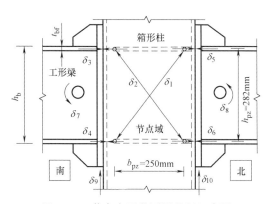

图 4.41 节点变形监测及分析示意图

如图 4.42（a）所示，节点域剪切变形导致的层间位移角 γ_{pz} 与节点域的剪切转角 θ_{pz} 相等，可以用式（4.14）计算得到[3]，其中 b_{pz} 和 h_{pz} 取值见图 4.41。

$$\gamma_{pz}=\theta_{pz}=\frac{\delta_1-\delta_2}{2}\frac{\sqrt{b_{pz}^2+h_{pz}^2}}{b_{pz}h_{pz}} \tag{4.14}$$

如图 4.42（b）所示，端板张开变形导致的层间位移角 γ_{ep} 与端板张开转角 θ_{ep} 相等，可以用式（4.15）计算得到，其中 h_b 和 t_{bf} 分别为梁高和翼缘厚度：

$$左侧端板：\gamma_{ep}=\theta_{ep}=\frac{\delta_3-\delta_4}{h_b-t_{bf}}$$

$$右侧端板：\gamma_{ep}=\theta_{ep}=\frac{\delta_5-\delta_6}{h_b-t_{bf}} \tag{4.15}$$

如图 4.42（c）所示，梁弯曲导致的层间位移角 γ_b 等于倾角仪所测梁端转角，即：

$$左侧梁：\gamma_b=\delta_7$$

$$右侧梁：\gamma_b=\delta_8 \tag{4.16}$$

如图 4.42（d）所示，端板竖向滑移导致的层间位移角 γ_s 等于端板竖向滑移量 Δ_s 与梁半跨长度之比，即：

$$左侧端板：\gamma_s = \frac{2\Delta_s}{L} = \frac{2\delta_9}{L}$$

$$右侧端板：\gamma_s = \frac{2\Delta_s}{L} = \frac{2\delta_{10}}{L} \tag{4.17}$$

图 4.42（e）中柱弯曲变形导致的层间位移角 γ_c 在试验中难以直接测量，但可以用框架的层间位移角 γ 与其余四个层间位移角分量相减得到，即：

$$\gamma_c = \gamma - \gamma_b - \gamma_{ep} - \gamma_{pz} - \gamma_s \tag{4.18}$$

将 5 个层间位移角分量汇总，即得框架的变形示意图，如图 4.42（f）所示。

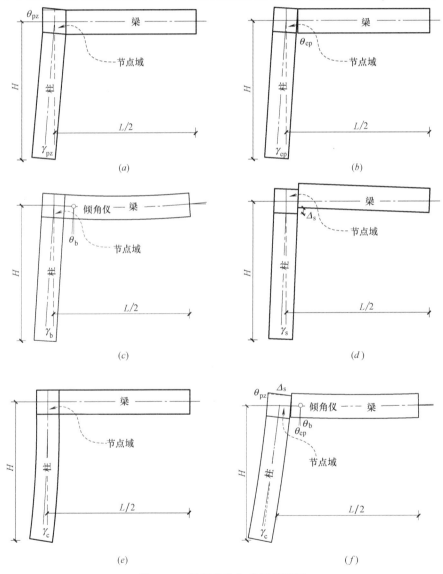

图 4.42 层间位移角分量示意图

（a）节点域剪切变形；（b）端板张开变形；（c）梁弯曲变形；（d）端板竖向滑移；（e）柱弯曲变形；（f）框架变形示意图

（2）滞回性能与骨架曲线

各节点的滞回曲线和骨架曲线见图 4.43～图 4.45，其中纵坐标为梁端弯矩与钢梁截

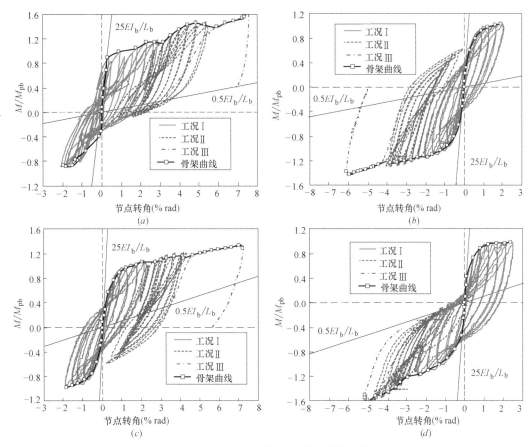

图 4.43　1 层节点滞回曲线和骨架曲线

（a）JE-1-N；（b）JE-1-MN；（c）JE-1-MS；（d）JE-1-S

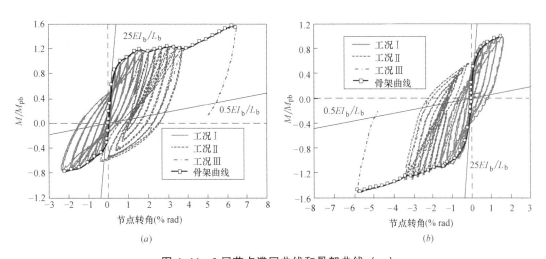

图 4.44　2 层节点滞回曲线和骨架曲线（一）

（a）JE-2-N；（b）JE-2-MN

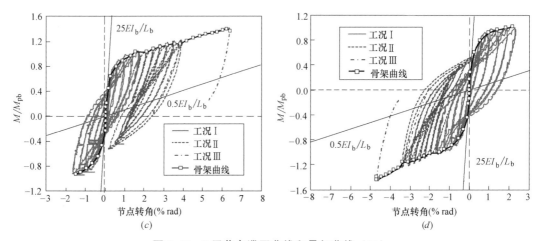

图 4.44　2 层节点滞回曲线和骨架曲线（二）

（c）JE-2-MS；（d）JE-2-S

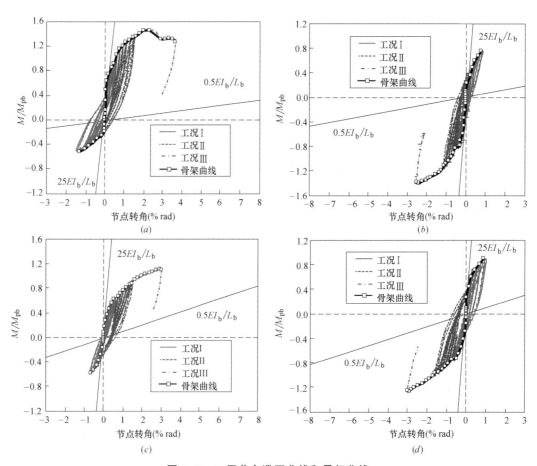

图 4.45　3 层节点滞回曲线和骨架曲线

（a）JE-3-N；（b）JE-3-MN；（c）JE-3-MS；（d）JE-3-S

面全塑性弯矩 M_{pb}=306.8kN·m 之比，横坐标为节点转角（即节点域剪切转角与端板连接转角之和）。将滞回曲线上工况Ⅰ（对称拟静力试验）每级加载第 1 圈正负位移峰值处的点，工况Ⅱ（对称中心偏移拟静力试验）每级加载第1圈正向位移峰值处的点以及工况Ⅲ（静力推覆工况）每隔0.36%顶点位移角对应的点连接起来，得到节点的骨架曲线。

从图4.43和图4.44中可以看出，1层和2层的端板连接节点产生了明显的塑性变形，出现了稳定的循环耗能现象。与不带楼板的节点循环加载试验[3]相似，对称拟静力试验中的滞回曲线有一定程度的捏拢。尽管在工况Ⅱ中，节点变形不对称，但也表现出了不错的循环耗能能力。3层的层间位移角小于1层和2层，节点变形及塑性发展有限，故图4.45中所示的3层节点的节点转角较小，耗能较少。节点的骨架曲线连续、稳定，在试验加载后期依然保持缓慢上升的趋势。

由于楼板的存在，梁端正向弯曲时楼板与柱表面接触并挤压，使得节点的正向转动刚度略大于反向转动刚度，对称拟静力试验的滞回曲线存在一定的不对称性。

当框架的顶点位移角达到峰值（7.69%）时，底部两层正向受弯梁端的节点，其转角可达6.36%～7.54%，反向受弯梁端的节点，其转角可达4.69%～6.09%。试验中节点承受的正弯矩可达钢梁全截面塑性弯矩的1.63倍，负弯矩可达其1.54倍，可以达到全强度节点的要求[16]。将欧洲规范[17]对刚接节点（转动刚度大于25倍梁线刚度，即大于$25EI_b/L_b$）和铰接节点（转动刚度小于0.5倍梁线刚度，即小于$0.5EI_b/L_b$）的定义标于图中，可见试验中的端板连接节点已经达到或接近刚接节点。

框架承受侧向荷载作用时，边柱节点的节点域承受的弯矩即为梁端弯矩，中柱节点的节点域承受的弯矩为两侧梁端弯矩之差。东榀框架各节点的节点域弯矩-剪切转角滞回曲线见图4.46。中柱节点（尤其是底部两层中柱节点）的节点域承受弯矩较大，试验中出现了明显的屈服和强化，并表现出了一定的耗能能力。1层北节点和2层北节点在工况Ⅰ

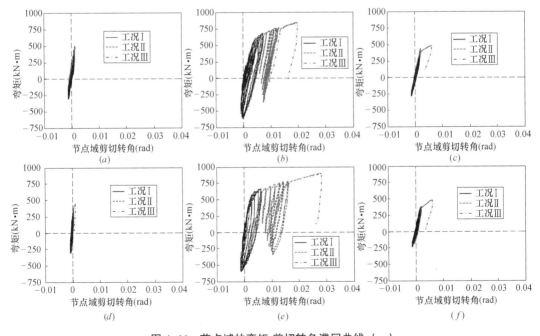

图4.46 节点域的弯矩-剪切转角滞回曲线（一）

（a）1层南节点；（b）1层中节点；（c）1层北节点；（d）2层南节点；（e）2层中节点；（f）2层北节点

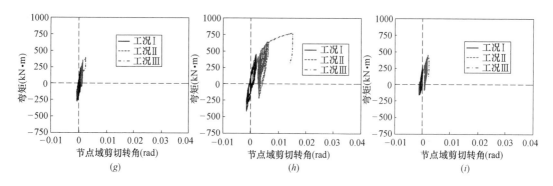

图 4.46 节点域的弯矩-剪切转角滞回曲线 (二)

（g）3 层南节点；（h）3 层中节点；（i）3 层北节点

（对称拟静力试验）和工况 Ⅱ（对称中心偏移拟静力试验）中基本保持弹性，在工况 Ⅲ（静力推覆试验）中屈服。南侧 3 个节点以及 3 层北节点在试验中基本保持弹性，均没有进入屈服。

（3）力学性能指标

屈服位移和屈服承载力是节点重要的力学性能指标，基于试验得到的弯矩-转角骨架曲线确定节点的屈服点。图 4.43～图 4.45 中的骨架曲线在很早阶段就开始弯折，端板连接节点的屈服是一个渐变的过程，由于目前对此类曲线的屈服点缺少明确定义[18]，故参考 FEMA 的研究报告[19-21]，以图 4.47 中所示的方法确定节点的屈服状态。

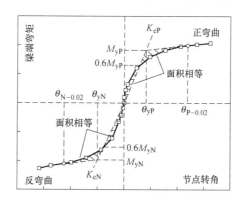

图 4.47 屈服点确定方法示意图

分别考虑梁端正向弯曲和反向弯曲（在图 4.47 及表 4.2 中用 P 和 N 加以区分），将骨架曲线简化为双折线模型。

以正向弯曲双折线的确定过程为例，说明屈服点（θ_{yP}，M_{yP}）的确定方法：首先，在骨架曲线上找到框架在目标位移（中国规范的大震层间位移角限值 1/50）下的节点转角 $\theta_{P-0.02}$ 所对应的数据点（$\theta_{P-0.02}$，$M_{P-0.02}$）；然后，确保第 1 段折线经过原点，第 2 段折线过数据点（$\theta_{P-0.02}$，$M_{P-0.02}$）；并且要求第 1 段折线与骨架曲线相交于 0.6M_{yP} 的位置；最后，依据能量相等的原则，保证骨架曲线与双折线下方包围的面积相等。以上的约束条件可唯一确定 1 条双折线，并得到屈服点（θ_{yP}，M_{yP}）。

节点的力学性能指标 表 4.2

楼层	节点编号	M_y (kN·m)		θ_y (%rad)		M_m (kN·m)	θ_m (%rad)	$\dfrac{M_m}{M_p}$	μ		K_e (10^5 kN·m)		k_b		θ_p (%rad)		E_n
		M_{yP}	M_{yN}	θ_{yP}	θ_{yN}				μ_P	μ_N	K_{eP}	K_{eN}	k_{bP}	k_{bN}	θ_{pP}	θ_{pN}	
F1	JE-1-N	254.6	204.2	0.138	0.142	500.1	7.54	1.63	>19.5	>13.9	5.02	3.47	41.3	28.5	7.17	—	128.3
	JE-1-MN	215.7	181.5	0.145	0.138	438.5	6.09	1.43	>13.4	>13.8	5.28	3.81	43.5	31.4	—	5.57	158.1
	JE-1-MS	160.7	192.8	0.150	0.111	410.7	7.24	1.34	>13.5	>16.2	4.54	3.91	21.8	18.8	6.74	—	180.1
	JE-1-S	252.6	246.8	0.107	0.145	472.8	5.19	1.54	>22.5	>15.7	5.06	4.57	24.3	21.9	—	4.85	179.1
F2	JE-2-N	243.0	182.3	0.136	0.145	478.5	6.46	1.56	>11.7	>15.3	4.82	4.22	39.6	34.7	5.93	—	103.8
	JE-2-MN	254.7	256.5	0.116	0.164	462.8	5.85	1.51	>13.0	>8.8	6.83	5.44	56.2	44.7	—	5.41	86.6
	JE-2-MS	275.4	236.3	0.194	0.175	431.9	6.36	1.41	>8.1	>8.7	7.08	6.08	34.0	29.2	5.99	—	64.9
	JE-2-S	288.7	271.8	0.216	0.190	444.8	4.69	1.45	>10.7	>7.9	7.07	7.04	33.9	33.8	—	4.48	71.8
F3	JE-3-N	282.2	114.6	0.099	0.107	404.1	3.66	1.32	>4.7	>12.4	5.28	5.81	43.5	47.8	—	—	—
	JE-3-MN	144.4	173.6	0.104	0.093	430.4	2.52	1.40	>7.6	>3.2	5.93	4.92	48.8	40.5	—	—	—
	JE-3-MS	190.2	182.5	0.115	0.110	339.4	3.00	1.11	>4.5	>6.0	4.11	3.56	19.7	17.1	—	—	—
	JE-3-S	225.5	223.3	0.109	0.092	389.8	3.03	1.27	>7.9	>5.7	5.30	4.93	25.4	23.7	—	—	—

表 4.2 中列出了节点的屈服弯矩 M_y（正反向）、屈服转角 θ_y（正反向）、峰值点（θ_m，M_m）、延性系数 μ（正反向）、弹性刚度 K_e（正反向）、节点刚度分类系数 k_b（正反向）、塑性转角 θ_p（正反向）、正则化的能量耗散系数 E_n 等。屈服转角介于 0.092% ～ 0.216%rad 之间，节点屈服于顶点位移角 0.72% ～ 2.16% 的加载阶段。节点承受的最大弯矩 M_m 与钢梁截面全塑性弯矩 M_p 之比，对于在工况Ⅲ中梁端正向弯曲和反向弯曲的节点，均能超过 1，这是由于钢材的强化、加劲肋对梁端截面的加强以及混凝土楼板组合作用共同造成的。

工况Ⅰ（对称拟静力试验）最后 1 圈的节点最大转角与屈服转角 θ_y 的比值定义为延性系数 μ，由于工况Ⅱ（对称中心偏移拟静力试验）及工况Ⅲ（静力推覆试验）中的节点变形继续发展而且没有明显的破坏现象，故表 4.2 中的延性系数为实际延性系数的下限值。1 层的节点变形开展最大，其最低的延性系数为 13.4，2 层及 3 层的延性系数下限值较小，这并不是因为节点延性不足，而是由于层间位移角较小，节点变形没有得到充分开展。

按照图 4.47 的方法确定屈服点时，第 1 段折线的曲率 K_e 即为节点的等效弹性刚度，K_e 除以梁的线刚度即为欧洲规范[17] 中的节点刚度分类系数 k_b。将正向弯曲的 K_{eP} 与 k_{bP}，反向弯曲的 K_{eN} 与 k_{bN} 列在表 4.2 中，由表可见大多数节点的刚度可达到刚接节点的分类标准（$k_b \geqslant 25$），部分节点为半刚接节点（$0.5 < k_b < 25$），k_b 最小值为 17.1。

按照式（4.19）和式（4.20）分别计算底部 2 层节点的塑性转角 θ_p 和正则化的能量耗散系数 E_n，顶层节点在试验中塑性变形开展有限，不做分析。底部 2 层节点的塑性转角下限值为 0.0448rad，正则化的能量耗散系数下限值为 64.9，节点具有良好的延性和变形能力，以及足够的循环耗能性能[2,14,22]。

$$\theta_{pP} = \theta_m - \frac{M_m}{K_{eP}}, \quad \theta_{pN} = \theta_m - \frac{M_m}{K_{eN}} \tag{4.19}$$

$$E_n = \frac{2\sum A_i}{M_{yP}\theta_{yP} + M_{yN}\theta_{yN}} \tag{4.20}$$

（4）层间位移角分量

分析工况 Ⅰ（对称拟静力试验）和工况 Ⅱ（对称中心偏移拟静力试验）每级循环第 1 圈最大正向位移以及工况 Ⅲ（静力推覆试验）中按顶点位移角 0.36% 的间隔筛选的骨架曲线顶点对应的层间位移角分量。以 1 个典型的边柱节点 JE-2-N 和 1 个典型的中柱节点 JE-2-MN 为例，讨论采用端板连接节点钢框架的层间位移角来源及其分配规律。分别做出两个节点在不同顶点位移下结构的层间位移角堆叠图和各分量占比图，如图 4.48 和图 4.49 所示。

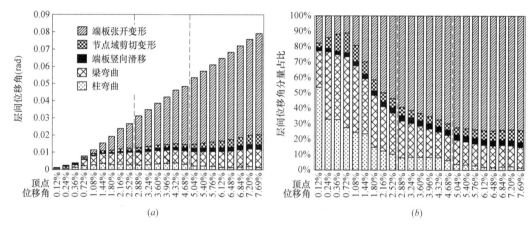

图 4.48　节点 JE-2-N 层间位移角分量和各分量占比

（a）层间位移角分量；（b）层间位移角各分量占比

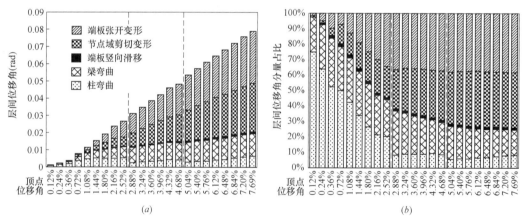

图 4.49　节点 JE-2-MN 层间位移角分量和各分量占比

（a）层间位移角分量；（b）层间位移角各分量占比

弹性阶段（顶点位移角不超过 0.36%），框架的层间侧移主要来源于构件的弯曲变形（梁弯曲和柱弯曲）；弹性阶段构件弯曲导致的层间位移角占比至少为 65.3%。随着层间位移角的不断增大，节点变形（端板张开变形和节点域剪切变形）逐渐开展，所产生的层间位移角占比也随之上升。顶点位移角超过 1.44% 之后，构件弯曲产生的层间位移角上升非常缓慢，大部分层间位移角增量来源于节点变形。东榀框架的所有节点，屈服位移

（0.36%顶点位移角）状态下节点变形产生的层间位移角占比为3.2%~34.7%；而在极限位移状态（顶点位移角7.69%），节点变形产生的层间位移角占比达到了57.9%~83.9%。边柱节点（底部2层南北侧节点）及角部节点（顶层南北侧节点）的节点域受力较小，没有出现明显的塑性剪切变形（图4.46和图4.48）；节点域剪切变形所致层间位移角占比最大为13.3%。中柱节点在较大的剪力（弯矩）作用下发生了明显的剪切变形（图4.46和图4.49），极限位移状态下贡献了22.1%~35.7%的层间位移角。

对于所有的节点，由于循环加载过程中端板竖向滑移很小（最大滑移量为7.82mm），所产生的层间位移角最多只占总层间位移角的6.5%，故端板的竖向滑移变形在框架侧向变形分析时可以忽略。

（5）节点耗能

地震作用下框架的循环耗能性能以及产生耗能的部位是评价结构抗震性能的一个重要指标。计算东榀框架各层节点以及东榀框架全部节点在工况Ⅰ（对称拟静力试验）以及工况Ⅱ（对称中心偏移拟静力试验）中每圈的耗能和累积耗能，分别用条形图和折线图表示，如图4.50所示。

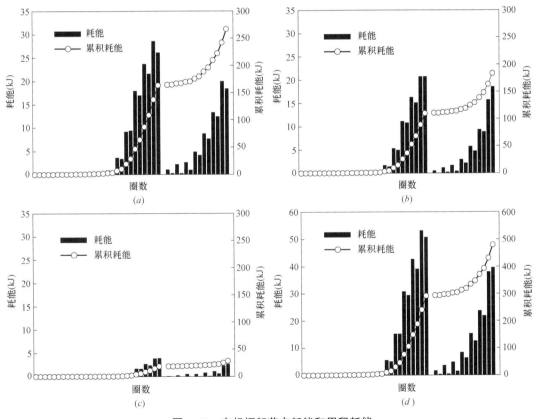

图4.50 东榀框架节点耗能和累积耗能

（a）东榀框架1层3个节点；（b）东榀框架2层3个节点；

（c）东榀框架3层3个节点；（d）东榀框架全部9个节点

以顶点位移角1.08%循环的过程中，节点开始出现明显的耗能，并且每级加载第2圈的耗能略少于第1圈的耗能。1层节点的耗能最多，2层节点耗能略少于1层，而3层节点由于塑性变形无明显开展，耗能很少。

　　将东榀框架的各层节点耗能比、构件耗能比（框架除梁柱节点以外其余部位的耗能比例）以及节点累积耗能比表示在图 4.51 中。尽管节点耗能比在相邻各圈循环中不是很稳定，但可以看出，弹性阶段节点耗能的比例较低，随着塑性发展，节点耗能比有所上升。1 层和 2 层的节点耗能比最大值分别为 89.2% 和 85.5%，而 3 层节点的耗能比最大值只有 23.9%。

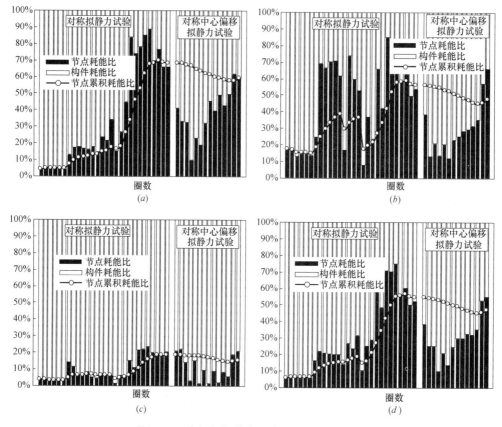

图 4.51　东榀框架节点耗能比和累积耗能比

（a）东榀框架 1 层 3 个节点；（b）东榀框架 2 层 3 个节点；
（c）东榀框架 3 层 3 个节点；（d）东榀框架全部 9 个节点

　　相对来说，从顶点位移角 1.08% 到 2.52% 的加载过程中节点耗能比例最高，在之后的对称中心偏移拟静力试验中，节点耗能减少（图 4.50），而构件端部由于明显进入塑性而耗能增加（见 4.6.1 节），使得节点耗能比有所下降。以顶点位移角 2.16% 循环的第 2 圈中，节点累积耗能比达到峰值，此时 1 层、2 层、3 层以及整体东榀框架中的节点累积耗能比分别为 69.7%、59.0%、56.4% 和 58.2%。

4.6.3　结构的塑性开展次序

　　合理的塑性开展次序有助于结构形成良好的屈服机制，提高结构的抗震性能和抗倒塌能力。4.6.1 节和 4.6.2 节分别对构件的受力性能和节点的受力性能进行了深入分析，在此基础上进一步关注可能屈服或形成塑性铰的部位（支撑、端板连接、节点域、柱端和梁端），提取其进入塑性时框架的顶点位移角，分析结构的塑性开展次序。

（1）东榀框架

支撑屈服时的顶点位移角已在 4.6.1 节中进行了分析；柱端屈服时的顶点位移角对应于柱端截面边缘纤维屈服的状态，见 4.6.1 节；梁端屈服点通过提取 4.6.1 节中梁端弯矩-转角曲线的骨架曲线，并用 4.6.2 节中的方法加以确定。

由于端板连接节点中最先屈服耗能的是由柱翼缘、螺栓和端板形成的端板连接构造，故可基于 4.6.2 节中的节点骨架曲线，并采用 4.6.2 节中的方法来确定端板连接的屈服点。4.6.2 节中作出了节点域的弯矩-剪切转角滞回曲线，可用于确定节点域屈服时对应的顶点位移角。

东榀框架构件及节点的塑性开展次序见图 4.52。

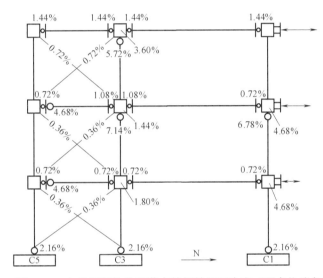

图 4.52　东榀框架构件及节点的塑性开展次序（顶点位移角）

（2）西榀框架

西榀框架支撑屈服点和柱端截面屈服点的确定方法同东榀框架，见图 4.53。由于在节点域、端板连接、梁端这 3 个构造中，端板连接最先屈服，故可以用梁端弯矩-层间位移角滞回曲线判断端板连接屈服时对应的顶点位移角。东榀框架梁端形成塑性铰时，梁端发生了明显的屈曲，故可以用梁端屈曲来推测西榀框架梁端塑性铰的形成，由于工况Ⅱ（对称中心偏移拟静力试验）结束后，西榀框架所有梁端均没有出现屈曲，而工况Ⅲ（静力推覆工况）结束后，西榀框架所有下翼缘受压的梁端均出现了不同程度的屈曲，故可以推测在顶点位移角大于 4.68% 时，西榀框架所有南侧梁端均形成了塑性铰。节点域的屈服状态无法确定。

综合分析东榀框架和西榀框架构件及节点的塑性开展次序，可将本书研究的方钢管柱端板节点柔性支撑钢框架的塑性开展次序总结如下（图 4.54）：

1）顶点位移角 0.36%～0.72% 范围内，支撑屈服；

2）顶点位移角达到 0.72% 后，端板连接开始屈服；

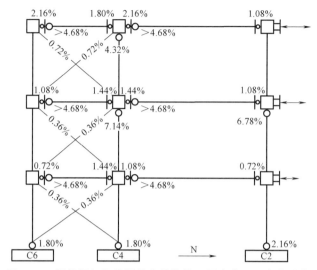

图 4.53　西榀框架构件及节点的塑性开展次序（顶点位移角）

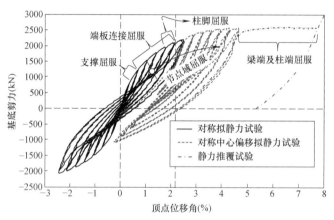

图 4.54　构件及节点的塑性开展次序

3）顶点位移角达到 1.44% 后，中柱节点的节点域开始屈服；

4）顶点位移角达到 1.80%～2.16% 后，柱脚屈服；

5）顶点位移角达到 4.32% 后，部分梁端和柱端开始屈服。

4.6.4　预制装配式楼板的组合作用

将工况 I（对称拟静力试验）中楼板上表面应变分布在图 4.55 中用折线表示：对于相同的顶点位移角，梁端承受正弯矩时楼板上表面的压应变数值要大于承受负弯矩时楼板上表面的拉应变数值；东榀框架只有一侧有混凝土楼板，应变远离梁轴线时有明显的递减趋势，顶点位移角小于 1.08% 时，应变随着顶点位移角增大基本呈线性增大，但顶点位移角大于 1.08% 之后应变增长明显减缓；西榀框架两侧均有混凝土楼板，梁 B12 北梁端楼板上表面应变随着远离梁轴线有递减趋势，顶点位移角小于 1.08% 时，正负弯矩作用下应变均随着顶点位移角增大呈线性递增趋势，顶点位移角大于 1.08% 之后，承受正弯矩时应变递增减缓，承受负弯矩时应变开始下降；梁 B12 南梁端承受负弯矩时变化规律与梁 B12 北梁端相同，但承受负弯矩时随着应变片远离梁轴线，应变有增大趋势。

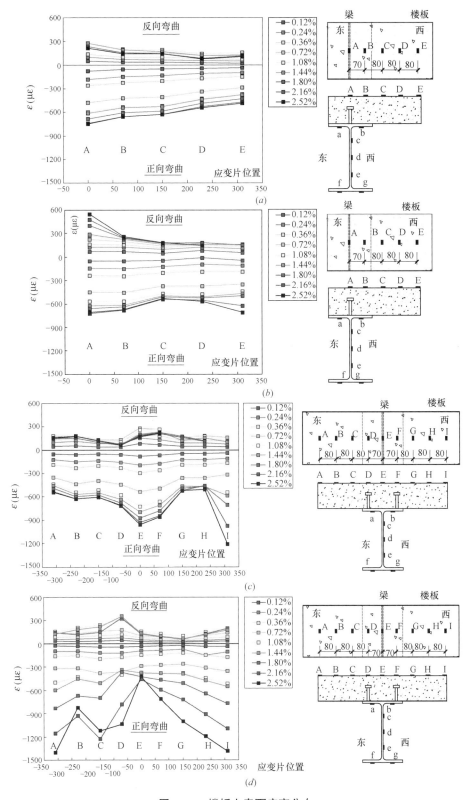

图 4.55 楼板上表面应变分布

（*a*）梁 B11 北梁端；（*b*）梁 B11 南梁端；（*c*）梁 B12 北梁端；（*d*）梁 B12 南梁端

　　1 层梁端组合截面（如图 4.7 截面 S4）承受正弯矩和负弯矩时的应变分布分别见图 4.56 和图 4.57。其中混凝土上表面应变为 1 倍柱宽范围内有效应变数据（梁 B11 北梁端、梁 B11 南梁端截面取 A、B、C 3 个应变片，梁 B12 北梁端、梁 B12 南梁端截面取 C、D、E、F、G 5 个应变片）的平均值，钢梁上表面应变数据为应变片 a、b 的应变平均值，下翼缘应变数据为应变片 f、g 的应变平均值。

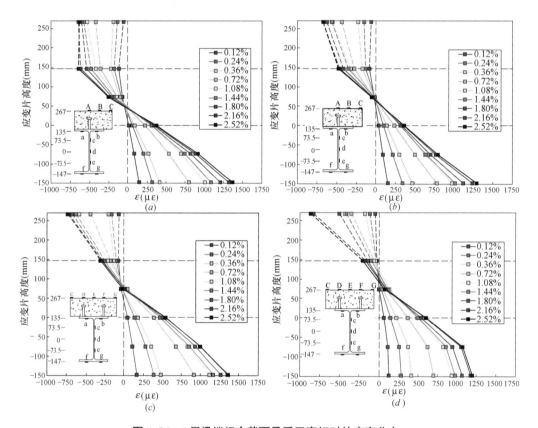

图 4.56　1 层梁端组合截面承受正弯矩时的应变分布
（a）梁 B11 北梁端；（b）梁 B11 南梁端；（c）梁 B12 北梁端；（d）梁 B12 南梁端

　　承受正弯矩作用时，截面中性轴明显上移，楼板组合作用明显，整个组合截面上应变基本呈线性分布，符合平截面假定；顶点位移角大于 1.08% 后，随着顶点位移角增大，截面上应变递增趋势减缓；承受负弯矩作用时，截面中性轴上移不明显，楼板上表面应变较小，组合作用较弱，纯钢截面上应变大致呈线性分布，整个组合截面不符合平截面假定。

　　提取上述梁端钢梁截面上 7 个应变片在各级加载峰值点处记录的应变数值，按照应变片所在的竖向高度进行线性插值，取应变为零的点作为组合截面的中性轴高度。采用已知的组合截面中性轴位置可以反推楼板的有效宽度：如图 4.58 所示，首先将楼板部分假定为钢材，其宽度为 x，高度为楼板厚度；然后依据组合截面绕中性轴 P 的面积矩应为零的原则，求出宽度 x；最后按照弹性模量的比例得到混凝土楼板的有效宽度 $y = (E_s / E_c) x$，其中 E_s 和 E_c 分别为钢材和混凝土的弹性模量。

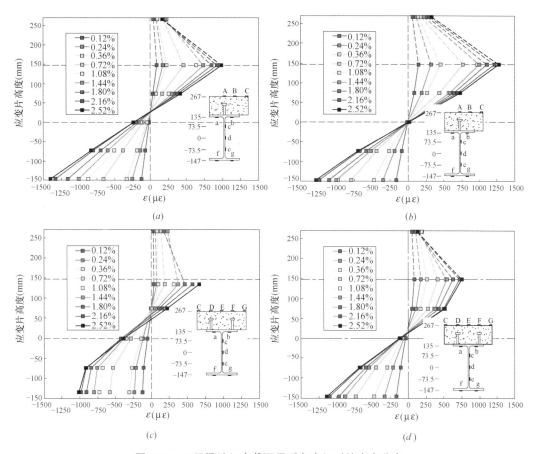

图 4.57　1 层梁端组合截面承受负弯矩时的应变分布
（*a*）梁 B11 北梁端；（*b*）梁 B11 南梁端；（*c*）梁 B12 北梁端；（*d*）梁 B12 南梁端

　　将工况 I（对称拟静力试验）中的数据作图分析，见图 4.59 和图 4.60。梁端截面承受正弯矩时楼板的组合作用要明显大于承受负弯矩时的组合作用；承受正弯矩时，在顶点位移角达到 0.72% 之前，中性轴高度及楼板有效宽度随着顶点位移角增大而递增，达到 0.72% 之后，基本不再变化；承受正弯矩时，结构屈服位移（顶点位移角 0.36%）下梁端截面楼板有效宽度在 0.42 倍梁宽到 2.34 倍梁宽范围内，楼板有效宽度最大值（顶点位移角为 1.08% 时）在 0.69 倍梁宽到 2.58 倍梁宽范围内，变化较大；承受负弯矩作用时，除了中柱节点（梁 B12 南梁端截面）楼板组合作用较为明显之外，其余截面楼板的有效宽度均在 0.5 倍梁宽以下，中柱节点处梁端截面楼板有效宽度在 0.51～1.14 倍梁宽范围内；整体上，楼板组合作用在 4 个截面上由弱到强的顺序为：梁 B11 北梁端＜梁 B11 南梁端＜梁 B12 北梁端＜梁 B12 南梁端。

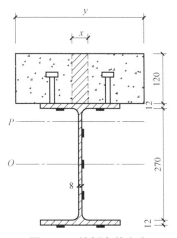

图 4.58　楼板有效宽度
计算示意图（单位：mm）

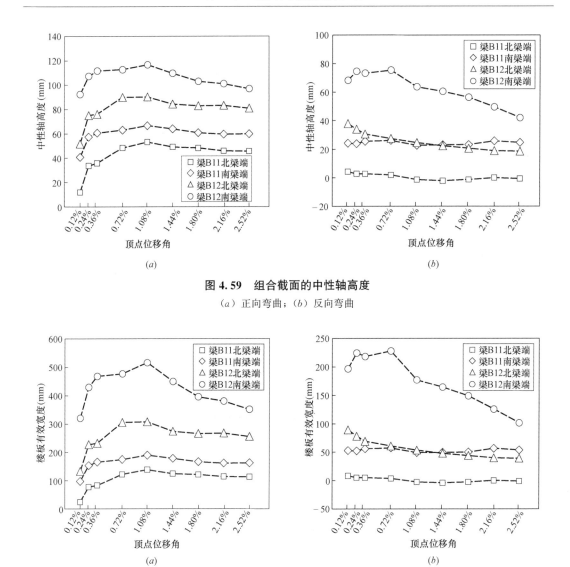

图 4.59　组合截面的中性轴高度

（a）正向弯曲；（b）反向弯曲

图 4.60　组合截面的楼板有效宽度

（a）正向弯曲；（b）反向弯曲

4.7　小结

本章通过对 1 个 3 层足尺框架进行循环加载试验，考察了矩形钢管柱端板式连接钢结构框架试件在循环荷载作用下的破坏情况、滞回性能、承载能力、刚度、变形性能和耗能能力，并对构件性能、节点性能、塑性开展次序和楼板的组合作用进行了分析。基于试验结果，从结构体系的优势和不足两个方面对其抗震性能进行如下总结和评价：

（1）结构体系的优势

1）结构承载性能和变形性能优良。顶点位移角达到 6.59%（1/15.2）时试件达到峰值承载力，试验中极限顶点位移角达到了 7.69%（1/13.0），加载过程中承载力没有出现明显下降。达到峰值承载力时，试件 1、2、3 层层间位角分别为 7.43％（1/13.5）、7.18％（1/13.9）、5.18％（1/19.3）；极限位移状态下，试件 1、2、3 层层间位角分别为 8.82％（1/11.3）、8.27％（1/12.1）和 6.05％（1/16.5）。

2）结构塑性开展过程稳定有序、未观测到严重破坏情况。试件的塑性开展过程为：顶点位移角 0.36％（1/277.8）~0.72％（1/138.9）时支撑屈服、顶点位移角 0.72％（1/138.9）~2.16％（1/46.3）时端板连接屈服、顶点位移角大于 1.44％（1/69.4）时节点域屈服、顶点位移角为 1.80％~2.16％（1/46.3）时柱脚屈服、顶点位移角大于 4.32％（1/23.1）时柱端和梁端屈服。最终破坏模式为：楼板开裂、柱翼缘出现明显的鼓曲变形、中柱节点的节点域出现明显的剪切变形，梁端和柱脚形成塑性铰。

3）结构变形和耗能性能稳定。试验加载过程中，试件层间变形分布合理，没有出现软弱层。结构在循环受力过程中耗能稳定，结构进入塑性后，1、2、3 层的累积耗能比稳定在 40％、40％、20％。

4）端板节点受力性能良好。试验中节点变形能力强，未出现焊缝开裂及螺栓断裂。节点的滞回曲线存在一定的捏拢，但节点耗能性能稳定，进入塑性后节点耗能占总耗能的 50％以上。试验中大多数节点的等效弹性刚度可达到刚接节点的分类标准，即节点刚度分类系数 $k_b \geq 25$；部分节点为半刚接节点（$0.5 < k_b < 25$），k_b 最小值为 17.1。

5）柔性支撑体系的优势。试验中柔性支撑及其节点表现出了良好的承载性能和延性，没有出现节点开裂和支撑断裂的现象。张紧的柔性支撑在屈服之前，提高了钢框架的侧移刚度，提供了一定的抗侧承载力。支撑屈服产生残余变形后，框架在初始位置附近的一定范围内失去支撑作用，结构刚度降低，地震荷载也随之降低。支撑及其节点良好的变形性能，使得框架在位移增大到支撑张紧之后，可以获得支撑提供的抗侧承载力和侧移刚度，从而可以提高结构的抗倒塌性能。

（2）结构体系的不足

1）楼板开裂问题较为严重。由于结构采用了预制装配式楼板，板块各区格之间没有有效的连接构造，故支撑屈服时（顶点位移角 0.36％）楼板之间的接缝处就出现了通缝。框架柱附近区域的楼板在端板加劲肋和栓钉的剥离作用下容易较早开裂，且随着结构变形增大，裂缝发展较为严重。

2）柔性支撑体系的劣势。由于柔性支撑受拉屈服后产生残余变形，受压屈曲，其受力的不对称性导致结构的滞回曲线存在一定的捏拢，一定程度上影响了结构的耗能。支撑产生残余变形后，框架在初始位置附近无支撑作用，而当侧移增大到支撑张紧时，承载力和侧移刚度又明显增加。框架在初始位置的侧移刚度在塑性阶段随着顶点位移的增大下降明显，最终仅为初始刚度的 1/10。初始位置侧移刚度的降低使得结构侧移增大，但结构柔性增大也使得结构产生的地震作用有所减小。

3）端板竖向滑移的声响。拟静力试验中 2 层的柔性支撑与梁端端板直接相连，其集中力直接作用在梁端导致端板产生竖向滑移。虽然端板竖向滑移引起的结构侧移可忽略不计，但产生的清脆而响亮的声响却影响结构的正常使用。

针对上述不足，在进一步的研究中将提出相应的优化方法或设计建议。

参考文献

[1] 中华人民共和国国家标准. 钢结构设计标准 GB 50017—2017 [S]. 北京：中国建筑工业出版

社，2018.

[2] 中华人民共和国国家标准. 建筑抗震设计规范 GB 50011—2010（2016 年版）[S]. 北京：中国建筑工业出版社，2016.

[3] 陈学森，施刚，王喆. 等. 箱形柱-工形梁端板连接节点试验研究 [J]. 建筑结构学报，2017，38（8）：113-123.

[4] 中华人民共和国国家标准. 金属材料　拉伸试验　第 1 部分：室温试验方法 GB/T 228.1—2010 [S]. 北京：中国标准出版社，2010.

[5] 中华人民共和国国家标准. 金属材料　弹性模量和泊松比试验方法 GB/T 22315—2008 [S]. 北京：中国标准出版社，2009.

[6] 中华人民共和国国家标准. 混凝土物理力学性能试验方法标准 GB/T 50081—2019 [S]. 北京：中国建筑工业出版社，2019.

[7] 中华人民共和国行业标准. 建筑抗震试验规程 JGJ/T 101—2015 [S]. 北京：中国建筑工业出版社，2015.

[8] ANSI/AISC 341-16. Seismic provisions for structural steel buildings [S]. Chicago：American Institute of Steel Construction，2016.

[9] Hu F，Shi G，Shi Y. Experimental study on seismic behavior of high strength steel frames：global response [J]. Engineering Structures，2017，131：163-179.

[10] Shi G，Fan H，Bai Y，et al. Improved measure of beam-to-column joint rotation in steel frames [J]. Journal of Constructional Steel Research，2012，70：298-307.

[11] Chen X，Shi G. Experimental study of end-plate joints with box columns [J]. Journal of Constructional Steel Research，2018，143：307-319.

[12] Nilson A H. Design of concrete structures [M]. McGraw-Hill，1997.

[13] Aoyama H. Dr Kiyoshi Muto（1903-1989）[J]. Structural Engineering International，2005，15（1）：50-52.

[14] Hu F，Shi G，Bai Y，et al. Seismic performance of prefabricated steel beam-to-column connections [J]. Journal of Constructional Steel Research，2014，102（11）：204-216.

[15] Shi G，Chen X，Wang D. Experimental study of ultra-large capacity end-plate joints [J]. Journal of Constructional Steel Research，2017，128：354-361.

[16] Faella C，Piluso V，Rizzano G. Structural steel semirigid connections：theory，design and software [M]. Boca Raton，Florida：CRC Press LLC，2000：137-149.

[17] BS EN 1993-1-8：2005. Eurocode 3：Design of steel structures——Part 1-8：Design of joints [S]. Brussels：European Committee for Standardization，2005.

[18] R. Park. State of the art report：Ductility evaluation from laboratory and analytical testing [C]. Proceedings of the Ninth World Conference on Earthquake Engineering，August 1988，Tokyo-Kyoto，Vol. Ⅷ：605-616.

[19] FEMA 274. NEHRP Commentary on the guidelines for the seismic rehabilitation of buildings [R]. Washington，D. C：FEMA，1997.

[20] FEMA 356. Prestandard and commentary for the seismic rehabilitation of buildings [R]. Washington，D. C：FEMA，2000.

[21] FEMA 440. Improvement of nonlinear static seismic analysis procedures [R]. Washington，D. C：Department of Homeland Security，FEMA，2000.

[22] Nakashima M，Suita K，Morisako K，Maruoka Y. Tests of welded beam-column subassemblies. I：Global behavior [J]. Journal of Structural Engineering，1998，124（11）：1236-1244.

第5章 钢框架振动台试验

5.1 概述

为研究真实地震动作用下矩形钢管柱端板式连接钢结构的受力性能，本章对 1 个 1∶3 缩尺的 3 榀 5 层矩形钢管柱端板式连接钢结构框架进行了地震模拟振动台试验。通过楼板表面配重，在重力荷载作用下底层柱的应力水平与原型结构保持一致，使得缩尺模型可以反映原型结构的受力性能。建立了合适的相似关系，以确定试验加载以及后期性能评价过程中各项参数的对应关系。通过在振动台试验中监测模型的加速度响应，得到模型的自振周期、自振频率和振型，研究模型在不同损伤程度下自振特性的变化情况，考察模型在不同烈度地震作用下的试验现象、加速度响应、变形性能以及最终破坏模式，为矩形钢管柱端板式连接钢结构框架的抗震性能评价、结构设计与优化提供参考。

5.2 试体设计

5.2.1 振动台试验模型

振动台试验在中国建筑科学研究院建筑安全与环境国家重点实验室进行。原型结构为第 4 章中的 6 层两跨多榀方钢管柱端板节点柔性支撑钢框架。综合考虑振动台的台面尺寸、最大负荷以及最大倾覆力矩等技术指标，选取原型结构中的 3 榀底部 5 层子结构并按 1∶3 缩尺后，作为振动台试验的结构模型。按照台面螺栓孔的布置对模型轴线位置进行细微调整，平面布置如图 5.1 所示，立面布置如图 5.2 所示。

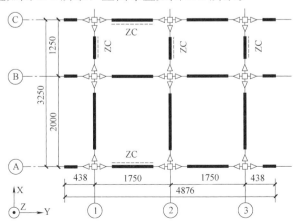

图 5.1 振动台试验模型平面布置图（单位：mm）

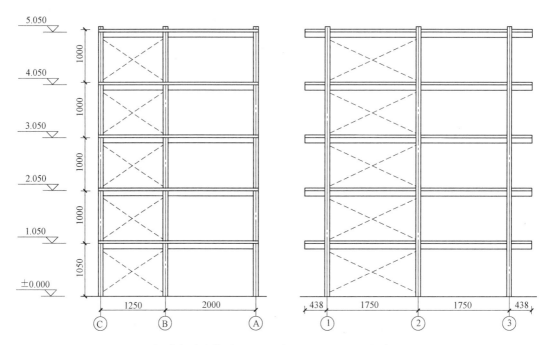

图 5.2　振动台试验模型立面图（标注单位：mm，标高单位：m）

模型使用 Q345-B 级钢加工，楼板混凝土强度等级要求不低于 C30，栓钉孔及楼板拼缝中灌浆料的强度要求不低于 C35。钢柱采用 □100×4 的冷弯方钢管。梁柱节点中需要焊接与梁翼缘等高的内隔板；节点在梁轴线高度截断，焊接内隔板并完成螺栓预埋之后再用对接焊缝拼接。钢梁采用 I10 工字钢（100×68×7.6×4.5）。梁柱节点端板厚度为 6mm，采用 M8 的 10.9 级大六角头高强度螺栓连接，工厂预埋并在内部固定螺栓头，现场施拧外部螺母。支撑采用直径 8mm 的光圆钢筋，在混凝土楼板吊装之后现场焊接，支撑与柱相连。混凝土楼板厚度为 50mm，预留间距为 100mm 的栓钉孔，现场焊接 4.6级直径 10mm 的栓钉。9 个柱脚分别与各自底座焊接，底座用螺栓固定在振动台台面上。

5.2.2　相似关系

采用 1:3 的缩尺模型进行振动台试验，需确定原型结构与模型之间的相似关系。振动台试验应尽量做到重力相似，即重力荷载作用下底层柱的应力水平与原型结构保持一致，这样缩尺造成的失真影响较小。模型按比例缩尺后，质量以 3 次方关系减小，构件截面积以 2 次方关系减小，故需要增加配重来弥补重力不足产生的影响。配重后的模型质量为 43.38t（不含底座），底座质量为 2.30t，台面总负荷为 45.68t。模型质量为 13.45t（包括模型及底座），楼板上均匀配重 32.23t。

以长度相似常数 $S_l=1/3$、弹性模量相似常数 $S_E=1$、加速度相似常数 $S_a=1$ 为基础，采用似量纲分析法[1]，可确定表 5.1 所列的振动台模型相似关系。表中的相似常数值均为振动台模型与原型结构对应物理量之间的比值。

		振动台试验相似关系		表 5.1
物理性能	物理量	相似常数符号	关系式	相似常数值
几何性能	长度	S_l	S_l	1/3
	面积	S_A	S_l^2	1/9
	线位移	S_l	S_l	1/3
	角位移	1	S_σ/S_E	1
材料性能	应变	1	S_σ/S_E	1
	弹性模量	S_E	$S_E=S_\sigma$	1
	应力	S_σ	S_σ	1
	密度	S_ρ	S_ρ	1
	质量	S_m	$S_\rho S_l^3$	1/27
荷载性能	集中力	S_F	$S_\sigma S_l^2$	1/9
	线荷载	S_q	$S_\sigma S_l$	1/3
	面荷载	S_p	S_σ	1
	力矩	S_M	$S_\sigma S_l^3$	1/27
动力性能	阻尼	S_c	$S_E S_l^{1.5} S_a^{-0.5}$	0.1925
	时间(周期)	S_T	$S_l^{0.5} S_a^{-0.5}$	0.5774
	频率	S_f	$S_l^{-0.5} S_a^{0.5}$	1/0.5774
	速度	S_v	$S_l^{0.5} S_a^{0.5}$	0.5774
	加速度	S_a	S_a	1
	重力加速度	S_g	1	1

5.2.3 材料性能

针对振动台模型不同部位的钢材，按照规范[2,3]要求各加工 3 个材性试样，通过单调拉伸测得钢材的主要材料性能指标，见表 5.2。各指标取 3 个材性试样试验结果的平均值。其中，E 为弹性模量，f_y 为屈服强度，ε_y 为屈服应变，f_u 为抗拉强度，A 为断后伸长率。钢材材性试样单调拉伸的应力-应变曲线如图 5.3 所示。

		钢材材性试样单调拉伸主要性能指标		表 5.2
板件位置	E(MPa)	f_y(MPa)	$\varepsilon_y(\mu\varepsilon)$	f_u(MPa)	A(%)
柱壁板	198608	328.7	1655	476.3	35.1
梁翼缘	195361	377.9	1935	586.2	24.8
梁腹板	192147	364.0	1895	603.1	21.1
端板	196196	358.9	1829	522.6	26.3
加劲肋	200327	442.0	2206	558.8	24.6
支撑	209372	361.9	1728	545.6	29.3
配筋	202511	319.0	1575	486.2	26.9

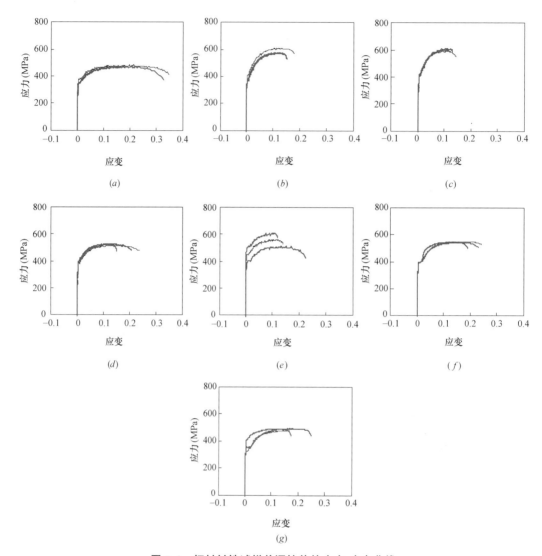

图 5.3 钢材材性试样单调拉伸的应力-应变曲线

(a) 柱壁板;(b) 梁翼缘;(c) 梁腹板;(d) 端板;(e) 加劲肋;(f) 支撑;(g) 配筋

模型加工及安装过程中,楼板混凝土及灌浆料各预留 3 个边长为 100mm 的非标准试块,抗压试验得到的主要性能指标见表 5.3。其中,$f_{cu,m}^{100}$ 为边长 100mm 非标准试块的抗压强度平均值,按照规范[4] 转换成边长 150mm 标准试块的平均抗压强度 $f_{cu,m}^{150}$;δ 为变异系数;$f_{cu,k}$ 为试块的强度等级(强度标准值)。振动台模型中楼板混凝土和灌浆料试块分别满足 C50 和 C35 的强度等级。

混凝土及灌浆料试块抗压试验主要性能指标   表 5.3

项目	抗压强度(MPa)			$f_{cu,m}^{100}$ (MPa)	$f_{cu,m}^{150}$ (MPa)	δ	$f_{cu,k}$ (MPa)
	试块 1	试块 2	试块 3				
楼板混凝土	58.06	55.92	59.87	57.95	55.05	0.034	51.96
灌浆料	40.70	42.82	42.91	42.14	40.03	0.030	38.08

5.3 试验方案

5.3.1 试体拼装

振动台模型在工厂加工完成后,运至振动台实验室在现场进行拼装,拼装过程如图 5.4 所示。首先在空场地逐一完成纵向单榀框架的拼装,起吊并安放到位,如图 5.4 (a) 所示;接着按照从 1 层至 5 层的顺序逐层拼装横向框架梁及预制楼板,如图 5.4 (b) 所示;然后焊接柔性支撑,通过栓钉孔在钢框上翼缘上焊接栓钉,并在栓钉孔和楼板拼缝中灌注灌浆料,如图 5.4 (c)~(e) 所示;模型拼装完成且施加螺栓预紧力后,整体吊装到振动台台面上,并用螺栓将各个底座与振动台固定,如图 5.4 (f) 所示;最后,用铁块作为配重,均匀铺设于各层楼板上,并用乳胶水泥进行固定,如图 5.4 (g) 所示。振动台模型拼装完成后的照片见图 5.4 (h)。

(a)

(b)

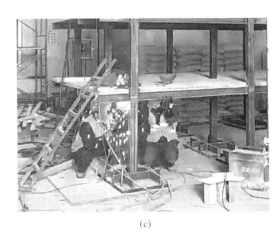

(c)

(d)

图 5.4 振动台模型拼装过程(一)

(a)纵向单榀框架拼装;(b)横向框架梁及楼板拼装;(c)焊接柔性支撑;(d)焊接栓钉

图 5.4　振动台模型拼装过程（二）

（e）灌浆料填缝；（f）吊装上台并固定；（g）布置配重；（h）拼装完成

5.3.2　加载制度

按照振动台试验加载方案的制定原则[5,6]，选取 3 条地震波进行地震模拟振动台试验，即 El Centro 波、人工波和汶川波（什邡八角台）。其中人工波使用陆新征[7] 基于 MIT D Gasparini 和 E Vanmarcke 开发的 SIMQKE 程序生成。振动台试验加载用地震波如图 5.5 所示，其中 EQ1A、EQ2 和 EQ3A 时程用于结构横向（图 5.1 中 X 方向）加载，EQ1B 和 EQ3B 时程用于结构纵向（图 5.1 中 Y 方向）加载。将各条地震波加速度峰值调幅至 $400 \mathrm{cm/s^2}$，作出 X 和 Y 方向地震波反应谱及平均反应谱，与 8 度罕遇地震反应谱（Ⅲ类场地，第一组）进行对比，如图 5.6 所示。

试验中 X 向（主加载方向）对应结构横向，Y 向对应结构纵向。试验按照时程分析所用地震加速度时程的最大值，确定台面加速度峰值。按照 7 度多遇、7 度设防、7 度罕遇、7 度（$0.15g$）罕遇（以下简称"7 度半罕遇"）和 8 度罕遇的顺序，将 X 向加速度峰值分别调幅至 $35 \mathrm{cm/s^2}$、$100 \mathrm{cm/s^2}$、$220 \mathrm{cm/s^2}$、$310 \mathrm{cm/s^2}$ 和 $400 \mathrm{cm/s^2}$。各烈度分组中先按照

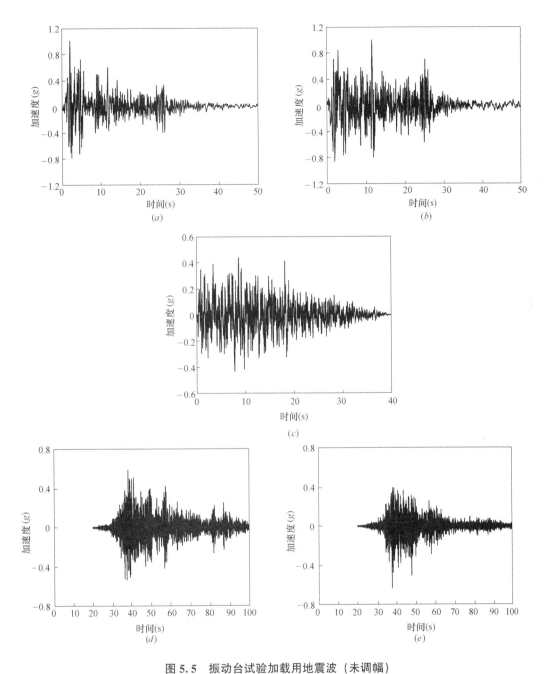

图 5.5 振动台试验加载用地震波（未调幅）
(*a*) El Centro 波：EQ1A 时程；(*b*) El Centro 波：EQ1B 时程；(*c*) 人工波：EQ2 时程；
(*d*) 汶川波：EQ3A 时程；(*e*) 汶川波：EQ3B 时程

El Centro 波、人工波和汶川波的顺序在 X 向依次施加 3 组单向地震波，然后再依次施加 El Centro 波和汶川波双向地震动，X 与 Y 向峰值加速度之比为 1∶0.85。试验起始和结束，以及不同烈度各组工况之间，均用相同振幅和持时的双向白噪声测定结构的自振特性。试验工况见表 5.4。

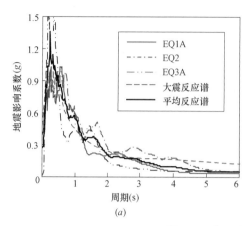 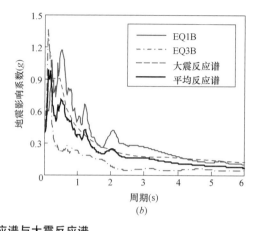

(a)　　　　　　　　　　　　　　　　　(b)

图 5.6　地震波反应谱与大震反应谱

（a）X 方向地震波；（b）Y 方向地震波

振动台试验工况表　　　　　　　　　　表 5.4

试验工况		烈度	地震波	X 向地震波		Y 向地震波	
序号	编号			时程	峰值(gal)	时程	峰值(gal)
1	WN1	第 1 次白噪声		白噪声	50	白噪声	50
2	EX-35gal	7 度多遇	El Centro 波	EQ1A	35	—	—
3	MX-35gal		人工波	EQ2	35	—	—
4	WX-35gal		汶川波	EQ3A	35	—	—
5	EXY-35gal	7 度多遇	El Centro 波	EQ1A	35	EQ1B	30
6	WXY-35gal		汶川波	EQ3A	35	EQ3B	30
7	WN2	第 2 次白噪声		白噪声	50	白噪声	50
8	EX-100gal		El Centro 波	EQ1A	100	—	—
9	MX-100gal		人工波	EQ2	100	—	—
10	WX-100gal	7 度设防	汶川波	EQ3A	100	—	—
11	EXY-100gal		El Centro 波	EQ1A	100	EQ1B	85
12	WXY-100gal		汶川波	EQ3A	100	EQ3B	85
13	WN3	第 3 次白噪声		白噪声	50	白噪声	50
14	EX-220gal		El Centro 波	EQ1A	220	—	—
15	MX-220gal		人工波	EQ2	220	—	—
16	WX-220gal	7 度罕遇	汶川波	EQ3A	220	—	—
17	EXY-220gal		El Centro 波	EQ1A	220	EQ1B	187
18	WXY-220gal		汶川波	EQ3A	220	EQ3B	187
19	WN4	第 4 次白噪声		白噪声	50	白噪声	50
20	EX-310gal		El Centro 波	EQ1A	310	—	—
21	MX-310gal		人工波	EQ2	310	—	—
22	WX-310gal	7 度半罕遇	汶川波	EQ3A	310	—	—
23	EXY-310gal		El Centro 波	EQ1A	310	EQ1B	264
24	WXY-310gal		汶川波	EQ3A	310	EQ3B	264

续表

试验工况		烈度	地震波	X 向地震波		Y 向地震波	
序号	编号			时程	峰值(gal)	时程	峰值(gal)
25	WN5	第 5 次白噪声		白噪声	50	白噪声	50
26	EX-400gal	8 度罕遇	El Centro 波	EQ1A	400	—	—
27	MX-400gal		人工波	EQ2	400	—	—
28	WX-400gal		汶川波	EQ3A	400	—	—
29	EXY-400gal		El Centro 波	EQ1A	400	EQ1B	340
30	WXY-400gal		汶川波	EQ3A	400	EQ3B	340
31	WN6	第 6 次白噪声		白噪声	50	白噪声	50

5.3.3 量测内容

在模型底座以及各层楼板下表面布置加速度传感器，如图 5.7（a）所示，其中"＊"表示楼层，包括底座（＊＝0）及 1 至 5 层楼板（＊＝1～5）。每层在 X 方向和 Y 方向各布置 2 个加速度传感器。

监测②轴线框架的应变，如图 5.7（b）所示：在底部两层框架柱三等分截面上两侧中心各布置一个应变片；在 3 个柱脚的两侧（距离底座表面 60mm 的高度，以避开加劲肋和支撑补强板），以及每个梁端距离柱表面 1 倍梁高截面的下翼缘中心各布置 1 个应变片；支撑跨中每个截面布置 2 个应变片。

试验中使用 256Hz 的采样频率对上述加速度和应变进行监测。

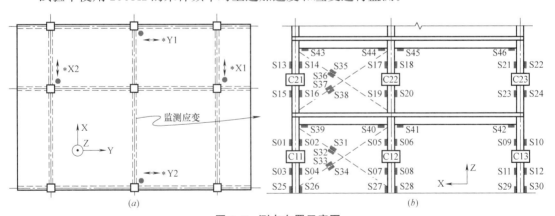

图 5.7　测点布置示意图

（a）加速度传感器；（b）应变片

5.4　试验结果

5.4.1　试验现象

在白噪声工况与 7 度多遇地震工况中仅能观察到模型轻微晃动，没有其他明显现象。在 7 度设防地震工况中支撑受压屈曲、受拉张紧，交叉支撑之间相互碰撞产生轻微的响声，之后 7 度罕遇、7 度半罕遇以及 8 度罕遇工况支撑碰撞声逐渐增强。

7 度罕遇地震工况中，支撑受拉屈服，该组工况结束后可以观察到较为明显的支撑残余变形，如图 5.8（a）所示。7 度半罕遇地震工况结束后，楼板出现轻微开裂，如图 5.8（b）所示；8 度罕遇地震工况结束之后，裂缝略有发展。所有试验工况加载完成后，楼板、预制装配式楼板接缝处、楼板与框架连接处均未观察到严重开裂。

经历 25 个地震模拟工况后，端板节点、梁端、柱端没有明显变形，框架没有明显的残余侧移，如图 5.8（c）、（d）所示。

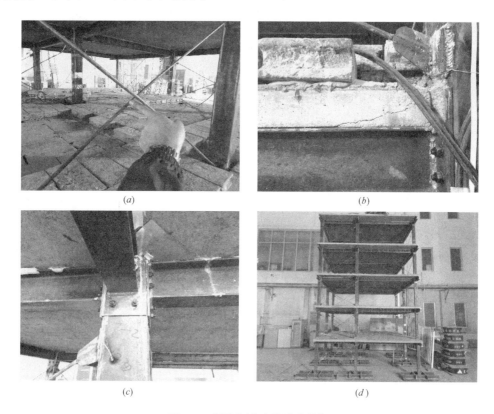

（a）　　　　　　　　　　　　　　　（b）

（c）　　　　　　　　　　　　　　　（d）

图 5.8　振动台试验的试验现象

（a）支撑残余变形；（b）楼板侧面裂缝；（c）节点变形；（d）整体变形

5.4.2　模型的动力性能

《建筑抗震试验规程》JGJ/T 101—2015[5] 规定，采用白噪声确定试体自振频率时，宜通过自功率谱或传递函数分析求得；试体振型宜通过互功率谱或传递函数分析确定[5]。

利用数学软件 MATLAB 的信号分析与处理功能[8]，可以高效地分析各测点的加速度响应信号与台面加速度输入信号之间的传递函数。传递函数是复数，其自变量是频率，其模为幅值，其相角为输入信号与响应信号的相位差[9]。利用 MATLAB 中的 tfestimate 函数[8]，对白噪声工况中各加速度测点与台面加速度测点之间的传递函数进行分析，得出对应的幅频曲线和相频曲线。根据幅频曲线上的峰值点对应的频率，可以确定结构的自振频率及自振周期；根据自振频率对应的峰值点幅值及相位，可以确定结构的振型[9]。

（1）自振频率及自振周期

第一次白噪声工况（WN1）中，5X1 和 5Y1 测点与台面测点之间的传递函数见图 5.9，分别做出幅频曲线和相频曲线，并标出幅频曲线各峰值点对应的模态。

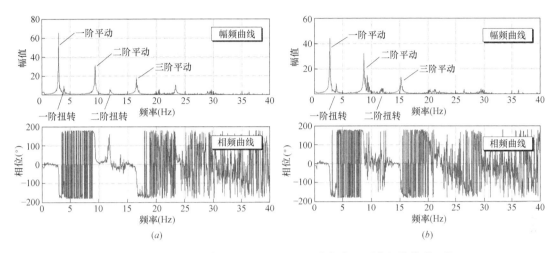

图 5.9 第一次白噪声工况 5X1 和 5Y1 测点与台面测点间的传递函数

（a）5X1 测点；（b）5Y1 测点

从 X 向和 Y 向的幅频曲线中可以清晰地识别出各自方向的前三阶平动振型的自振频率，以及前两阶扭转振型的自振频率。从第四阶平动振型以及第三阶扭转振型开始，各振型频率间隔较小，幅频曲线相互重叠，难以识别。幅频曲线峰值对应的频率即为结构的自振频率。

针对各白噪声工况，使用 1～5 层共 20 个加速度传感器分别识别自振频率，取 X 向和 Y 向各 10 个传感器识别结果的平均值作为结构各自方向的平动振型自振频率，并计算其标准差 σ。取 20 个加速度传感器识别的自振频率的平均值作为结构的扭转振型自振频率，并计算其标准差 σ。模型的自振频率试验结果以及自振周期试验结果分别见表 5.5 和表 5.6。

振动台模型的自振频率试验结果　　　　　　　　　　　　　　　表 5.5

项目	工况	X 一阶	X 二阶	X 三阶	Y 一阶	Y 二阶	Y 三阶	扭转一阶	扭转二阶
自振频率（Hz）	WN1	2.969	9.344	16.531	2.750	8.656	15.188	3.891	11.917
	WN2	2.963	9.188	16.438	2.688	8.563	15.000	3.872	11.844
	WN3	2.838	9.000	16.094	2.625	8.381	14.781	3.750	11.530
	WN4	2.203	7.938	14.028	2.344	7.813	13.884	2.727	10.406
	WN5	1.891	7.188	13.125	1.956	7.063	12.719	2.530	9.291
	WN6	1.656	6.313	12.363	1.838	6.844	12.500	2.228	8.594
标准差（Hz）	WN1	0.000	0.000	0.000	0.000	0.000	0.000	0.016	0.063
	WN2	0.019	0.000	0.000	0.000	0.000	0.000	0.060	0.094
	WN3	0.013	0.000	0.000	0.019	0.000	0.000	0.031	0.036
	WN4	0.053	0.000	0.053	0.000	0.000	0.000	0.155	0.000
	WN5	0.016	0.000	0.000	0.015	0.000	0.000	0.041	0.089
	WN6	0.000	0.000	0.038	0.013	0.000	0.000	0.152	0.262

注：标准差为 0.000，表示在采样频率对应的精度内，各测点识别结果完全一致。

振动台模型的自振周期试验结果　　　　　　　　表 5.6

项目	工况	X 一阶	X 二阶	X 三阶	Y 一阶	Y 二阶	Y 三阶	扭转一阶	扭转二阶
自振周期（s）	WN1	0.3368	0.1070	0.0605	0.3636	0.1155	0.0658	0.2570	0.0839
	WN2	0.3376	0.1088	0.0608	0.3721	0.1168	0.0667	0.2583	0.0844
	WN3	0.3524	0.1111	0.0621	0.3810	0.1193	0.0677	0.2667	0.0867
	WN4	0.4539	0.1260	0.0713	0.4267	0.1280	0.0720	0.3668	0.0961
	WN5	0.5289	0.1391	0.0762	0.5112	0.1416	0.0786	0.3953	0.1076
	WN6	0.6038	0.1584	0.0809	0.5442	0.1461	0.0800	0.4488	0.1164
标准差（s）	WN1	0.0000	0.0000	0.0000	0.0000	0.0000	0.0000	0.0010	0.0004
	WN2	0.0022	0.0000	0.0000	0.0000	0.0000	0.0000	0.0040	0.0007
	WN3	0.0016	0.0000	0.0000	0.0003	0.0000	0.0000	0.0022	0.0003
	WN4	0.0110	0.0000	0.0003	0.0000	0.0000	0.0001	0.0207	0.0000
	WN5	0.0044	0.0000	0.0000	0.0040	0.0000	0.0000	0.0065	0.0010
	WN6	0.0000	0.0000	0.0002	0.0037	0.0000	0.0000	0.0332	0.0040

　　前三次白噪声工况，即模拟 7 度罕遇地震之前，结构的前三阶振型分别为：Y 向一阶平动，X 向一阶平动，以及一阶扭转；后三次白噪声工况，即模拟 7 度罕遇地震之后，结构的前三阶振型分别为：X 向一阶平动，Y 向一阶平动，以及一阶扭转。各测点所得结果离散性很小：自振频率最大标准差为 0.2615Hz，平均标准差为 0.0264Hz；自振周期最大标准差为 0.0332Hz，平均标准差为 0.0021Hz。

　　模型 X 向平动振型、Y 向平动振型和扭转振型的自振频率和自振周期变化曲线分别见图 5.10～图 5.12。模拟 7 度罕遇地震前（即工况 WN1、WN2 和 WN3），结构自振频率和自振周期变化不明显，结构没有明显的塑性变形；WN3 工况测得的自振频率比 WN1 工况最多下降 4.8%，自振周期最多增大 4.8%。模拟 7 度罕遇、7 度半罕遇、8 度罕遇地震后（即工况 WN4、WN5 和 WN6），结构自振频率和自振周期发生明显变化，结构出现了明显的塑性变形；WN6 工况测得的前三阶 X 向平动自振频率分别比 WN1 工况下降 44.2%、32.4% 和 25.2%，Y 向平动模态自振频率分别下降 33.2%、21.0% 和 17.7%，前两阶扭转模态自振频率分别下降 42.7% 和 27.9%；将 WN6 工况与 WN1 工况测得的自振周期进行对比，X 向前三阶平动分别增大 79.6%、48.0% 和 33.7%，Y 向前三阶平动分别增大 49.7%、26.5% 和 21.5%，前两阶扭转分别增大 74.6% 和 38.7%。

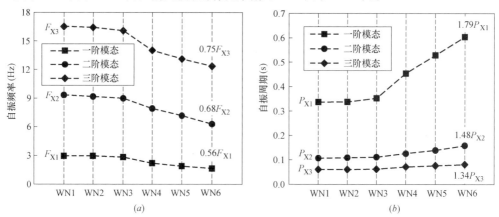

图 5.10　X 向平动振型自振频率和自振周期变化曲线

（a）自振频率；（b）自振周期

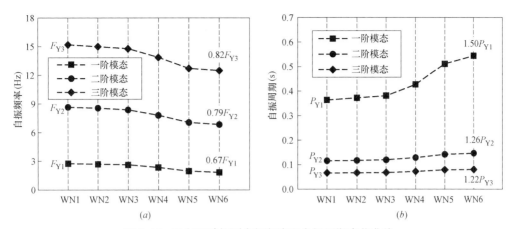

图 5.11 Y 向平动振型自振频率和自振周期变化曲线

（a）自振频率；（b）自振周期

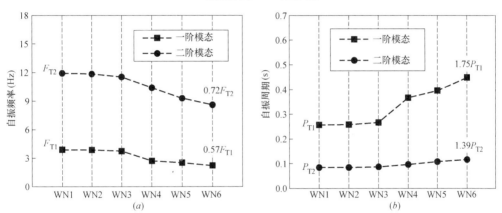

图 5.12 扭转振型自振频率和自振周期变化曲线

（a）自振频率；（b）自振周期

（2）振型

基于传递函数的幅频曲线和相频曲线，可以识别出各阶模态对应的幅值和相位，从而得到模型的振型。将模型振型标准化，即绝对值最大的幅值归为 1，其余幅值按比例调整。模型各白噪声工况的 X 方向前三阶振型、Y 方向前三阶振型和前两阶扭转振型分别见表 5.7～表 5.9。

模型 X 方向前三阶振型　　　　　　　　　　　　　　　　表 5.7

模态	楼层	白噪声工况						振型示意图
		WN1	WN2	WN3	WN4	WN5	WN6	
一阶	5	1	1	1	1	1	1	
	4	0.896	0.902	0.943	0.955	0.925	0.952	
	3	0.713	0.728	0.820	0.900	0.786	0.782	
	2	0.485	0.444	0.412	0.497	0.521	0.481	
	1	0.241	0.216	0.220	0.249	0.237	0.187	
	台面	0	0	0	0	0	0	

续表

模态	楼层	白噪声工况						振型示意图
		WN1	WN2	WN3	WN4	WN5	WN6	
二阶	5	−0.905	−0.902	−0.896	−0.871	−0.819	−0.755	
	4	−0.213	−0.215	−0.214	−0.287	−0.325	−0.312	
	3	0.603	0.583	0.587	0.507	0.519	0.535	
	2	1	1	1	1	1	1	
	1	0.721	0.731	0.706	0.692	0.699	0.611	
	台面	0	0	0	0	0	0	
三阶	5	0.769	0.776	0.760	0.750	0.782	0.746	
	4	−0.626	−0.586	−0.607	−0.451	−0.411	−0.351	
	3	−0.921	−0.895	−0.911	−0.917	−1	−0.931	
	2	0.343	0.343	0.352	0.283	0.316	0.365	
	1	1	1	1	1	0.985	1	
	台面	0	0	0	0	0	0	

模型 Y 方向前三阶振型　　　　　　　　　　表 5.8

模态	楼层	白噪声工况						振型示意图
		WN1	WN2	WN3	WN4	WN5	WN6	
一阶	5	1	1	1	1	1	1	
	4	0.897	0.894	0.900	0.917	0.861	0.933	
	3	0.734	0.742	0.734	0.765	0.736	0.799	
	2	0.491	0.520	0.480	0.520	0.494	0.532	
	1	0.227	0.250	0.222	0.223	0.199	0.225	
	台面	0	0	0	0	0	0	
二阶	5	−0.882	−0.912	−0.916	−0.907	−0.811	−0.797	
	4	−0.209	−0.223	−0.218	−0.246	−0.275	−0.278	
	3	0.599	0.618	0.624	0.591	0.515	0.535	
	2	1	1	1	1	1	1	
	1	0.682	0.672	0.665	0.654	0.658	0.629	
	台面	0	0	0	0	0	0	
三阶	5	0.735	0.700	0.766	0.807	0.797	0.784	
	4	−0.624	−0.604	−0.657	−0.512	−0.482	−0.478	
	3	−0.903	−0.887	−0.925	−0.845	−0.991	−1	
	2	0.402	0.347	0.411	0.326	0.343	0.348	
	1	1	1	1	1	1	0.982	
	台面	0	0	0	0	0	0	

模型前两阶扭转振型   表 5.9

模态	楼层	白噪声工况					
		WN1	WN2	WN3	WN4	WN5	WN6
一阶	5	1	1	1	1	1	1
	4	0.895	0.866	0.927	0.854	0.939	0.942
	3	0.732	0.684	0.787	0.668	0.811	0.809
	2	0.491	0.432	0.505	0.470	0.505	0.497
	1	0.243	0.253	0.262	0.176	0.212	0.186
	台面	0	0	0	0	0	0
二阶	5	0.930	0.906	0.938	0.888	0.817	0.810
	4	0.241	0.253	0.231	0.295	0.295	0.322
	3	−0.644	−0.644	−0.616	−0.513	−0.555	−0.622
	2	−1	−1	−1	−1	−1	−1
	1	−0.685	−0.694	−0.687	−0.682	−0.661	−0.635
	台面	0	0	0	0	0	0

由表 5.7～表 5.9 中模型振型试验结果可以看出,5 组不同烈度的地震作用虽对结构造成了一定程度的损伤,但并没有明显改变模型在两个方向上的前三阶平动振型,也没有明显改变模型的前两阶扭转振型。

5.4.3 模型的地震响应

表 5.10 列出了振动台试验共 25 个地震模拟工况模型地震响应的主要试验结果,包括双向的实际台面加速度峰值、双向的最大顶点相对位移、双向的最大层间位移角以及最大顶点扭转角。振动台试验的地震响应详细试验结果见附录 B。

模型振动台试验地震响应主要试验结果   表 5.10

地震烈度	工况	台面加速度峰值		最大顶点相对位移		最大层间位移角		最大顶点扭转角(°)
		X 向(gal)	Y 向(gal)	X 向(mm)	Y 向(mm)	X 向	Y 向	
7 度多遇 X:35gal Y:30gal	E-C 单向	40	5	3.4	0.4	1/1043(F2)	1/3695(F3)	0.014
	人工波单向	38	6	3.1	0.3	1/1232(F2)	1/4182(F3)	0.010
	汶川波单向	39	5	1.3	0.2	1/2489(F1)	1/4834(F4)	0.010
	E-C 双向	31	26	2.7	2.0	1/1072(F2)	1/1628(F3)	0.009
	汶川波双向	39	17	1.2	1.0	1/2200(F2)	1/2895(F3)	0.011
7 度设防 X:100gal Y:85gal	E-C 单向	104	7	8.4	1.0	1/407(F2)	1/2313(F3)	0.026
	人工波单向	94	5	8.2	1.2	1/489(F2)	1/1962(F4)	0.025
	汶川波单向	113	5	4.2	0.4	1/967(F2)	1/3667(F3)	0.025
	E-C 双向	103	90	8.5	6.7	1/341(F2)	1/529(F2)	0.032
	汶川波双向	107	76	3.7	2.4	1/950(F2)	1/1322(F1)	0.018

续表

地震烈度	工况	台面加速度峰值		最大顶点相对位移		最大层间位移角		最大顶点扭转角(°)
		X 向(gal)	Y 向(gal)	X 向(mm)	Y 向(mm)	X 向	Y 向	
7 度罕遇 X:220gal Y:187gal	E-C 单向	231	7	18.4	1.3	1/180(F2)	1/968(F3)	0.054
	人工波单向	239	9	24.4	1.9	1/140(F2)	1/675(F3)	0.059
	汶川波单向	215	8	11.3	0.5	1/290(F2)	1/1705(F3)	0.032
	E-C 双向	227	170	18.5	19.5	1/128(F2)	1/188(F2)	0.055
	汶川波双向	214	178	12.8	7.1	1/255(F3)	1/414(F2)	0.045
7 度半罕遇 X:310gal Y:264gal	E-C 单向	333	10	27.4	1.7	1/120(F2)	1/622(F3)	0.080
	人工波单向	267	11	27.1	1.7	1/127(F2)	1/665(F3)	0.072
	汶川波单向	281	11	22.4	2.6	1/171(F2)	1/516(F5)	0.074
	E-C 双向	316	300	29.6	34.0	1/83(F2)	1/101(F2)	0.124
	汶川波双向	315	264	24.8	17.9	1/139(F3)	1/174(F2)	0.115
8 度罕遇 X:400gal Y:340gal	E-C 单向	404	14	59.9	2.5	1/54(F2)	1/381(F3)	0.120
	人工波单向	383	11	54.8	2.0	1/58(F2)	1/411(F3)	0.131
	汶川波单向	418	12	51.6	1.6	1/59(F2)	1/527(F3)	0.125
	E-C 双向	401	338	62.9	35.0	1/50(F2)	1/101(F2)	0.184
	汶川波双向	408	336	51.1	29.3	1/63(F3)	1/104(F2)	0.216

注：F1、F2、F3、F4、F5 分别表示 1 层、2 层、3 层、4 层、5 层，下文同此含义。

（1）加速度响应

图 5.13 为单向（X 向）加载工况 X 向的台面测得的加速度峰值与输入加速度峰值之比，以及双向（X：Y=1：0.85）加载工况 X 向和 Y 向台面测得的加速度峰值与输入加速度峰值之比。振动台试验两方向地震波的峰值基本处于目标峰值的 80%～120% 的范围内；单向加载工况中 Y 向加速度很小，见表 5.10；试验加载控制良好，基本实现了预期的加载方案。

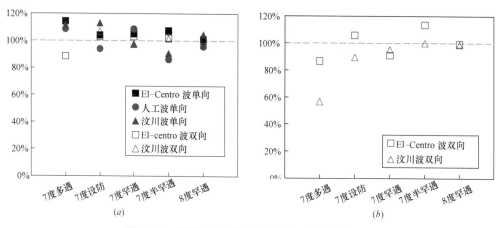

图 5.13　台面加速度峰值与输入加速度峰值之比

（a）X 向；（b）Y 向

加速度放大系数的定义为模型各楼层测得的加速度峰值与台面测得的加速度峰值之比[10]。图 5.14 和图 5.15 分别为不同烈度地震作用下模型 X 方向和 Y 方向的加速度峰值及加速度放大系数。

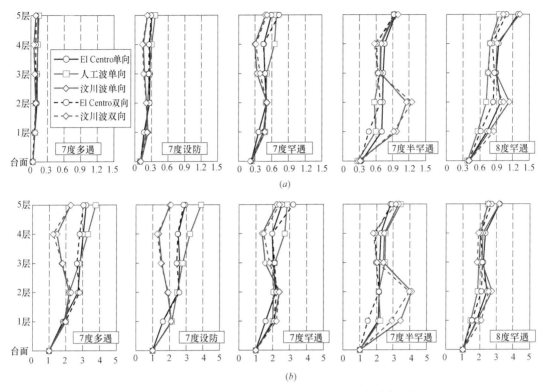

图 5.14 模型 X 方向各楼层加速度峰值及加速度放大系数

（a）加速度峰值（单位：g）；（b）加速度放大系数

各层的加速度峰值及加速度放大系数随楼层高度的分布情况，与地震烈度和地震波有关。对于 X 方向，人工波的曲线基本呈直线形分布，汶川波的曲线基本呈 S 形分布，而 El-Centro 波的曲线介于直线形和 S 形分布之间，这说明人工波主要激发结构的一阶模态，汶川波主要激发结构的二阶模态，而 El-Centro 波同时激发结构的前两阶模态；7 度多遇和 7 度设防地震作用时，结构的加速度放大系数主要受到 El-Centro 波控制，其包络值按照从低楼层到高楼层逐渐增大分布；而 7 度罕遇、7 度半罕遇以及 8 度罕遇作用时，结构的加速度放大系数受到汶川波的控制，2 层和顶层的加速度最大，而 1 层、3 层和 4 层的加速度较小；结构 X 向最大的加速度放大系数出现在汶川波单向、7 度半大震中的结构 2 层，达到了 4.11。对于 Y 方向：仅讨论双向加载工况中的加速度峰值及加速度放大系数；在加速度较小的工况中（7 度多遇、7 度设防和 7 度罕遇），峰值加速度由 El-Centro 波控制；进入加速度较大工况，塑性发展改变了结构的自振特性，各层加速度由 El-Centro 波和汶川波共同控制（7 度半罕遇）或主要由汶川波控制（8 度罕遇）；结构 Y 向最大的加速度放大系数出现在 El-Centro 波双向、7 度半罕遇中的结构顶层，达到了 2.90。

（2）位移响应

以 8 度罕遇地震作用为例，模型各层与台面之间相对位移时程曲线如图 5.16 所示。为了使曲线清晰可见，适当拉长了时间轴并做出结构振幅较大的时间段所对应的时程曲线。

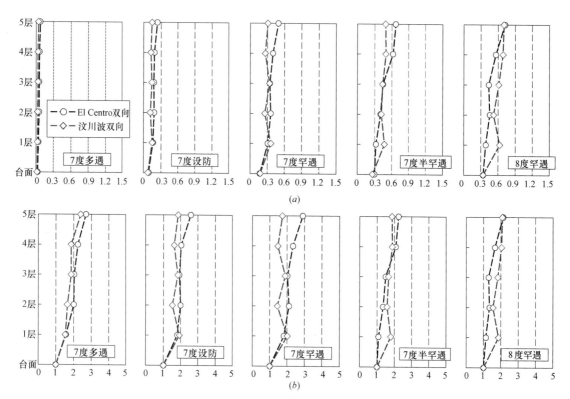

图 5.15　模型 Y 方向各楼层加速度峰值及加速度放大系数

（*a*）加速度峰值（单位：*g*）；（*b*）加速度放大系数

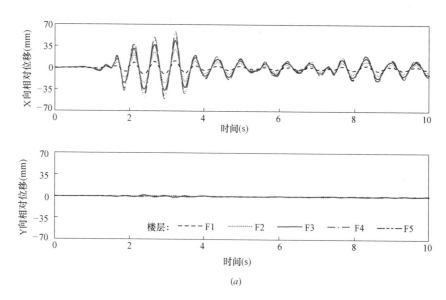

（*a*）

图 5.16　8 度罕遇地震作用下模型各层与台面之间相对位移时程曲线（一）

（*a*）El-Centro 波单向加载

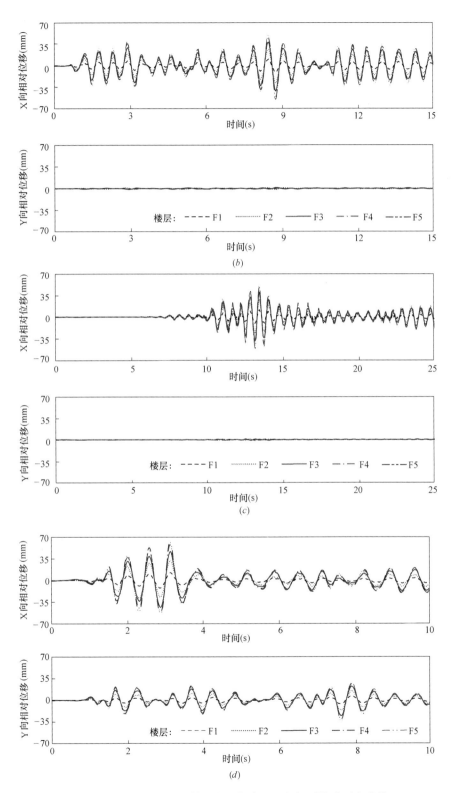

图 5.16　8 度罕遇地震作用下模型各层与台面之间相对位移时程曲线（二）

（*b*）人工波单向加载；（*c*）汶川波单向加载；（*d*）El-Centro 波双向加载

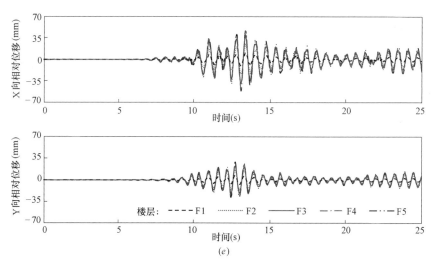

图 5.16　8 度罕遇地震作用下模型各层与台面之间相对位移时程曲线（三）

（e）汶川波双向加载

不同烈度地震作用下模型各楼层与台面之间最大相对水平位移分布见图 5.17。最大相对位移基本随着楼层的增加而增大，X 向由 El-Centro 波或人工波控制，Y 向由 El-Centro 波控制。

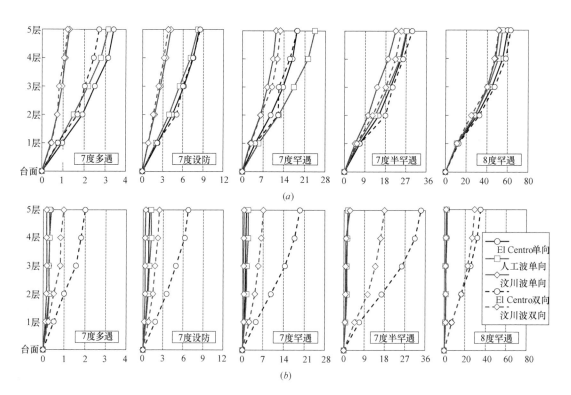

图 5.17　不同烈度地震作用下模型各楼层与台面之间最大相对水平位移分布

（a）X 向（单位：mm）；（b）Y 向（单位：mm）

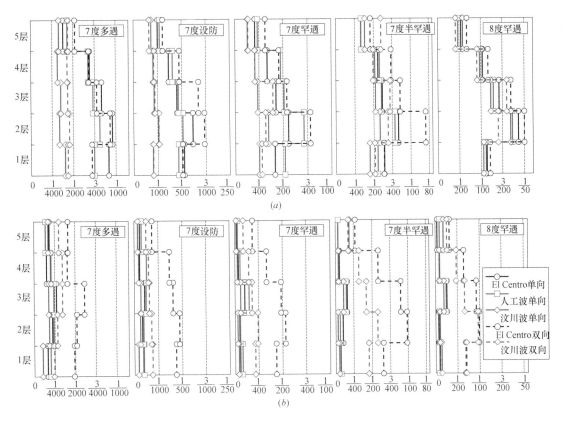

图 5.18　不同烈度地震作用下模型层间位移角分布

(a) X 向；(b) Y 向

不同烈度地震作用下模型层间位移角分布见图 5.18。X 方向为主加载方向，Y 向的加速度峰值为 0（单向加载工况）或为 X 向峰值的 0.85 倍（双向加载工况），故所有地震工况中 X 方向的最大层间位移角均大于 Y 方向。振动台模型在主加载方向的层间位移角，在 7 度多遇地震下小于 1/1000，在 7 度设防地震下不大于 1/341，在 7 度罕遇地震下不大于 1/140；在 7 度半罕遇地震下小于 1/80；在 8 度罕遇地震下小于 1/50。模型可以抵抗 8 度罕遇地震并满足《建筑抗震设计规范》GB 50011—2010（2016 年版）[11] 对于大震层间位移角限值的规定。

（3）应变分布

振动台试验模型支撑应变分布如图 5.19 所示，随着地震烈度的增大，支撑的峰值拉应变呈增大趋势，而压应变始终较小，受压时屈曲退出工作。将材性试验测得的支撑材料屈服应变（1728$\mu\varepsilon$）标于图中，发现柔性支撑在 7 度多遇和 7 度设防地震中基本保持弹性，在 7 度罕遇地震下屈服。

梁端应变分布如图 5.20 所示，在不同地震烈度的试验工况中梁端保持弹性（材料屈服应变 1935$\mu\varepsilon$）。柱脚应变分布如图 5.21 所示，大部分测点在 8 度罕遇地震下达到屈服应变（1655$\mu\varepsilon$），部分测点（S28 和 S30）在 7 度罕遇地震下就已达到屈服应变。

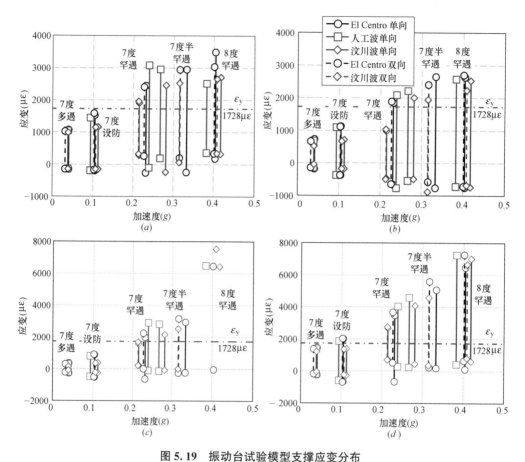

图 5.19　振动台试验模型支撑应变分布

（a）应变 S31 和 S32 的均值；（b）应变 S33 和 S34 的均值；（c）应变 S35 和 S36 的均值；

（d）应变 S37 和 S38 的均值

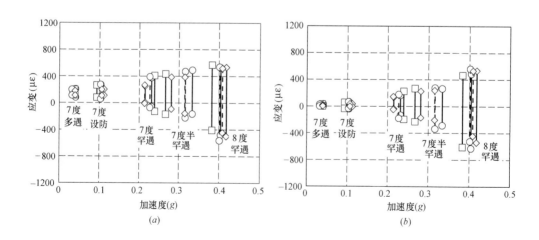

图 5.20　振动台试验模型梁端应变分布

（a）应变 S39；（b）应变 S40

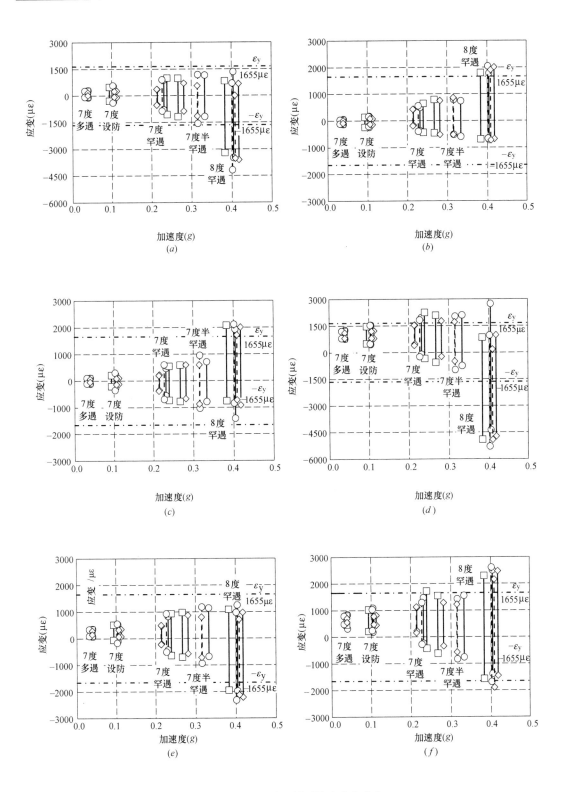

图 5.21 振动台试验模型柱脚应变分布

（a）应变 S25；（b）应变 S26；（c）应变 S27；（d）应变 S28；（e）应变 S29；（f）应变 S30

（4）底部两层柱的抗震性能

使用图 5.7（b）中应变测点 S01～S24 测得的数据，参照 4.6.1 节构件弯矩线性外推的方法，可求得中榀框架底部两层柱的柱端弯矩。以 8 度罕遇地震 El-Centro 波单向加载工况为例，底部两层柱柱端弯矩-层间位移角曲线如图 5.22 所示。

试验中所有的柱端弯矩滞回曲线所包围的面积均较小，柱端在框架循环受力过程中没有明显的塑性变形及耗能。7 度半罕遇地震以及之前的工况中，所有柱端均没有达到边缘纤维屈服弯矩 M_y（15.54kN·m），柱端始终保持弹性。而在 8 度罕遇地震试验过程中，柱脚（1 层柱底）钢材出现了屈服和强化，使得弯矩超过边缘纤维屈服弯矩 M_y 甚至超过全截面塑性弯矩 M_p，柱脚形成了塑性铰，这与前文柱脚应变分布结果是吻合的。1 层柱顶、2 层柱顶以及 2 层边柱（C21 和 C23）的柱底始终保持弹性，弯矩未达到边缘纤维屈服弯矩。2 层中柱（C22）的柱底在不同工况中进入塑性，达到了边缘纤维屈服弯矩 M_y 或全截面塑性弯矩 M_p。

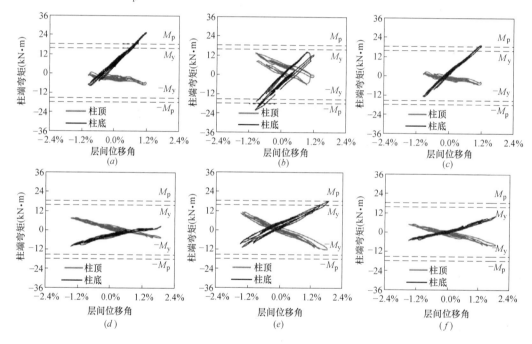

图 5.22 8 度罕遇地震 El-Centro 波单向加载工况底部 2 层柱柱端弯矩-层间位移角曲线
（a）柱 C11；（b）柱 C12；（c）柱 C13；（d）柱 C21；（e）柱 C22；（f）柱 C23

5.5 原型结构的受力性能

5.5.1 原型结构的动力特性

原型结构的自振频率为模型振动台试验测得的自振频率除以频率相似常数 $S_f = 1/S_T = 1/0.5774 = 1.732$；原型结构的自振周期为模型振动台试验测得的自振周期除以时间相似常数 $S_T = 0.5774$。原型结构与试验模型的振型是一致的。

5.5.2 原型结构的抗震性能

由于加速度相似系数 $S_a=1$，故试验所测振动台模型的加速度响应可代表原型结构的加速度响应；由于长度相似系数 $S_l=1/3$，故原型结构的位移响应为试验模型位移响应的 3 倍；由于角位移相似系数为 1，故试验所测振动台模型的层间位移角可代表原型结构的层间位移角。由于应变相似系数为 1，故振动台试验中的应变分布可以代表原型结构的应变分布情况。

前文对中间榀框架底部两层柱的抗震性能进行了讨论，发现在 7 度半罕遇地震以及之前的试验工况柱端始终保持弹性，在 8 度罕遇地震工况部分柱端弯矩超过了边缘纤维屈服弯矩，甚至全截面塑性弯矩。这些结论直接适用于原型结构。

本章振动台试验达到了满配重的要求（柱脚应力水平与原型结构一致），模型材料与原型结构相同，几何尺寸几乎保证了按照 1：3 缩尺。所以本章的振动台试验可以真实反映原型结构的抗震性能。

5.6 小结

本章通过对 1 个 3 榀 5 层 1：3 缩尺的结构模型进行地震模拟振动台试验，研究了矩形钢管柱端板式连接钢结构框架的动力性能和地震响应。依据本章的研究内容可以得出以下结论：

（1）经历 5 组不同烈度、共计 25 次地震模拟工况（包括 5 次 8 度罕遇地震）的作用后，模型未出现严重的破坏现象；端板节点、梁端、柱端无明显变形，框架无明显残余侧移。7 度罕遇地震作用后，支撑受拉屈服产生残余变形；7 度半罕遇和 8 度罕遇地震作用后，楼板出现轻微的开裂。结构往复变形时双向柔性支撑交替屈曲和张紧，发生相互碰撞，会产生较为明显的声响，这可能会影响结构在风荷载和轻微地震作用下的正常使用。

（2）通过传递函数分析了振动台试验前后以及各组地震工况之间模型的动力特性。模拟 7 度罕遇地震前，结构自振频率和自振周期变化不明显，结构没有发生明显的塑性变形；模拟 7 度罕遇、7 度半罕遇和 8 度罕遇地震后，结构自振频率和自振周期发生明显变化，结构出现了明显的塑性变形；识别了模型两个正交方向的各前三阶平动振型和前两阶转动振型，各组地震作用没有明显改变结构的振型。

（3）结构的层间位移角在 7 度多遇地震下小于 1/1000，在 7 度设防地震下小于 1/340，在 7 度罕遇地震下不大于 1/140，在 7 度半罕遇地震下小于 1/80，在 8 度罕遇地震下小于 1/50。

（4）整个试验过程中梁端未出现屈服。在 7 度半罕遇和 8 度罕遇试验中柱脚屈服，钢材强化，弯矩超过了全截面塑性弯矩。8 度罕遇试验中 2 层中柱柱底达到边缘纤维屈服弯矩。

（5）依据振动台模型与原型结构之间的相似关系，通过振动台模型的试验结果，得到了原型结构的动力特性和抗震性能。缩尺满配重钢框架的振动台试验，可以真实反映原型结构的抗震性能。试验证明了结构优异的抗震性能，且适用于装配化施工的连接构造，可以保证结构在地震作用下的整体性。

参考文献

[1]　周颖，吕西林. 建筑结构振动台模型试验方法与技术（第二版）[M]. 北京：科学出版社，2016.

[2]　中华人民共和国国家标准. 金属材料-拉伸试验-第 1 部分：室温试验方法 GB/T 228.1—2010 [S].
　　北京：中国标准出版社，2010.

[3]　中华人民共和国国家标准. 金属材料-弹性模量和泊松比试验方法 GB/T 22315—2008 [S]. 北京：
　　中国标准出版社，2009.

[4]　中华人民共和国国家标准. 混凝土物理力学性能试验方法标准 GB/T 50081—2019 [S]. 北京：中
　　国建筑工业出版社，2019.

[5]　中华人民共和国行业标准. 建筑抗震试验规程 JGJ/T 101—2015 [S]. 北京：中国建筑工业出版
　　社，2015.

[6]　周颖，张翠强，吕西林. 振动台试验中地震动选择及输入顺序研究 [J]. 地震工程与工程振动，
　　2012，32（6）：32-37.

[7]　陆新征,人工地震动生成程序[CP/OL]. [2019-01-11]. http：//blog. sina. com. cn/s/blog_6cdd8dff01
　　0112lz. html.

[8]　The Mathworks Inc. Signal processing toolbox user's guide [M]. Natick MA：The Mathworks Inc，
　　2014.

[9]　陆伟东. 消能减震结构抗震分析及设计方法试验研究 [D]. 南京：东南大学，2009.

[10]　王乾. 单层单跨门式刚架轻型钢结构房屋抗震性能振动台试验 [D]. 西安：西安建筑科技大
　　学，2008.

[11]　中华人民共和国国家标准. 建筑抗震设计规范 GB 50011—2010（2016 年版）[S]. 北京：中国建
　　筑工业出版社，2016.

第 6 章　矩形钢管柱端板式连接
钢结构的数值模拟

6.1　概述

采用有限元模拟的方式可以在更广的范围内进行结构抗震性能的研究。在对框架结构进行有限元模拟时，传统的杆系模型已较为成熟[1]，并在减少计算量、提高效率方面有较大的优势[2]，但其无法模拟构件端部局部失稳、节点变形、接触属性等，对节点半刚性等性能的模拟也需要依靠准确的参数标定[3-8]，使得杆系模型数值模拟的精度难以达到较高的水平。为提高数值模拟精确度，同时保持较低计算代价，近年来多尺度模型迅速发展[9]。多尺度模型在受力和变形较为复杂的构件局部采用精细化的壳单元或实体单元模型，在构件中间部分等大体保持弹性的部位采用杆系模型，通过建立适当的界面间连接关系，可实现宏观模型和精细模型协同计算[10]，但其仍然仅适用于主要结构构件均可用杆单元简化模拟的情况。随着计算机软硬件水平的不断提升，可以采用精细模型对框架的受力性能进行更精确的模拟[11-13]。近些年来各国学者对带楼板组合钢框架[14]、方钢管混凝土柱组合框架[15]、半刚性节点组合框架[16]、钢管混凝土柱半刚性节点组合框架[17]等体系的精细模型有限元模拟进行了探索，但大多数模型[15-17]仅可进行单调加载，而不能稳定求解循环加载性能。

结构各部位材料的不同、各组件之间复杂的连接与接触关系、材料复杂的循环受力本构都会增加有限元模型稳定求解的难度。对目前已有的有限元研究结果进行调研后，发现尚无包含"端板节点"和"混凝土楼板"的钢框架循环受力性能的系统建模方法。为实现对矩形钢管柱端板式连接钢结构的可靠模拟，本书基于通用有限元软件 ABAQUS 的 Standard 模块探索得到一种简单可靠的精细化有限元模型，可使用较为合适的单元数量，耗费可接受的求解时间，采用简单的材料本构关系，并基于隐式分析较精确地模拟矩形钢管柱端板式连接钢结构及其类似结构体系的循环加载受力性能；同时基于有限元软件 ABAQUS 的 Standard 模块提出了一种用随动强化型转动弹簧来考虑半刚性节点弹塑性滞回性能的杆系单元有限元模型，可基于隐式分析来模拟矩形钢管柱端板式连接钢结构的循环加载受力性能且具有一定的模拟精度。

矩形钢管柱端板式连接钢结构的精细化有限元模型开发流程见图 6.1。在保证模拟精度的情况下，为探索合适的网格划分方式，逐步建立了螺栓连接、端板钢节点、端板组合节点以及柔性支撑的有限元模型，并用文献中已有的试验对有限元模型进行了验证。基于壳单元、实体单元以及桁架单元，对第 4 章中的框架抗震拟静力试验进行了模拟，对比了框架的循环加载受力性能、整体与局部变形模式、刚度退化特性、塑性变形能力和耗能能力等，验证了有限元分析的准确性，然后进一步简化并对比了包含弹塑性转动弹簧的杆系单元有限元模型。本章提出的有限元模型可为矩形钢管柱端板式连接钢结构设计方法的提出和抗震性能评价提供工具。

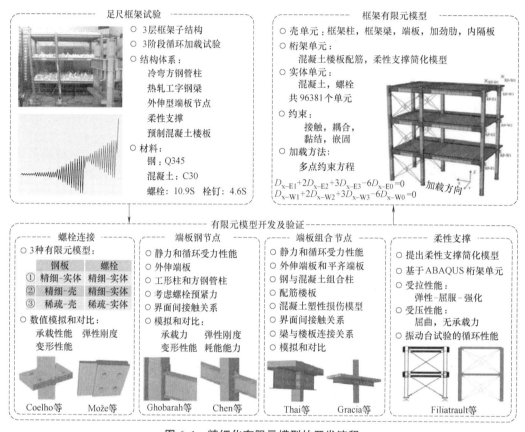

图 6.1　精细化有限元模型的开发流程

6.2　螺栓连接的有限元模型

钢结构螺栓连接中高强度螺栓的受力状态包含受拉作用和受剪作用[18]，通常用 T 形件螺栓接头（Bolted T-stub）和螺栓连接受拉件（Bolted tension splice）的受拉试验来研究这两种受力状态。本节使用三种有限元模型分别对 Coelho 等[19]、陈以一等[20] 以及 Može 等[21] 的试验进行有限元模拟及对比，从而得出精度足够且计算代价较小的螺栓连接有限元建模及网格划分方式。

6.2.1　螺栓受拉的螺栓连接

Coelho 等[19] 对 32 个 T 形件螺栓接头进行了静力加载试验，其中有详细试验结果的 6 个普通强度钢材（S355）试件可用来验证 T 形件螺栓接头的有限元模型。针对文献 [19] 中的 WT1-g 试件，在 ABAQUS 中建立 3 种有限元模型，即模型 A、模型 B 和模型 C，如图 6.2 所示。3 种模型分别用高密度的实体单元（C3D6/C3D8）、高密度的壳单元

（S3 和 S4）和稀疏的壳单元（S3 和 S4）来模拟钢板；其中高密度实体单元的最大网格尺寸约为板厚的 1/4～1/3，螺栓附近一圈的网格数量约为 30 个；高密度壳单元与实体单元网格密度一致，但由于其板厚方向不分层使得单元数量大为减少；稀疏的壳单元模型中最大网格尺寸约为板厚的 1～2 倍，螺栓周围网格数量为 8。各模型的螺栓均用实体单元建模，模型 A 和 B 中螺栓网格密度较大，共 1968 个单元，而模型 C 中螺栓网格密度很小，仅需 32 个单元，如图 6.2（d）所示。

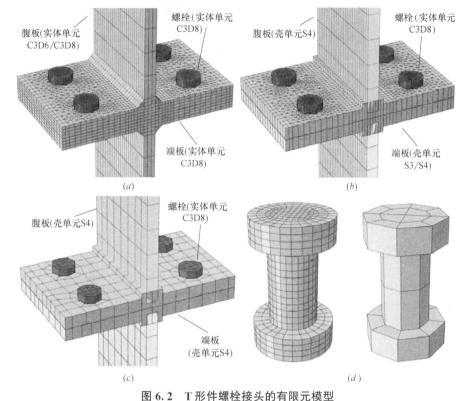

图 6.2　T 形件螺栓接头的有限元模型
（a）模型 A；（b）模型 B；（c）模型 C；（d）螺栓的网格划分

　　采用实体单元建模的部件按照实际尺寸建模，采用壳单元建模的部件以板件中面为基准建模，并定义厚度。端板与端板之间、螺栓杆与孔壁之间以及端板与螺栓头之间定义接触：法向为硬接触，切向摩擦系数取 0.3[22]。壳单元与实体单元之间的接触对需定义接触厚度，即壳单元厚度的一半；壳单元与壳单元之间的接触对也需定义接触厚度，为两者厚度的一半。将模型 B 与模型 C 中端板螺栓孔处一圈的结点与螺栓杆建立接触对。按照试验实际情况对螺栓施加预紧力。钢板及螺栓的材性按照试验结果，在模型中定义为双线性等向强化模型，见表 6.1。由于端板与腹板之间的角焊缝对试件的承载力及刚度有明显影响，故在实体模型中对角焊缝进行建模，在壳单元模型中按照等体积的原则对端板局部进行加厚。已知腹板厚度 t_w 和焊脚尺寸 h_f 的情况下，对腹板壳单元所在平面两侧 $t_w/2 + h_f/\sqrt{2}$ 范围内的翼缘壳单元均进行加厚，增加的厚度为 $h_f/\sqrt{2}$。加厚的壳单元需向外偏移 $h_f/2\sqrt{2}$，以保证模型端板之间接触面之间的平整，如图 6.2（b）、（c）所示。

　　3 种模型均可以准确模拟 T 形件的变形情况（见图 6.3），荷载-端板张开位移曲线均与试验结果吻合良好，且 3 种模型模拟结果的差别很小，如图 6.4（a）所示。对比 3 种有限元模型的单元数量，分析过程增量步以及程序单次运行时间，对比试验和有限元分析得到的弹性刚度以及承载力（表 6.2）发现，模型 C 可以用很低的计算代价来有效模拟螺栓受拉时螺栓连接的整体受力及变形性能。用模型 C 对其余 5 个 T 形件静力试验进行模拟，发现有限元模拟得到的试件变形模式、承载性能和弹性刚度均与试验结果较吻合，如图 6.4（b）~（f）所示。

螺栓连接有限元模型的材料参数　　表 6.1

文献	组件	E_s	μ	σ_y	σ_m	ε_{pm}	示意图
Coelho,et al.[19]	端板(S355)	209856	0.3	363.1	621.8	0.202	
	腹板(S355)	209211	0.3	406.0	618.1	0.164	
	螺栓(8.8S,ST)	221886	0.3	693.0	1039.5	0.122	
	螺栓(8.8S,FT)	216942	0.3	729.5	1162.0	0.178	
陈以一，等[20]	钢板(Q345)	206000	0.3	420	650	0.3	
	螺栓(10.9S)	206000	0.3	940	1040	0.1	
Može,et al.[21]	钢板(S690)	206000	0.3	850.5	973.5	0.095	
	螺栓(10.9S)	206000	0.3	940	1040	0.1	

参考文献［19］WT1-g 试件的有限元计算结果及程序单次运行时间对比　　表 6.2

对比内容	单元数量	弹性刚度(kN/mm)	承载力(kN)	增量步	时间(s)
试验	—	223.6	181.6	—	—
模型 A	26864	242.6	189.0	20	1101
模型 B	11540	217.4	190.5	20	398
模型 C	594	218.4	183.1	20	58

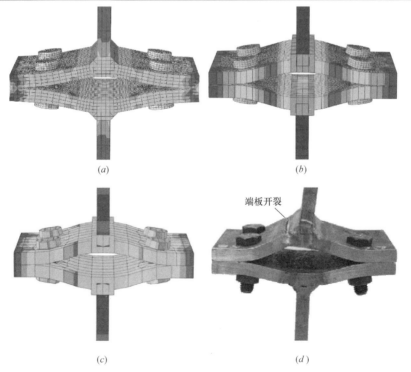

(a)　　　　　　　　　　　　　　(b)

(c)　　　　　　　　　　　　　　(d)

图 6.3　试件 WT1-g 在极限位移下变形模式的有限元模拟结果

（a）模型 A；（b）模型 B；（c）模型 C；（d）试验

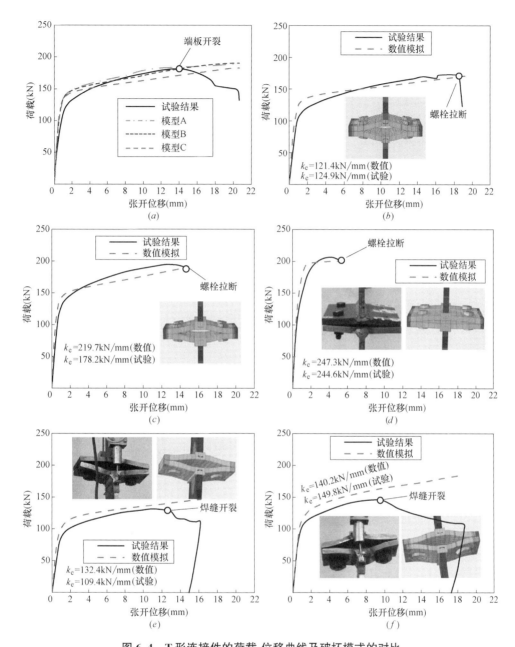

图6.4　T形连接件的荷载-位移曲线及破坏模式的对比

(a) 试件 WT1-g；(b) 试件 WT2A；(c) 试件 WT2B；(d) 试件 WT4A；

(e) 试件 WT7-M16；(f) 试件 WT7-M20

6.2.2　螺栓受剪的螺栓连接

（1）参考文献 [20] 试验验证

陈以一等[20] 对门式刚架端板节点高强螺栓连接不同摩擦面的抗滑移系数进行了试验测定。本书对参考文献 [20] 中给出荷载-位移曲线的 HBS1-1HZ-1 和 HBS2-2HA-1 两个螺栓连接受拉件的静力试验进行了有限元分析。分别采用上节所述的三种有限元模型（模型 A、模型 B 和模型 C）进行模拟，如图 6.5 所示，材性数据见表 6.1。极限位移下有限元模拟的试件变形和应力云图见图 6.6（a）、（b）。对于这种芯板厚度相对较大的螺栓连接受拉件，3 种有限元模型均可准确模拟螺栓滑移之前以及滑移过程中的性能；螺栓开始

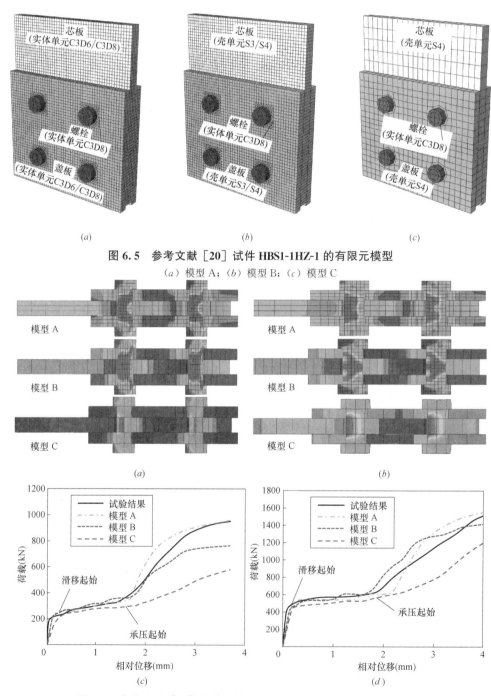

（a）　　　　　　　　　　　　（b）　　　　　　　　　　　　（c）

图 6.5　参考文献［20］试件 HBS1-1HZ-1 的有限元模型

（a）模型 A；（b）模型 B；（c）模型 C

（a）　　　　　　　　　　　　　　　　　　（b）

（c）　　　　　　　　　　　　　　　　　　（d）

图 6.6　参考文献［20］螺栓连接受拉件静力试验的有限元模拟结果

（a）试件 HBS1-1HZ-1 的应力云图；（b）试件 HBS2-2HZ-1 的应力云图；

（c）试件 HBS1-1HZ-1 的荷载-位移曲线；（d）试件 HBS2-2HZ-1 的荷载-位移曲线

承压后，模型 A 和模型 B 依然可以准确模拟试件的受力性能，而模型 C 对试件的承载力略有低估，如图 6.6（c）、（d）所示。实际上，对于高强度螺栓端板节点，螺栓以承受拉力为主，螺栓承压之后的受力性能是不影响端板节点受力性能的，故对参考文献［20］试验的验证仅需关注螺栓承压之前的性能。

（2）参考文献［21］试验验证

为研究芯板板厚相对较小时 3 种模型对螺栓连接受拉件受力性能的模拟情况，对参考文献［21］中的试验进行有限元分析。参考文献中给出了 B109、B112、B114 和 B121 四个试件的芯板破坏照片及荷载-位移曲线，故对这 4 个试验进行了有限元建模，材性参数见表 6.1，试验中螺栓未施加预紧力。芯板的破坏模式及试件的荷载-位移曲线模拟结果见图 6.7。

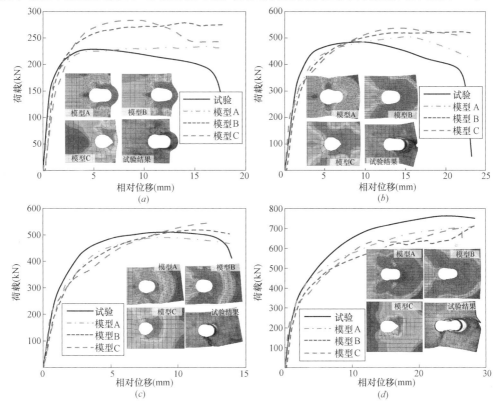

图 6.7 参考文献［21］螺栓连接受拉件静力试验的有限元模拟结果
（a）试件 B109；（b）试件 B112；（c）B114；（d）B121

参考文献［21］的有限元计算结果对比 表 6.3

试件	初始刚度(kN/mm)				承载力(kN)			
	B109	B112	B114	B121	B109	B112	B114	B121
试验	232.7	229.3	301.7	266.6	227.8	483.5	510.1	761.6
模型 A	202.7	245.3	263.8	272.3	234.4	504.3	489.8	720.7
模型 B	209.7	247.1	250.0	258.6	278.8	523.4	518.7	713.7
模型 C	142.8	223.5	287.3	286.7	283.6	537.0	545.0	701.2

由于板件厚度相对螺栓直径较小，故主要变形集中于芯板上，螺栓变形不明显。3 种有限元模型均可较好地模拟各个试件的整体受力性能。对于板件的变形和破坏行为，模型

A 的模拟准确度很高，模型 B 模拟准确度一般，而模型 C 的模拟准确度较差。将各试件的试验结果和数值模拟结果汇总于表 6.3 中，可见 3 种有限元模型均可准确模拟试验测得的试件初始刚度和承载力。

在高强度螺栓端板节点中，弯矩导致螺栓连接受拉产生的变形要比剪力导致螺栓连接受剪产生的变形更为明显，节点的变形主要以钢板的鼓曲变形和螺栓的轴向变形为主。综上所述，如采用模型 C 对端板节点中螺栓连接进行数值模拟，在有效减小计算代价的同时，可以准确模拟螺栓受拉和受剪时螺栓连接的整体性能。

6.3　端板节点的有限元模型

本节首先用 6.2 节模型 C 的建模方法建立了端板钢节点的有限元模型，并模拟了单调荷载及循环荷载作用下节点的受力性能；随后提出了一种简单高效的栓钉剪力连接件有限元模型，并用栓钉推出试验进行了验证；最后，结合所提出的两种建模方法，建立了端板组合节点的有限元模型，并用文献中的节点静力和循环加载试验进行了验证。

6.3.1　端板钢节点

(1) 参考文献 [23，24] 试验验证

Ghobarah 等[23,24] 对 5 个节点域加强的工形柱-工形梁端板节点进行了循环加载试验，试验变量包括端板厚度、有无柱加劲肋、有无端板加劲肋。钢材强度等级为 CSAG40.21-M300W，高强度螺栓强度等级为 A490M（相当于 10.9 级）。按照实际尺寸及钢材材性，在 ABAQUS 中按照模型 C 的建模方式建立节点有限元模型，以实际的边界条件和加载历程对试验进行模拟。模型材料参数见表 6.4。A1 试件的有限元模型见图 6.8，共计 2777 个单元，其中壳单元 2521 个，实体单元 256 个。模型考虑端板与柱翼缘、端板与螺栓头、柱翼缘与螺栓头以及螺栓杆与孔壁之间的接触，法向为硬接触，切向摩擦系数取 0.3。

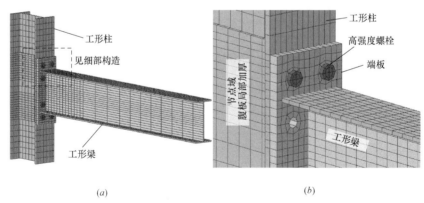

(a)　　　　　　　　　　　　　　　*(b)*

图 6.8　参考文献 [23，24] 中 A1 试件的有限元模型

(a) 整体模型；*(b)* 细部构造

有限元模型可以准确模拟参考文献 [23，24] 中各个端板钢节点的变形及屈曲形态，如图 6.9 所示。对比图 6.10 中的荷载-作动器位移滞回曲线，本书的有限元模型也可以准确模拟端板钢节点的整体滞回性能、卸载-反向加载过程中的包辛格效应以及梁端局部屈

曲后的承载力循环退化现象。对于 A1 节点在试验中未监测到梁端位移小于－75mm 时的位移数据，而在有限元模拟中按照实际情况进行加载，故在加载后期，有限元与试验的滞回曲线有一定的差别，如图 6.10（a）所示；A4 节点的端板在加载后期出现了开裂，本章的有限元模型对此无法准确模拟，如图 6.10（d）所示。

端板节点有限元模型中钢材的材料参数　　　　　　　　　　　　　　表 6.4

文献	组件	E_s(MPa)	μ(MPa)	σ_y(MPa)	σ_m(MPa)	ε_{pm}	示意图
Ghobarah, et al.[23,24]	端板（M300）	206000	0.3	322.6	734.6	0.200	
	翼缘（A-1,A-3,A-4）	206000	0.3	311.4	550.0	0.116	
	翼缘（A-2,A-5）	206000	0.3	316.6	553.6	0.115	
	腹板（A-1,A-3,A-4）	206000	0.3	316.2	528.8	0.103	
	腹板（A-2,A-5）	206000	0.3	322.6	528.7	0.100	
	加劲肋（M300）	206000	0.3	322.6	734.6	0.200	
	螺栓（A490）	210000	0.3	1080	1320	0.114	
陈学森, 等[25,26]	梁翼缘	253249	0.3	362.8	616.7	0.129	
	梁腹板	214615	0.3	392.7	634.2	0.122	
	柱壁板	200207	0.3	513.2	637.9	0.068	
	端板	233921	0.3	421.7	660.3	0.129	
	加劲肋	219982	0.3	343.8	587.2	0.142	
	螺栓	216000	0.3	940	1140	0.100	
An, et al.[27]	栓钉	207000	0.3	418.8	570.9	0.073	
	钢筋	206000	0.3	450	551	0.097	
	钢梁	206000	0.3	345	470	0.061	
Thai, et al.[29]	各组件	206000	0.3	多点等向强化模型			
Gracia, et al.[30]	钢材（S355 J0）	206000	0.3	400	600	0.097	
	栓钉	206000	0.3	500	700	0.097	
	螺栓（10.9S）	206000	0.3	940	1140	0.100	
	钢筋（S500 C）	206000	0.3	500	700	0.097	

示意图：
σ
σ_m
σ_y
双线性模型
ε_{pm} ε_p

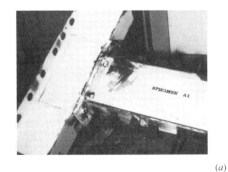
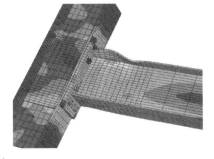

(a)

图 6.9　参考文献［23，24］中节点变形的有限元模拟结果（一）

（a）试验 A1

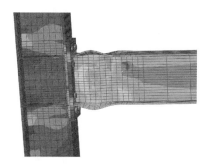

(b)

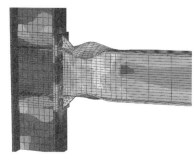

(c)

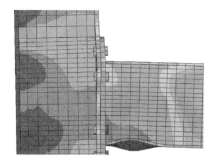

(d)

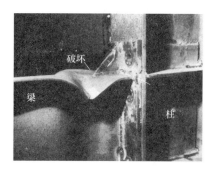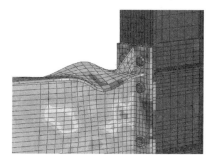

(e)

图 6.9　参考文献 [23，24] 中节点变形的有限元模拟结果 (二)
(b) 试验 A2；(c) 试验 A3；(d) 试验 A4；(e) 试验 A5

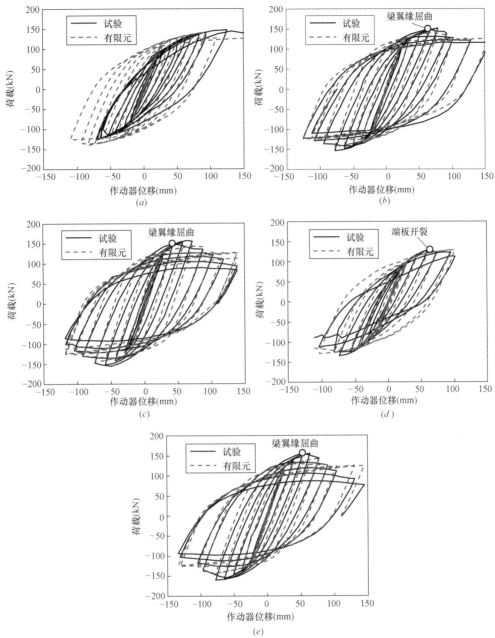

图 6.10 参考文献 [23，24] 中节点的荷载-位移滞回曲线有限元模拟结果

(a) 试验 A1；(b) 试验 A2；(c) 试验 A3；(d) 试验 A4；(e) 试验 A5

（2）参考文献 [25，26] 试验验证

陈学森等[25,26] 对方钢管柱-工形梁外伸型端板节点的静力及循环受力性能进行了试验研究，节点试件的材料和构造与第 4 章足尺框架抗震试验一致。模型各组件均采用双线性等向（单调加载）/随动（循环加载）强化本构，模型材料参数见表 6.4。在 ABAQUS 中按照模型 C 的建模方式建立有限元模型，见图 6.11，施加螺栓预紧力后按照试验实际边界条件及加载制度进行有限元分析。模型共包含 5318 个单元，其中壳单元 4806 个，实体单元 512 个。考虑螺栓、柱翼缘以及端板之间的接触关系，法向为硬接触，切向摩擦系数取 0.3。

　　对比极限位移下的节点变形（图 6.12），本书的有限元模型可有效模拟方钢管柱-工形梁端板节点的整体变形和端板连接的局部变形。由于模型无法考虑柱翼缘开裂导致的端板连接承载力和刚度的退化性能，$4\Delta_y$（4 倍屈服位移）之后梁端弯矩高于实际情况，使得有限元模拟出的梁端屈曲现象比试验更加明显，如图 6.12（a）所示。

　　从图 6.13（a）的单调加载节点弯矩-层间位移角曲线可以看出，本章的有限元模型可有效模拟方钢管柱-工形梁端板节点的单调受力性能，有限元得出的节点刚度、承载力、屈服后性能均与试验结果吻合良好。有限元模型可有效模拟循环加载小于 $4\Delta_y$ 时节点的滞回性能。$4\Delta_y$ 第 2 圈循环中，柱翼缘发生了开裂，之后承载力和刚度均出现了明显退化，本书的有限元模型无法模拟钢板的开裂问题，故 $4\Delta_y$ 之后的承载力略高于试验结果。

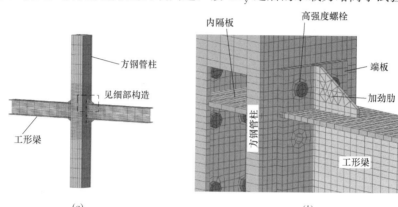

(a)　　　　　　　　　　　　　　　　　　(b)

图 6.11　参考文献［25，26］方钢管柱-工形梁端板节点试验的有限元模型

(a) 整体模型；(b) 细部构造

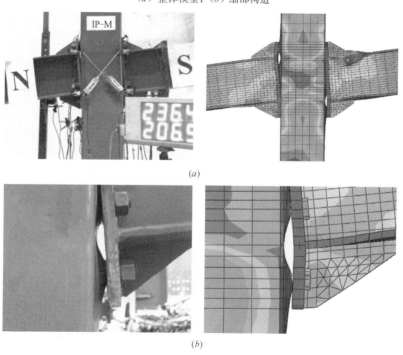

(a)

(b)

图 6.12　参考文献［25，26］节点变形的有限元模拟结果

(a) 整体变形情况；(b) 局部端板连接的变形情况

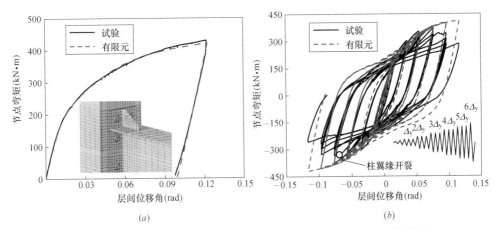

图 6.13　参考文献［25，26］节点的单调及循环受力性能有限元模拟结果

（a）单调加载；（b）循环加载

6.3.2　栓钉剪力连接件

本节对 An 等[27] 进行的栓钉剪力连接件推出试验进行有限元分析，建立了简单高效的栓钉剪力连接件数值模型，为进行端板组合节点有限元分析奠定了基础。

参考文献［27］中单层配筋试件 NSC11 和 NSC12（两试件材料及构造相同），以及双层配筋试件 NSC21 和 NSC22（两试件材料及构造相同）的有限元模型见图 6.14。钢梁的翼缘和腹板用壳单元建模（S4/S4R），单元几何位置在钢板中面，按照钢板实际厚度赋予壳单元厚度。混凝土及钢筋按照实际位置，分别用实体单元（C3D8R）和桁架单元（T3D2）建模。栓钉按照截面等效的方式简化为 1 个四棱柱，高度为栓钉实际高度与梁翼缘厚度的一半之和；使用壳单元（S4）建模，并使壳单元所在平面与钢梁腹板平行。栓钉及其附近梁翼缘的壳单元不能使用减缩积分单元 S4R，而要使用 S4 单元以保证计算精度。有限元模型中钢材的材料参数见表 6.4，混凝土采用塑性损伤模型，参数取值为：膨胀角取为 30°，流动势偏量为 0.1，f_{b0}/f_{c0} 取为 1.16，K 为 0.667，黏性系数为 0.005，其余参数见表 6.5。

栓钉推出试验和端板组合节点有限元模型的混凝土塑性损伤模型参数　　　　表 6.5

文献	E_c	泊松比	$f_{c,max}$	$f_{t,max}$
An，et al.[27]	27125	0.2	31.0	3.3
Thai，et al.[29]	30000	0.2	47.1	3.9
Gracia，et al.[30]	19085	0.2	28.2	2.6

如图 6.14（b）所示，栓钉在模型中沿长度方向均分为 4 个单元，其中靠近栓钉头部的 2 个单元，其节点与混凝土楼板用"Tie"连接。钢梁翼缘与混凝土之间定义接触，接触厚度为翼缘厚度的一半，法向性能为硬接触，切向摩擦系数取 0.6[28]。使用嵌固耦合来定义钢筋埋入混凝土楼板的关系。固定有限元模型混凝土板底面的所有自由度，建立钢梁顶部截面与其中心参考点的刚性约束，并在参考点施加竖直向下的位移荷载，如图 6.14（b）所示。

推出试验荷载-滑移曲线的有限元模拟结果如图 6.15 所示。本节提出的有限元模型，可准确模拟栓钉剪力连接件的受力性能，可为进一步的端板组合节点的有限元模拟提供支持。

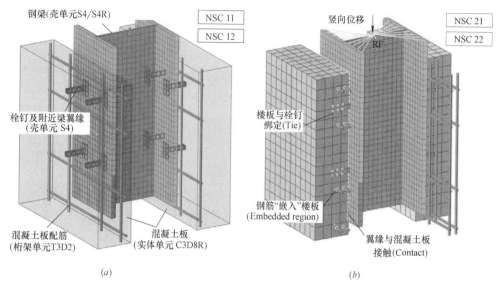

图 6.14　参考文献［27］推出试验的有限元模型

（a）几何模型；（b）连接关系及加载方式

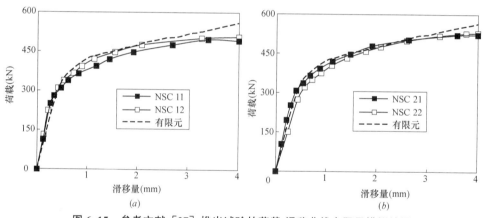

图 6.15　参考文献［27］推出试验的荷载-滑移曲线有限元模拟结果

（a）试件 NSC11 和 NSC12；（b）试件 NSC21 和 NSC22

6.3.3　端板组合节点

本节结合 6.3.1 节提出的端板钢节点有限元模型和 6.3.2 节提出的栓钉剪力连接件有限元模型，提出端板组合节点的有限元模型，并用参考文献［29］中的端板组合节点静力加载试验和参考文献［30］中的端板组合节点循环加载试验进行验证。

（1）参考文献［29］试验验证

Thai 等[29] 对 2 个方钢管混凝土柱端板节点进行了静力加载试验，其中构件 SE 采用外伸式端板，构件 SF 采用平齐式端板。本节使用有限元软件 ABAQUS，结合 6.3.1 节和 6.3.2 节提出的建模方法，建立两个节点的有限元模型（SE 模型见图 6.16），模拟其单调受力性能。由于参考文献［29］给出了钢材完整的材性试验结果，且试验为单调加载，故有限元模型中钢材采用了多点等向强化模型，使用真实应力-真实应变关系。混凝土的材料参数见表 6.5。如图 6.17 和图 6.18 所示，将节点变形和荷载-位移曲线的有限元模拟结

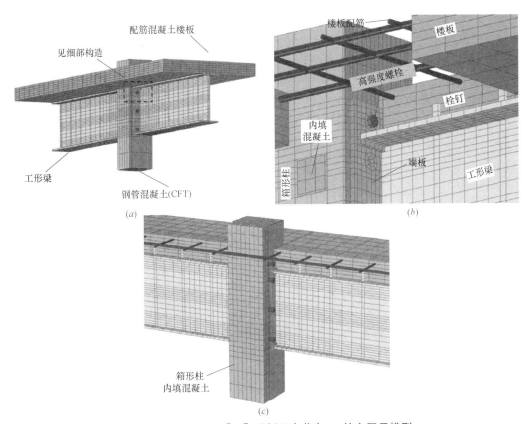

图 6.16 参考文献 [29] 端板组合节点 SE 的有限元模型

（a）整体模型；（b）细部构造；（c）钢管内填混凝土的模型

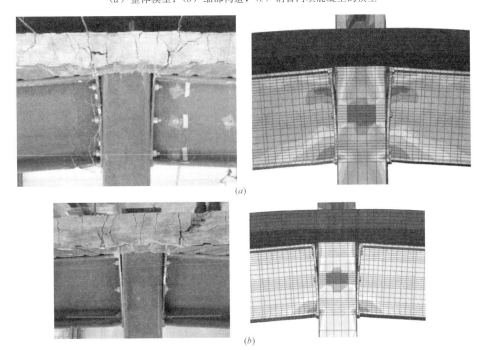

图 6.17 参考文献 [29] 节点变形的有限元模拟结果

（a）试件 SE；（b）试件 SF

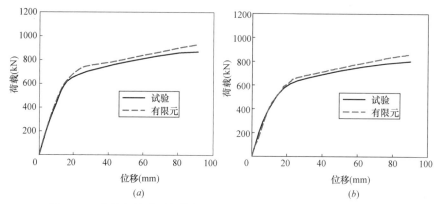

图 6.18　参考文献〔29〕节点试验的荷载-位移曲线有限元模拟结果

（a）试件 SE；（b）试件 SF

果与试验结果对比，发现本节提出的有限元模型，可以准确模拟端板组合节点的单调受力性能和变形模式。

（2）参考文献〔30〕试验验证

Gracia 等[30] 研究了内嵌混凝土工形柱-工形梁端板组合节点的静力及循环性能。采用本节提出的有限元模型，对其中循环加载试验的 1 个边柱节点 05CJP 和 1 个中柱节点 09CJP 进行了模拟（图 6.19），模型钢材的材料参数见表 6.4，混凝土的材料参数见表 6.5。有限元分析得到的滞回曲线与试验吻合良好，如图 6.20 所示。

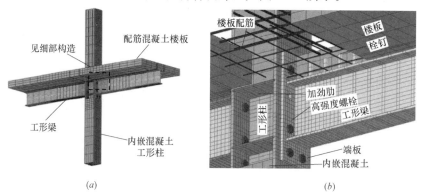

图 6.19　参考文献〔30〕端板组合节点 09CJP 的有限元模型

（a）整体模型；（b）细部构造

6.3.4　总结与讨论

本节将 Ghobarah 等[23,24]、陈学森等[25,26]、Thai 等[29] 和 Gracia 等[30] 的节点试验结果与本节得到的有限元模拟结果进行定量对比，见表 6.6。对于循环加载试验，统一取 3 倍屈服位移下第 1 圈循环正向卸载刚度进行对比；本书的有限元模型无法模拟钢板开裂和螺栓拉断，故总耗能分别为在此之前的试验及有限元耗能结果。有限元模型对初始刚度、卸载刚度和承载力模拟的结果很好，大多数结果与试验结果之间的误差在 ±10% 以内，只有 Ghobarah 等[23,24] 试验中 A2 试件的初始刚度、A2 和 A3 试件的卸载刚度误差在 10%～15%。Ghobarah 等[23,24] 的试验中，梁端屈曲后承载力出现明显的循环退化现

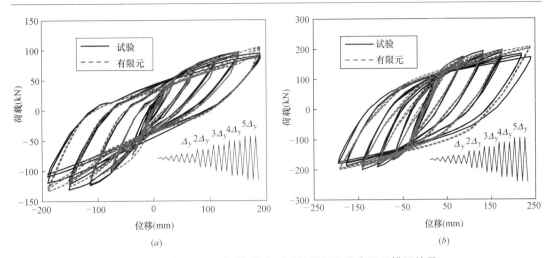

图 6.20 参考文献［30］节点试验的滞回曲线有限元模拟结果

（*a*）试件 05CJP；（*b*）试件 09CJP

象，有限元对此的模拟略有差距，故总耗能最多比试验高出 30％左右；陈学森等[25,26]、Thai 等[29] 和 Gracia 等[30] 的试验未出现明显的循环退化现象，有限元对总耗能的模拟结果十分准确。

综上所述，本节提出的有限元模型，可以准确模拟端板钢节点及端板组合节点的刚度、承载力、耗能能力和变形等抗震性能。

		端板节点有限元计算结果与试验结果对比									表 6.6
来源文献	节点编号	初始刚度（kN/m）			卸载刚度（kN/m）			峰值承载力（kN/mm）			总耗能（10^4kJ）		
		试验值	有限元值	有限元值/试验值	试验值	有限元值	有限元值/试验值	试验值	有限元值	有限元值/试验值	试验值	有限元值	有限元值/试验值
Ghobarah, et al.[23,24]	A1	4535	4734	1.044	3682	3965	1.077	147.5	141.6	0.960	2.96	3.51	1.186
	A2	4522	5113	1.131	4399	5020	1.141	151.6	144.5	0.953	16.6	18.8	1.133
	A3	4939	5080	1.029	4564	5083	1.114	157.4	144.7	0.919	17.1	22.7	1.327
	A4	4358	4365	1.002	4268	4127	0.967	130.1	129.3	0.994	2.76	3.33	1.207
	A5	4954	4914	0.992	4701	4812	1.024	155.8	142.8	0.917	16.6	18.2	1.096
陈学森，等[25,26]	1-XW-M	5282	5026	0.952	5443	5494	1.009	239.3	234.4	0.980	3.45	3.46	1.003
	3-YW-C	5530	5034	0.910	4632	4966	1.072	211.8	228.5	1.079	7.28	7.29	1.001
Thai, et al.[29]	SE	5196	5338	1.027	—	—	—	869.2	950.8	1.094	6.45	6.73	1.043
	SF	5106	5132	1.005	—	—	—	801.5	878.0	1.095	5.82	6.02	1.034
Gracia, et al.[30]	05CJP	2142	2222	1.037	2028	2193	1.081	97.0	105.2	1.085	17.6	17.4	0.989
	09CJP	3821	4013	1.050	2980	2801	0.940	196.5	199.3	1.014	40.2	40.6	1.010
平均值				1.016			1.047			1.008			1.094
标准差				0.057			0.067			0.070			0.109

6.4 柔性支撑的有限元模型

钢拉杆柔性支撑的理想本构模型如图 6.21 所示，支撑受拉初始刚度为 E_s，加载阶段的应力-应变曲线与钢材材性试验得到的曲线一致；卸载时卸载刚度也为 E_s；反向加载时支撑屈曲，没有受压承载力；反向加载时支撑在之前的屈曲点处被拉直，再加载刚度仍然

为 E_{s}。

有限元软件 ABAQUS 中没有合适的单元或材料属性可以模拟柔性支撑"受拉时：弹性-屈服-强化；受压时：屈曲无承载力"的特性。ABAQUS 没有索单元；且材料属性中的"No compression"选项只能用于弹性分析，不能用于弹塑性分析；梁单元用于模拟柔性支撑的弹塑性循环性能时虽然可以实现对受压屈曲的模拟，但反复的屈曲计算需要进行非线性分析导致其收敛性受到较大影响；应用用户材料子程序 UMAT 可以实现材料性能的定制，但需要建立完整的材料模型并与结构整体分析相统一，不便在实际工程中快速分析和应用。因此，为了在 ABAQUS 中准确模拟柔性支撑的性能，本书提出柔性支撑等效模型并用文献中的试验来验证。

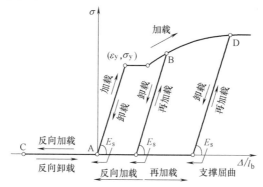

图 6.21　柔性支撑的理想本构模型

6.4.1　柔性支撑等效模型

柔性支撑等效模型如图 6.22 所示，图 A～D 分别对应于图 6.21 中 A～D4 个应力-应变状态。模型只用到桁架单元、等向强化准则、材性试验得到的单调工程应力-应变曲线以及 ABAQUS 弹性材料中的"No tension"选项。

如图 6.22 中 A 方案所示，用 5 个桁架单元模拟柔性支撑；其中组成外围菱形的 4 个单元采用等向强化准则，截面面积为柔性支撑的一半，定义修正后的弹塑性应力-应变关系；支撑跨中位置布置 1 个刚性撑杆，且勾选 elastic 模块中的 No tension 选项，即撑杆无法受拉。支撑受拉时，刚性撑杆受压，但无压缩变形，支撑变形 Δ 完全来自于周围 4 个桁架单元的弹塑性变形，如图 6.22 中 B 方案，支撑的受拉、屈服和强化均可由修正后的弹塑性应力-应变关系反映出来；支撑卸载时，首先释放掉弹性变形，当两端拉力降为零之后，等效模型中刚性撑杆无法受拉，模型没有受压承载力，变成机构，恰好可以模拟钢拉杆支撑的屈曲行为，如图 6.22 中 C 方案；支撑反向加载、卸载与再加载过程中，刚性撑杆首先恢复至初始长度，此过程支撑内力为零，随后的加载曲线与之前的卸载曲线重合，支撑变形全部来自于周围四个桁架单元的弹塑性变形，如图 6.22 中 D 方案。

通过支撑钢材材性试验得到工程应力-工程应变曲线（σ-ε）后，可由式（6.1）和式（6.2）分别计算桁架单元的等效应力 σ_{eq} 和等效应变 $\varepsilon_{\mathrm{eq}}$。有限元模型中输入的真实应力 σ_{r} 和真实应变 ε_{r} 可按式（6.3）和式（6.4）换算。公式中字母的含义见图 6.22。

$$\sigma_{\mathrm{eq}} = \frac{\sqrt{l_{\mathrm{R}}^{2} + (l_{\mathrm{b}} + \varepsilon l_{\mathrm{b}})^{2}}}{l_{\mathrm{b}} + \varepsilon l_{\mathrm{b}}} \cdot \sigma \tag{6.1}$$

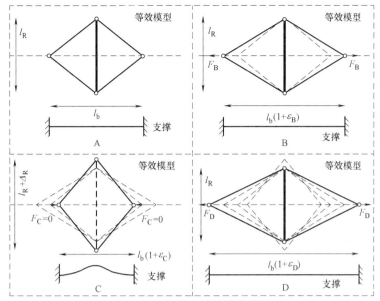

图 6.22 柔性支撑的等效模型

$$\varepsilon_{eq}=\frac{\sqrt{l_R^2+(l_b+\varepsilon l_b)^2}}{\sqrt{l_R^2+l_b^2}}-1 \tag{6.2}$$

$$\sigma_r=(1+\varepsilon_{eq})\sigma_{eq} \tag{6.3}$$

$$\varepsilon_r=\ln(1+\varepsilon_{eq}) \tag{6.4}$$

6.4.2 模型验证

（1）参考文献［31］试验验证——验证模型的正确性

采用材性试件单调拉伸的试验结果即可验证本节柔性支撑等效模型的正确性。Shi 等[31] 对 Q345B 钢材进行了单调拉伸试验。将参考文献［31］中试件 H1-1、H1-2 和 H1-3 的工程应力-工程应变曲线按照式（6.1）~式（6.4）转换成 ABAQUS 中需要输入的真实应力-真实应变关系。

在 ABAQUS 中用桁架单元建立如图 6.22 中 A 方案所示的几何模型，其中支撑原长 $l_b=$ 4500mm，刚性撑杆长度 $l_R=1000$mm。固定模型一端，在另一端按照峰值点处 $\Delta/l_b=$ ±0.005、±0.010、±0.015…±0.040 的循环位移进行加载。将支撑的等效应力-等效应变滞回曲线与材性试件试验结果对比，如图 6.23（a）、（c）、（e）所示。可见本书提出的柔性支撑等效模型可以有效模拟支撑受拉屈服和强化、受压屈曲的特性，且在受拉时与钢材单调拉伸曲线吻合良好。增大位移幅值，按照峰值点处 $\Delta/l_b=$±0.05、±0.10、±0.15…±0.45 的循环位移进行加载，有限元模拟结果也与试验结果较吻合，如图 6.23（b）、（d）、（f）所示。

（2）参考文献［32］试验验证——验证模型的适用性

为研究以张紧的圆钢作为中心支撑的钢框架的抗震性能，Filiatrault 等[32] 对 1 个 2 层单跨的缩尺试件进行了振动台试验，如图 6.24（a）所示。根据 CESMD 美国强震记录数据中心的在试验中用于加载的 Puget Sound、San Fernando 和 El Centro 加速度时程数据并按照作者所述方式进行调幅。

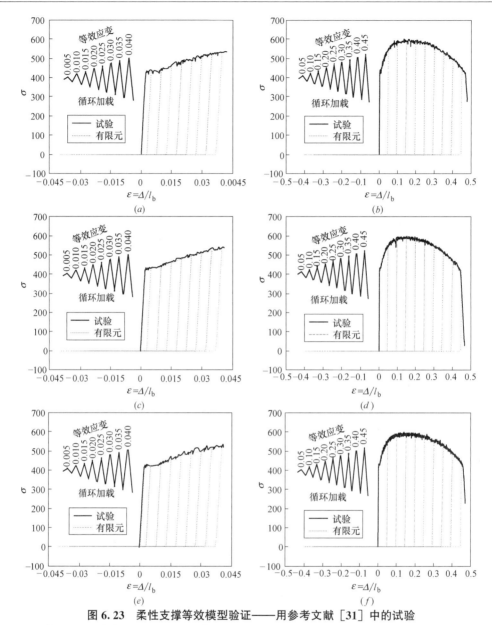

图 6.23　柔性支撑等效模型验证——用参考文献 [31] 中的试验

(a) 试件 H1-1，最大应变至 0.04；(b) 试件 H1-1，最大应变至 0.45；(c) 试件 H1-2，最大应变至 0.04；
(d) 试件 H1-2，最大应变至 0.45；(e) 试件 H1-3，最大应变至 0.04；(f) 试件 H1-3，最大应变至 0.45

在 ABAQUS 有限元模型中：钢框架采用 B31 梁单元，不考虑材料塑性（试验中梁端和柱脚铰接，梁柱的应力水平很低），采用 Rayleigh 阻尼，其中关注频域取为结构一阶和二阶自振频率之间，框架阻尼比按照实测取为 2.4%；柔性支撑采用本节提出的等效模型，使用 T3D2 桁架单元（每个支撑 5 个单元），按照材性试验实测结果并用式（6.1）~式（6.4）修正后定义材料的屈服和强化，采用等向强化模型；对于柔性支撑材料在塑性模块中采用 Johnson-Cook 模型[33] 来考虑应变率对钢材强化性能的影响，Filiatrault 等[32] 在试验中专门对支撑钢材的动力拉伸性能进行了研究，利用文献中的试验结果，可标定出 Johnson-Cook 模型的参数，即 $C=0.0197$，$\bar{\varepsilon}_0 = 50 \times 10^{-6}$；限制框架平面外位移，每层梁

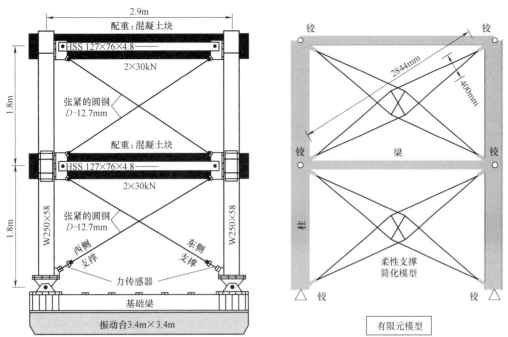

图 6.24 参考文献 [32] 的振动台试验及有限元模型示意图

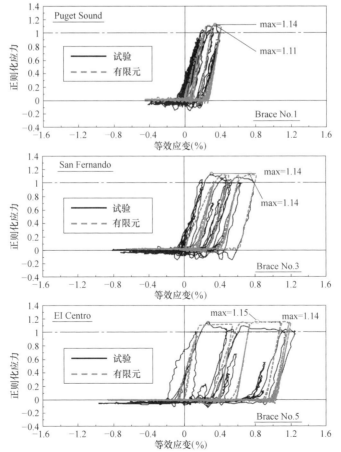

图 6.25 柔性支撑等效模型验证——用参考文献 [32] 中的试验

端两个节点按照试验实际情况施加集中质量；将加速度时程作基线修正后，赋在模型底端的水平方向上，以模拟试验中的地震荷载；在 ABAQUS 的 Standard 模块中，采用动力隐式分析，考虑几何非线性，计算结构在 3 条地震波下的动力时程响应。

Filiatrault 等[32] 在试验中监测了 1 层支撑底端的轴力，并作出东侧支撑的正则化应力-等效应变滞回曲线，其中正则化应力为支撑应力与屈服应力之比，等效应变为支撑变形量与支撑原长之比。将有限元模拟结果与试验结果进行对比，如图 6.25 所示。本节提出的柔性支撑等效模型可以很好地模拟柔性支撑拉压性能以及在地震作用下循环受力的性能。

6.5　框架抗震性能的精细化有限元模型

6.5.1　精细化有限元模型

采用 6.2 节～6.4 节提出的有限元建模方法，在 ABAQUS 中建立如图 6.26 和图 6.27 所示的有限元模型，包含 73758 个钢结构的单元以及 22623 个楼板（混凝土及配筋）的单元，共计 96381 个单元。梁、柱、端板和加劲肋用壳单元，螺栓和楼板用实体单元，柔性支撑等效模型和板内配筋用桁架单元。

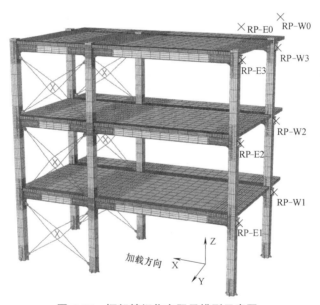

图 6.26　框架精细化有限元模型示意图

根据以往相关研究，随动强化模型可以准确模拟钢材的循环受力性能，故钢结构和配筋定义为双线性的随动强化模型；支撑的等效模型中，组成外围菱形的桁架单元定义为多点等向强化模型；混凝土定义为塑性损伤。由于是拟静力加载试验，控制加载速率较低，所有的材料均不考虑应变率的影响。模型的钢材材料参数见表 6.7。混凝土采用塑性损伤模型，参数取值为：膨胀角取为 $30°$，流动势偏量为 0.1，f_{b0}/f_{c0} 取为 1.16，K 为 0.667，黏性系数为 0.005，泊松比 μ 为 0.2，弹性模量 E_c 取为 26000MPa，受压和受拉

强度参数 $f_{\mathrm{c,max}}$ 和 $f_{\mathrm{t,max}}$ 分别取 28.7MPa 和 1.59MPa。

为准确模拟梁端楼板与钢结构之间的相互关系，并减少梁、板跨中的网格数量，在梁端建立 3 个栓钉，梁端网格加密区长度为梁高的 3 倍（图 6.27）。用约束关系 Tie 将梁跨中与楼板、栓钉上半部分与楼板、支撑与连接板黏在一起；用约束关系 coupling 将加载端梁截面与参考点耦合；用 Embedded region 将钢筋埋在混凝土楼板中。定义端板与螺栓、柱翼缘与螺栓、螺栓与孔壁、柱翼缘与端板、梁端与混凝土楼板、端板与楼板、柱翼缘与楼板之间的接触关系：法向均为硬接触，钢材与钢材之间的摩擦系数取 0.3[22]，钢材与混凝土之间的摩擦系数取 0.6[28]。约束柱脚的所有自由度以模拟刚接的边界条件，限制柱内隔板中心点和支撑中点的面外位移。

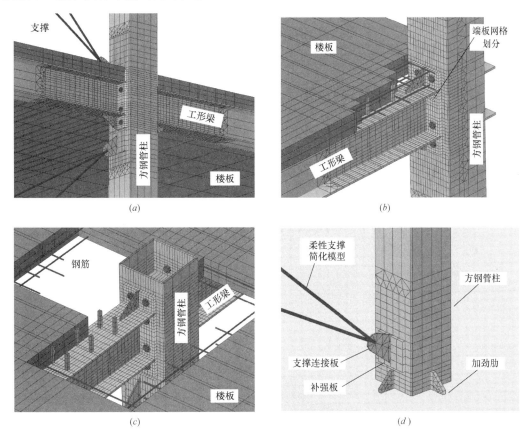

图 6.27 框架有限元模型的细部构造
(a) 边柱附近；(b) 角柱附近；(c) 中柱附近；(d) 柱脚

使用 Huang 和 Mahin[34] 提出的多点约束加载方法，控制各榀框架水平力保持为 3 层：2 层：1 层＝3：2：1。在有限元中建立如图 6.26 中所示的假想点 RP-E0 和 RP-W0，并按照式（6.5）和式（6.6）定义各参考点 X 方向位移的"Equation"约束关系。将各圈循环每层的峰值位移（见附录 A）代入式（6.5）和式（6.6）中，求出假想点 RP-E0 和 RP-W0 的位移，输入 ABAQUS 中控制循环加载。

$$D_{\mathrm{x\text{-}E1}}+2D_{\mathrm{x-E2}}+3D_{\mathrm{x-E3}}-6D_{\mathrm{x-E0}}=0 \qquad (6.5)$$

$$D_{\mathrm{x-W1}}+2D_{\mathrm{x-W2}}+3D_{\mathrm{x-W3}}-6D_{\mathrm{x-W0}}=0 \qquad (6.6)$$

框架试验有限元模型的钢材材料参数　　　　　表 6.7

组件	E_s(MPa)	μ	σ_y(MPa)	σ_m(MPa)	ε_{pm}	示意图
梁翼缘	253249	0.3	362.8	616.7	0.129	
梁腹板	214615	0.3	392.7	634.2	0.122	
柱壁板	200207	0.3	513.2	637.9	0.068	
端板	233921	0.3	421.7	660.3	0.129	
加劲肋	219982	0.3	343.8	587.2	0.142	
螺栓	216000	0.3	940.0	1140.0	0.100	
钢筋	206000	0.3	419.4	687.7	0.111	
栓钉	206000	0.3	371.4	528.3	0.129	
支撑	206000	0.3	多点等向强化模型			

6.5.2　模拟结果对比

提取模型的历程输出结果，将有限元分析得到的基底剪力-顶点位移角滞回曲线、各层的层剪力-层间位移角滞回曲线与试验结果进行对比，如图 6.28 所示。有限元模型可以准确模拟结构的循环受力性能。有限元模型对框架在最大侧移处的整体变形和节点局部变形的模拟结果见图 6.29，对比有限元结果与试验照片可知，本节中提出的有限元模型可以准确模拟钢框架在循环荷载作用下的整体和局部变形性能。

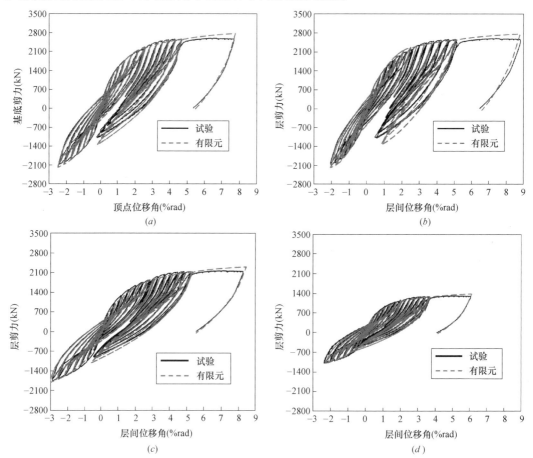

图 6.28　精细有限元模型的滞回曲线模拟结果

（a）基底剪力-顶点位移角；（b）1 层层剪力-层间位移角；（c）2 层层剪力-层间位移角；（d）3 层层剪力-层间位移角

图 6.29 框架破坏模式的有限元模拟结果

（a）整体变形；（b）柱脚变形；（c）角柱节点变形；（d）中柱节点变形

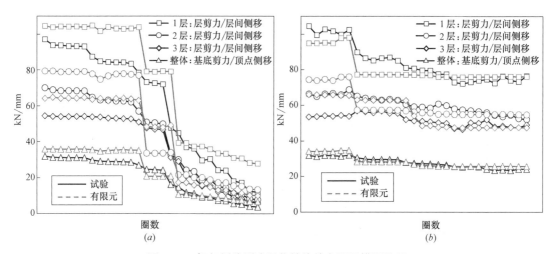

图 6.30　框架侧移刚度退化性能的有限元模拟结果

（a）初始位置的侧移刚度；（b）卸载刚度

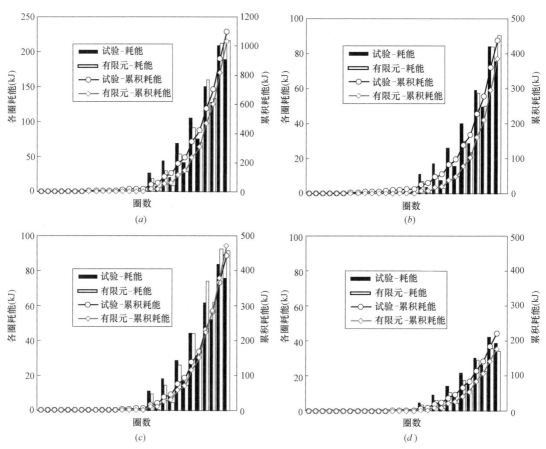

图 6.31　框架耗能和累积耗能的有限元模拟结果

（a）整体框架；（b）1 层；（c）2 层；（d）3 层

对有限元和试验得出的初始位置结构的侧移刚度进行对比，如图 6.30（a）所示；弹性阶段有限元对侧移刚度略有低估，弹塑性阶段对侧移刚度略有高估。对加载过程中各级循环的正向卸载初始阶段数据进行拟合，得到卸载刚度并与试验结果进行对比，如图6.30（b）所示；有限元模型可准确模拟各加载阶段框架的卸载刚度及其缓慢退化的性能。整体上，本节提出的有限元模型可以准确评估结构的侧移刚度及其退化情况。

各级加载第1圈的峰值承载力和卸载刚度模拟结果与试验结果定量对比见表6.8。峰值承载力的有限元结果与试验结果之比介于0.981～1.108，平均值为1.019，标准差为0.035；卸载刚度的有限元结果与试验结果之比介于0.856～1.099，平均值为1.003，标准差为0.065。

对比整体结构及各层的耗能和累积耗能（图6.31），以及塑性变形和累积塑性变形（图6.32），总累积耗能模拟结果与试验结果之比为0.938，总累积塑性变形模拟结果与试验结果之比为1.056。本节提出的有限元模型可以准确评估矩形钢管柱端板式连接钢结构的耗能能力和塑性变形能力。

综上所述，本节所提出的精细化有限元模型，可以较精确地模拟矩形钢管柱端板式连接钢结构的循环受力性能。

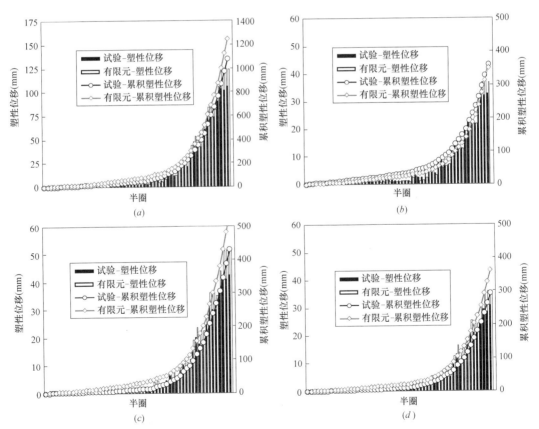

图6.32 框架塑性位移和累积塑性位移的有限元模拟结果

（a）整体框架；（b）1层；（c）2层；（d）3层

精细模型和杆系模型对框架峰值承载力和卸载刚度模拟结果的定量对比　　**表 6.8**

加载级	峰值承载力(kN)					卸载刚度(kN/mm)				
	试验	精细模型	杆系模型	精细模型/试验	杆系模型/试验	试验	精细模型	杆系模型	精细模型/试验	杆系模型/试验
0.12%	307.7	331.3	297.6	1.077	0.967	31.72	34.10	27.56	0.891	0.869
0.24%	601.2	604.4	556.5	1.005	0.926	30.48	28.22	23.89	0.856	0.784
0.36%	802.2	793.5	729.6	0.989	0.909	27.92	28.09	22.19	0.934	0.795
0.72%	1226.6	1202.8	1098.9	0.981	0.896	26.78	25.74	22.14	0.961	0.827
1.08%	1527.8	1525.1	1371.3	0.998	0.898	25.57	25.66	22.10	1.004	0.865
1.44%	1757.7	1801.4	1540.7	1.025	0.877	25.59	25.71	22.04	1.005	0.861
1.80%	1936.0	2009.9	1690.6	1.038	0.873	24.03	25.69	21.98	1.069	0.915
2.16%	2097.5	2193.0	1832.9	1.046	0.874	23.73	25.75	21.92	1.085	0.924
2.52%	2186.3	2296.9	1923.5	1.051	0.880	24.10	25.69	21.83	1.066	0.906
2.88%	2333.1	2328.9	1981.5	0.998	0.849	24.64	25.50	21.70	1.035	0.881
3.24%	2426.8	2395.1	2032.5	0.987	0.838	25.73	25.49	21.68	0.990	0.843
3.60%	2473.0	2447.4	2078.1	0.990	0.840	25.15	25.45	21.62	1.012	0.860
3.96%	2513.9	2494.5	2120.0	0.992	0.843	25.15	25.48	21.58	1.013	0.858
4.32%	2538.5	2540.9	2159.6	1.001	0.851	25.98	25.47	21.53	0.980	0.829
4.68%	2531.7	2576.7	2193.6	1.018	0.866	24.49	25.47	21.51	1.040	0.878
7.69%	2504.8	2775.6	2432.8	1.108	0.971	22.78	25.04	21.08	1.099	0.925
			平均值	1.019	0.885			平均值	1.003	0.864
			标准差	0.035	0.040			标准差	0.065	0.041

6.6　框架抗震性能杆系单元有限元模型

6.6.1　杆系单元有限元模型

针对第 4 章进行的 3 层足尺框架拟静力试验，在 ABAQUS 中建立如图 6.33（b）所示的框架杆系单元有限元模型。框架柱和框架梁用 B31 梁单元建模，柔性支撑按照 6.4.1 节提出的等效模型，使用 T3D2 桁架单元建模，楼板使用 S4 壳单元建模。杆系模型中的材料属性与 6.5 节中的精细模型一致。

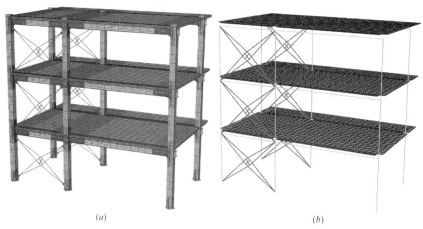

(a)　　　　　　　　　　　　　　　　(b)

图 6.33　框架的精细模型与杆系模型

（a）精细模型；（b）杆系模型

定义框架梁梁端的弹塑性转动弹簧以提高模型的计算精度。在 ABAQUS 中每个梁端需同时定义两个约束来实现对转动弹簧的模拟：①首先使用"coupling"约束限制梁端结点与柱对应结点之间除梁端转动变形以外的其余 5 个自由度；②然后使用"connector"中的"rotation"型连接单元建立梁端弹塑性转动本构模型。本节杆系模型中节点转动弹簧弹塑性本构采用随动强化模型，参数按照参考文献［26］中实测的节点弯矩-转角曲线确定。框架柱与柔性支撑等效模型、框架梁与混凝土楼板之间均用"tie"来定义连接。

与精细模型的加载方式相同，采用"equation"定义各层参考点与假想点之间的多点约束，将试验中实测的位移代入式（6.5）和式（6.6）中，求出假想点的位移，从而输入模型以控制循环加载。

6.6.2 模拟结果对比

采用精细化有限模型和杆系单元有限元模型对第 2 章的 3 层足尺框架拟静力试验循环加载过程进行模拟，其结果对比如图 6.34 所示。各级加载第 1 圈的峰值承载力和卸载刚度模拟结果与试验结果定量对比见表 6.8。峰值承载力的有限元结果与试验结果之比介于 0.838～0.971，平均值为 0.885，标准差为 0.040；卸载的有限元结果与试验结果之比介于 0.784～0.925，平均值为 0.864，标准差为 0.041。杆系单元有限元模型中虽用壳单元对混凝土楼板进行了粗略建模，但无法考虑楼板与框架柱之间的接触关系，使得结构承

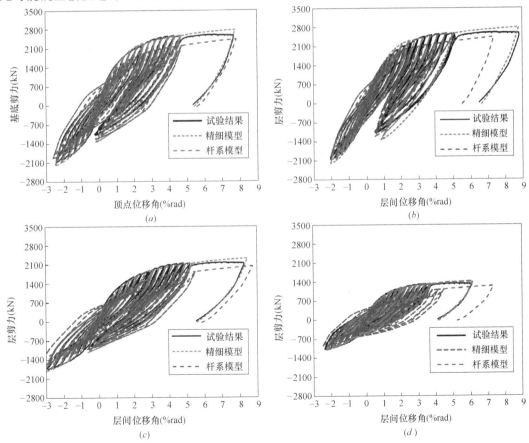

图 6.34 精细模型与杆系模型的模拟结果对比

（a）基底剪力-顶点位移角；（b）1 层层剪力-层间位移角；（c）2 层层剪力-层间位移角；（d）3 层层剪力-层间位移角

载力和卸载刚度模拟结果偏低。

本节建立的考虑端板节点弹塑性转动性能的杆系单元有限元模型，虽然模拟精度与精细化有限元模型仍有差距，但仍可以在保证一定精度的情况下模拟方钢管柱端板节点柔性支撑钢框架的循环受力性能。

6.7　小结

本章从螺栓连接的有限元模拟、端板节点的有限元模拟以及柔性支撑的有限元模拟入手，逐步建立了可用于分析方钢管柱端板节点柔性支撑钢框架循环受力性能的有限元模型，并对第 4 章的足尺框架抗震试验进行了模拟，主要工作总结如下：

（1）通过模型对比分析，发现钢板用壳单元、螺栓用实体单元、网格稀疏划分的有限元模型，可准确模拟螺栓连接的整体变形性能和承载性能。

（2）所提出的有限元模型，可准确模拟端板钢节点的端板连接变形、梁端屈曲、滞回性能和承载性能等；可模拟栓钉剪力连接件的受力性能，可考虑端板组合节点中楼板与钢梁之间的连接关系、钢与钢之间及钢与混凝土之间的接触关系、楼板混凝土的塑性及损伤、钢筋埋在楼板中的实际情况等，并能准确模拟其端板连接变形、滞回性能和承载性能等。

（3）提出了一种可直接基于 ABAQUS，应用桁架单元和弹塑性材料来模拟柔性支撑的"受拉时：弹性-屈服-强化；受压时：屈曲无承载力"特性的等效模型，并给出了建模方法及对应的应力-应变关系修正公式；用材性试验对其合理性进行了验证，用带柔性支撑钢框架振动台试验对其适用性进行了验证。

（4）提出了包含多种关键技术的基于 ABAQUS 隐式分析的，可以准确模拟方钢管柱端板节点柔性支撑钢框架变形性能、循环性能、承载性能、耗能性能和刚度退化性能等的精细化有限元模型。通过从细部到整体的建模方法探索过程，得到了模拟精度足够，且计算工作量可接受的网格划分方式。

（5）提出了可考虑端板节点弹塑性转动性能的杆系单元有限元模型，虽然模拟精度比精细化有限元模型稍低，但可以模拟方钢管柱端板节点柔性支撑钢框架的循环加载受力性能，用于评估结构的抗震性能。

参考文献

[1] 陆新征，林旭川，叶列平. 多尺度有限元建模方法及其应用 [J]. 华中科技大学学报（城市科学版），2008，25（4）：76-80.

[2] Spacone E，El-Tawil S. Nonlinear analysis of steel-concrete composite structures：State of the art [J]. Journal of Structural Engineering，2004，130（2）：159-168.

[3] Zhou F，Mosalam K M，Nakashima M. Finite-element analysis of a composite frame under large lateral cyclic loading [J]. Journal of Structural Engineering，2007，133（7）：1018-1026.

[4] Faella C，Martinelli E，Nigro E. Analysis of steel-concrete composite PR-frames in partial shear interaction：A numerical model and some applications [J]. Engineering Structures，2008，30（4）：1178-1186.

[5] Liu J，Liu Y. Seismic behavior analysis of steel-concrete composite frame structure systems [C].

14th World Conference on Earthquake Engineering. October 12-17，2008，Beijing，China：934-941.

[6] Iu C K，Bradford M A，Chen W F. Second-order inelastic analysis of composite framed structures based on the refined plastic hinge method [J]. Engineering Structures，2009，31（3）：799-813.

[7] Chellini G，Roeck G D，Nardini L，et al. Damage analysis of a steel-concrete composite frame by finite element model updating [J]. Journal of Constructional Steel Research，2010，66（3）：398-411.

[8] Nie J G，Tao M X，Cai C S，et al. Modeling and investigation of elasto-plastic behavior of steel－concrete composite frame systems [J]. Journal of Constructional Steel Research，2011，67（12）：1973-1984.

[9] 石永久，王萌，王元清. 基于多尺度模型的钢框架抗震性能分析 [J]. 工程力学，2011，28（12）：20-26.

[10] Li Z X，Chan T H T，Yu Y，et al. Concurrent multi-scale modeling of civil infrastructures for analyses on structural deterioration-Part I：Modeling methodology and strategy [J]. Finite Elements in Analysis and Design，2009，45（11）：782-794.

[11] Shi G，Wang M，Bai Y，et al. Experimental and modeling study of high-strength structural steel under cyclic loading [J]. Engineering Structures，2012，37（4）：1-13.

[12] Hu F X，Shi G，Shi Y J. Constitutive model for full-range elasto-plastic behavior of structural steels with yield plateau：Calibration and validation [J]. Engineering Structures，2016，118：210-227.

[13] Hu F X，Shi G. Constitutive model for full-range cyclic behavior of high strength steels without yield plateau [J]. Construction and Building Materials，2018，162：596-607.

[14] Bursi O S，Sun F F，Postal S. Non-linear analysis of steel-concrete composite frames with full and partial shear connection subjected to seismic loads [J]. Journal of Constructional Steel Research，2005，61（1）：67-92.

[15] Han L H，Wang W D，Zhao X L. Behavior of steel beam to concrete-filled SHS column frames：Finite element model and verifications [J]. Engineering Structures，2008，30（6）：1647-1658.

[16] Guo L H，Gao S，Fu F. Structural performance of semi-rigid composite frame under column loss [J]. Engineering Structures，2015，95：112-126.

[17] Wang J F，Li B B，Li J C. Experimental and analytical investigation of semi-rigid CFST frames with external SCWPs [J]. Journal of Constructional Steel Research，2017，128：289-304.

[18] 侯兆新. 高强度螺栓连接设计与施工 [M]. 北京：中国建筑工业出版社，2012.

[19] Coelho A M G，Bijlaard F S K，Gresnigt N，et al. Experimental assessment of the behaviour of bolted T-stub connections made up of welded plates [J]. Journal of Constructional Steel Research，2004，60（2）：269-311.

[20] 陈以一，沈祖炎，韩琳，等. 涂醇酸铁红或聚氨酯富锌漆连接面抗滑移系数测定——轻型薄壁钢构件高强度螺栓端板式连接系列研究之一 [J]. 建筑结构，2004，34（5）：3-6.

[21] Može P，Beg D. High strength steel tension splices with one or two bolts [J]. Journal of Constructional Steel Research，2010，66（8）：1000-1010.

[22] 张志雄. 新型方钢管柱-H 型钢梁拼接外夹筒式节点静力性能研究 [D]. 北京：中国矿业大学，2015.

[23] Ghobarah A，Osman A，Korol R M. Behaviour of extended end-plate connections under cyclic loading [J]. Engineering Structures，1990，12（1）：15-27.

[24] Korol R M，Ghobarah A，Osman A. Extended end-plate connections under cyclic loading：Behaviour and design [J]. Journal of Constructional Steel Research，1990，16（4）：253-280.

［25］　陈学森，施刚，王喆，等. 箱形柱-工形梁端板连接节点试验研究［J］. 建筑结构学报，2017，38（8）：113-123.

［26］　Chen X S，Shi G. Experimental study of end-plate joints with box columns［J］. Journal of Constructional Steel Research，2018，143：307-319.

［27］　An L，Cederwall K. Push-out tests on studs in high strength and normal strength concrete［J］. Journal of Constructional Steel Research，1996，36（1）：15-29.

［28］　苏庆田，杜霄，李晨翔，等. 钢与混凝土界面的基本物理参数测试［J］. 同济大学学报：自然科学版，2016，44（4）：499-506.

［29］　Thai H T，Uy B，Yamesri，et al. Behaviour of bolted endplate composite joints to square and circular CFST columns［J］. Journal of Constructional Steel Research，2017，131：68-82.

［30］　Gracia J，Bayo E，Ferrario F，et al. The seismic performance of a semi-rigid composite joint with a double-sided extended end-plate. Part I：Experimental research［J］. Engineering Structures，2010，32（2）：385-396.

［31］　Shi Y J，Wang M，Wang Y Q. Experimental and constitutive model study of structural steel under cyclic loading［J］. Journal of Constructional Steel Research，2011，67（8）：1185-1197.

［32］　Filiatrault A，Tremblay R. Design of tension-only concentrically braced steel frames for seismic induced impact loading［J］. Engineering Structures，1998，20（12）：1087-1096.

［33］　Johnson G R，Cook W H. A constitutive model and data for metals subjected to large strains，high strain rates and high temperatures［C］. Proceedings of the 7th International Symposium on Ballistics. The Hauge，Netherlands，1983：541-547.

［34］　Huang Y L，Mahin S A. EER Report 2010/104. Simulating the inelastic seismic behavior of steel braces frames including the effects of low-cycle fatigue［R］. Berkeley，CA：Pacific Earthquake Engineering Research Center，University of California，Berkeley，2010.

第7章 矩形钢管柱端板式连接钢框架抗震设计方法

7.1 概述

钢框架端板节点的使用，在避免现场梁柱焊接、增大节点延性并提高结构抗震性能[1]的同时，也可能会带来节点半刚性的问题。这对钢框架抗震设计过程中的节点转动刚度计算、结构受力分析、节点承载力验算和构件承载力验算等工作带来了更大的难度，提出了更高的技术要求[2,3]。针对半刚性节点钢框架，目前国内外已经形成了一定的研究基础[4-8]，但已有研究多针对采用工形柱的钢框架，其研究结果对采用矩形钢管柱的端板式连接钢框架结构设计的适用性仍需进一步讨论。此外，柔性支撑可适当增大结构刚度，但其循环耗能能力较差，已有的工程应用和研究成果较为缺乏。综上，目前已有的期刊文献、研究报告和设计规范，还不足以支持方钢管柱端板节点柔性支撑钢框架的抗震设计。

为了实现对矩形钢管柱端板式连接钢结构的应用和推广，基于前面章节中已开展的连接试验、节点试验、框架结构的拟静力试验、振动台试验和数值模拟研究的相关结果，本章对矩形钢管柱端板式连接钢结构体系的设计方法进行研究。对目前已有的钢结构设计方法进行总结[9]，对目前规范未涉及内容进行补充研究；提出方钢管柱-工形梁端板节点的承载力和初始转动刚度简化计算方法并用有限元模型进行验证，还提出基于设计软件的半刚性钢框架内力分析方法；在现有规范基础上，提出考虑节点半刚性影响的框架柱稳定承载力验算方法；最后应用所提出的设计方法对不同层数和不同钢材的钢框架算例进行试设计。

7.2 现行规范的相关规定

现行的中国规范、欧洲规范、美国规范和日本规范中，与矩形钢管柱端板式连接钢框架体系中部分构造的设计相关的规范如下：

我国的《钢结构设计标准》GB 50017—2017[10]、《建筑抗震设计规范》GB 50011—2010（2016 年版）[9]、《钢结构高强度螺栓连接技术规程》JGJ 82—2011[11]、《端板式半刚性连接钢结构技术规程》CECS 260：2009[12]、《高层民用建筑钢结构技术规程》JGJ 99—2015[13]、《装配式钢结构建筑技术标准》GB/T 51232—2016[14]。

欧洲结构抗震设计规范（Eurocode 8-1）[15]、欧洲钢结构设计规范（Eurocode 3-1-1）[16]、欧洲钢结构节点设计规范（Eurocode 3-1-8）[17]。

美国钢结构抗震设计规范（ANSI/AISC 341-16）[18]、FEMA-350[19]、FEMA-355C[20]、FEMA-355D[21]。

日本建筑中心的建筑结构设计标准[22]、日本建筑学会的钢结构极限状态设计规范[23]、日本建筑学会的钢结构节点设计规范[24]。

上述规范中，与矩形钢管柱端板式连接钢框架体系相关的设计规定或方法如下。

7.2.1　对柔性支撑钢框架适用范围的规定

（1）我国规范

《钢结构设计标准》GB 50017—2017[10] 对本书结构体系中柔性支撑所采用的张紧的圆钢，不设长细比的上限，但也未明确指出其在建筑钢结构中的适用范围。

《建筑抗震设计规范》GB 50011—2010（2016 年版）[11] 对高度在 50m 以上（条文说明 8.4.1）中心支撑框架的抗震构造措施有如下规定：一、二、三级中心支撑不得采用拉杆设计，四级采用拉杆设计时，其长细比不得大于 180[11]。条文说明 8.1.6 指出，三、四级且高度不大于 50m 的钢结构可采用交叉支撑并按照拉杆设计[11]。规范未明确指出柔性支撑在多层钢结构（不高于 24m）中的适用范围及具体要求。

《高层民用建筑钢结构技术规程》JGJ 99—2015[13] 规定，仅四级框架在抗震设计时才允许支撑按照拉杆设计，且长细比不应大于 180。

（2）欧洲规范

欧洲结构抗震设计规范[15] 对 X 形中心支撑的正则化长细比 λ_n 的限制为 $1.3 < \lambda_n \leqslant 2.0$，而对一、两层钢框架的支撑长细比不进行限制：柔性支撑在三层及以上抗震钢框架中的应用受到限制。

（3）美国规范

美国钢结构抗震设计规范（ANSI/AISC 341-16）[18] 中规定，特殊中心支撑框架（SCBF）不允许使用柔性支撑，支撑长细比限值为 200；一般中心支撑框架（OCBF）允许使用柔性支撑，且没有长细比的限制。

（4）日本规范

日本规范[22,23] 根据长细比将支撑分为了 BA、BB、BC 三类，支撑类型和框架类型共同决定了支撑框架在二次设计中地震作用折减系数 D_s 的取值。其中 BB 类支撑中包含了长细比大于 $1980/\sqrt{f_y}$ 的情况（f_y 以 "MPa" 为单位，对 Q345 钢材而言，即长细比大于 106.6），且未对支撑长细比的上限进行规定。故柔性支撑在日本是允许使用的。

7.2.2　结构内力分析时节点转动刚度的考虑

（1）我国规范

《钢结构设计标准》GB 50017—2017[10] 指出，采用半刚性的梁柱节点，在结构内力分析时应假定连接的弯矩-转角曲线，并设计节点，使其与假定的弯矩-转角曲线符合。采用此种方法进行结构分析与节点设计，难度较大，可操作性不强。对于端板节点，规范给出了一些构造措施，保证节点具有较大的转动刚度，使其接近刚接节点。

《端板式半刚性连接钢结构技术规程》CECS 260：2009[12] 规定，通过对梁的惯性矩进行折减，将半刚性连接钢框架等效为刚性连接钢框架，从而在承载力和变形验算时考虑端板节点的转动刚度。

《装配式钢结构建筑技术标准》GB/T 51232—2016[14] 规定，梁柱采用全螺栓的半刚性连接时，结构计算应计入节点转动对刚度的影响[14]。

（2）欧洲规范

欧洲结构抗震设计规范[15] 允许钢结构使用半刚性或部分强度梁柱节点，具体要求如下：①节点的转动能力需满足框架的整体变形需求；②极限状态下梁柱的稳定承载力需满足；③进行静力推覆分析和动力时程分析时，需考虑节点的转动变形。

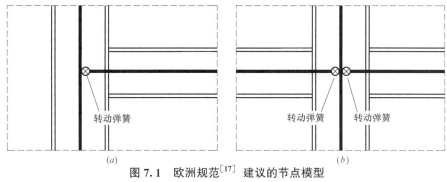

图 7.1 欧洲规范[17] 建议的节点模型

(a) 边柱节点；(b) 中柱节点

欧洲钢结构设计规范[16] 及欧洲钢结构节点设计规范[17] 明确指出，半刚性节点对于框架内力和变形的影响在结构内力分析中需要考虑。欧洲钢结构节点设计规范[17] 给出了结构弹性内力分析时可行的节点刚度考虑方法：①当节点弯矩不大于 2/3 倍节点设计弯矩时，节点转动刚度 S_j 可取初始转动刚度 $S_{j,ini}$；②一种简化方法，当节点弯矩不超过设计承载力时，节点转动刚度 S_j 可取 $S_{j,ini}/\eta$，其中 η 为刚度修正系数（螺栓端板节点取 2）；节点模型应按照图 7.1 中的方式建立，在边柱节点的梁端与柱子之间建立转动弹簧，在中柱节点两侧的梁端与柱子之间分别建立转动弹簧（转动刚度与边柱节点转动弹簧计算方法相同，均须考虑节点域的转动性能）。

（3）美国规范

美国钢结构抗震设计规范（ANSI/AISC 341-16）[18] 规定梁柱节点采用半刚性连接时，要考虑节点的刚度、强度及变形能力，但没有给出明确的方法。

FEMA-350[19] 建议在结构弹性分析中采用等效梁截面的方法来考虑节点的转动刚度，而在弹塑性分析中要建立节点模型并考虑节点的弹塑性受力性能。

FEMA-355C[20] 建议节点模型采用图 7.2（a）中的节点域剪刀模型或图 7.2（b）中的节点域刚性边界模型，将节点域的转动刚度与端板连接的转动刚度区分开来，可以更准确地在结构内力分析中考虑节点的转动刚度。

FEMA-355D[21] 给出了与欧洲规范（图 7.1）类似的节点模型，在梁端建立弹性的转动弹簧。

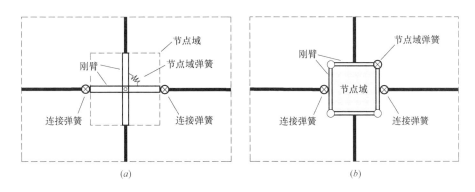

图 7.2 FEMA-355C[20] 建议的节点模型

（a）节点域剪刀模型；（b）节点域刚性边界模型

7.2.3　端板节点初始转动刚度的计算方法

目前各国规范中，仅欧洲钢结构节点设计规范（Eurocode 3-1-8）[17] 和我国《端板式半刚性连接钢结构技术规程》CECS 260：2009[12] 包含了工形柱-工形梁端板节点的初始转动刚度计算方法。这两部规范（规程）中均采用了组件法，即分别计算各组件的刚度，再用串联弹簧模型得出节点刚度。

由于方钢管柱-工形梁端板节点早期的加工和安装困难，已有的研究和实际应用都很少，在所查阅的各国规范中均未见其初始转动刚度的计算方法。

7.2.4　端板节点承载力的计算方法

目前各国规范均没有针对方钢管柱-工形梁端板节点承载力的计算方法。

端板节点承载力为节点域、螺栓、端板和柱翼缘承载力的最小值。我国、欧洲和美国的规范给出了工形柱-工形梁端板节点的承载力计算方法，可以作为方钢管柱-工形梁端板节点承载力计算方法的参考。日本建筑学会的钢结构节点设计规范[24] 涉及了端板节点和 T 型钢连接节点两种采用高强度螺栓连接的梁柱节点；规范中对 T 型钢连接节点的承载力计算方法进行了规定，但没有涵盖端板节点承载力的计算方法。

7.3　节点初始转动刚度及承载力简化计算方法

实际工程中的端板节点，通常属于半刚性节点的范畴，建议在结构内力分析时考虑其转动刚度的影响[25]。参考文献 [26] 和参考文献 [27] 分别针对工形柱-工形梁普通端板节点和超大承载力端板节点提出了对应的初始转动刚度、承载力以及弯矩-转角全曲线的简化计算方法。本节在上述方法的基础上，类比出方钢管柱-工形梁端板节点的初始转动刚度、承载力以及弯矩-转角全曲线的简化计算方法，并用有限元模型进行验证。采用该方法，可以完善本章方钢管柱端板节点柔性支撑钢框架设计方法中考虑节点刚度的框架内力分析以及节点承载力验算；也可以为今后方钢管柱-工形梁端板节点的设计与研究工作提供一定的理论基础。

7.3.1　节点初始转动刚度简化计算方法

端板节点的转角主要来自于以下 4 个方面：节点域剪切转角、螺栓伸长引起的转角、端板弯曲引起的转角以及柱翼缘弯曲引起的转角[26]。弹性阶段，节点弯矩与以上 4 个转角之比即为对应 4 个转动弹簧的初始转动刚度，这 4 个转动弹簧为串联关系，其串联刚度即为端板节点的初始转动刚度[27]。本节假定节点转动时以受压翼缘中心为转动中心，受拉翼缘上下两侧对称分布的两排螺栓均匀受拉。

（1）节点域的初始转动刚度

参考文献 [26] 提出了工形柱-工形梁端板节点的节点域初始转动刚度计算公式：

$$k_{pz\text{-}I} = \frac{4}{3} G (h_b - 2t_{bf})(h_c - 2t_{cf}) t_{cw} \tag{7.1}$$

式中，G 为钢材剪切模量；h_b 和 h_c 分别为梁截面高和柱截面高；t_{bf} 和 t_{cf} 分别为梁翼缘厚度和柱翼缘厚度；t_{cw} 为柱节点域板厚。

方钢管柱两侧的壁板均可看作节点域，故方钢管柱-工形梁端板节点的节点域转动刚度 k_{pz} 为可取为 k_{pz-I} 的 2 倍（其中 t_{cw} 为柱壁板厚度），即：

$$k_{pz}=\frac{4}{3}G(h_b-2t_{bf})(h_c-2t_{cf})\cdot 2t_{cw} \tag{7.2}$$

（2）螺栓伸长变形的初始转动刚度

陈学森等[27] 在 Faella 等[28] 的研究基础上，提出了计算单颗高强度螺栓轴向刚度的理论公式，并进一步提出了简化的经验公式。对于方钢管柱-工形梁端板节点螺栓伸长变形对应的初始转动刚度 k_{bolt}，可参照上述经验公式[27] 并转换成四颗对称受力的螺栓以下翼缘中心为轴的初始转动刚度，如下式：

$$k_{bolt}=n\pi Ed(\psi^{-0.5}+0.25)(h_b-t_{bf})^2 \tag{7.3}$$

式中[27]，n 为受拉翼缘两侧对称布置螺栓的数目；E 为螺栓弹性模量；d 为螺栓的公称直径；ψ 为端板厚度与螺栓直径之比。

（3）端板变形对应的初始转动刚度

参考文献 [26] 提出了带加劲肋外伸端板节点端板变形对应的初始转动刚度简化计算公式，此处直接引用。端板变形对应的初始转动刚度 k_{ep} 计算示意图见图 7.3，计算公式见式（7.4）～式（7.8）[26]。

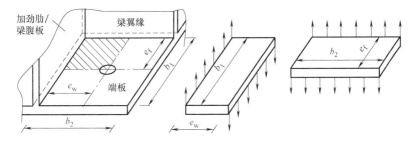

图 7.3 端板变形对应的初始转动刚度计算示意图

$$k_1=\frac{\beta_1}{\dfrac{e_w^3}{Eb_1t_{ep}^3}+\dfrac{\alpha e_w}{Gb_1t_{ep}}} \tag{7.4}$$

$$k_2=\frac{\beta_2}{\dfrac{e_f^3}{Eb_2t_{ep}^3}+\dfrac{\alpha e_f}{Gb_2t_{ep}}} \tag{7.5}$$

$$\beta_1=1-\frac{e_f}{2b_1} \tag{7.6}$$

$$\beta_2=1-\frac{e_w}{2b_2} \tag{7.7}$$

$$k_{ep}=n(k_1+k_2)(h_b-t_{bf})^2 \tag{7.8}$$

式中，k_1 为螺栓所在轴线与端板加劲肋（或梁腹板）之间端板区格的刚度，考虑板件的弯曲变形及剪切变形；k_2 为螺栓所在轴线与梁翼缘之间端板区格的刚度；由于上述 2 个端板区格有部分面积重叠（图 7.3 中阴影区域），需考虑一定的刚度折减，折减系数分别为 β_1 和 β_2；α 为计算剪切变形的截面系数，此处取 1.2；e_f 和 e_w 分别为螺栓中心至梁翼缘和端板加劲肋（或梁腹板）的距离；b_1 和 b_2 取端板区格长度的实际值与 $(e_f + e_w)$ 的较小值。

（4）柱翼缘变形对应的初始转动刚度

对于工形柱-工形梁端板节点，柱翼缘的变形模式与端板的变形模式相同，故两者的初始转动刚度计算方法也相同[26,27]。工形柱-工形梁端板节点承受弯矩时，柱节点域（或柱腹板）两侧的螺栓连接构造共同受力，产生对称的变形，柱翼缘板段在柱节点域（或柱腹板）处可视为固定边界，如图 7.4（a）所示；而方钢管柱-工形梁端板节点承受弯矩时，柱节点域（或柱壁板）只单侧有螺栓构造，变形不对称，柱翼缘板段在柱节点域（或柱壁板）处不可视为固定边界条件，而是有一定的转动能力，如图 7.4（b）所示。

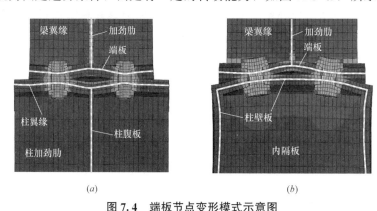

(a) (b)

图 7.4　端板节点变形模式示意图

（a）工形柱-工形梁端板节点；（b）方钢管柱-工形梁端板节点

故在端板变形对应的初始转动刚度计算公式基础上进行修正，得出柱翼缘变形对应的初始转动刚度计算公式。即在式（7.8）中，对螺栓所在轴线与柱节点域（或柱壁板）之间柱翼缘板段的刚度 k_1 乘以一个折减系数 ξ，本章中 ξ 取 0.7：

$$k_{cf} = n(\xi k_1 + k_2)(h_b - t_{bf})^2 \tag{7.9}$$

柱翼缘变形对应的初始转动刚度 k_{cf} 计算示意图见图 7.5，计算公式见式（7.9）。

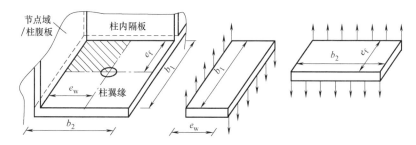

图 7.5　方钢管柱-工形梁端板节点柱翼缘变形对应的初始转动刚度计算示意图

（5）方钢管柱-工形梁端板节点的初始转动刚度

节点初始转动刚度 K_φ 为上述四个初始转动刚度的串联结果[26,27]：

$$K_\varphi = \frac{1}{\dfrac{1}{k_{pz}} + \dfrac{1}{k_{bolt}} + \dfrac{1}{k_{ep}} + \dfrac{1}{k_{cf}}} \qquad (7.10)$$

7.3.2 节点承载力简化计算方法

端板节点的承载力验算主要包括四个内容：节点域承载力验算、螺栓承载力验算、端板承载力验算以及柱翼缘承载力验算[26]。端板节点的承载力为上述 4 个承载力的最小值。

（1）节点域承载力

节点域承载力 M_{pz} 按照《钢结构设计标准》GB 50017—2017[10] 中 12.3.3 节的规定进行计算：

$$M_{pz} = 1.8(h_b - t_{bf})(h_c - t_{cf})t_{cw}f_{ps} > M_{b1} + M_{b2} \qquad (7.11)$$

$$f_{ps} = \begin{cases} \dfrac{4}{3}f_v, & \lambda_{n,s} \leqslant 0.6 \\ \dfrac{1}{3}(7 - 5\lambda_{n,s})f_v, & 0.6 < \lambda_{n,s} \leqslant 0.8 \\ [1 - 0.75(\lambda_{n,s} - 0.8)]f_v, & 0.8 < \lambda_{n,s} \leqslant 1.2 \end{cases} \qquad (7.12)$$

$$\lambda_{n,s} = \frac{(h_b - 2t_{bf})/t_{cw}}{37\sqrt{4 + 5.34[(h_b - 2t_{bf})/(h_c - 2t_{cf})]^2}}\frac{1}{\varepsilon_k} \qquad (7.13)$$

$$\varepsilon_k = \sqrt{235/f_{y,k}} \qquad (7.14)$$

式中，M_{b1} 和 M_{b2} 分别为节点域两侧梁端弯矩设计值；h_b 和 h_c 分别为梁截面高和柱截面高；t_{bf} 和 t_{cf} 分别为梁翼缘厚度和柱翼缘厚度；t_{cw} 为柱腹板厚度；f_{ps} 为节点域的抗剪强度；f_v 为钢材抗剪强度；$\lambda_{n,s}$ 为节点域的受剪正则化宽厚比；ε_k 为钢号修正系数；$f_{y,k}$ 为钢材屈服强度。

（2）螺栓承载力

螺栓承载力按照《钢结构高强度螺栓连接技术规程》JGJ 82—2011[11] 进行计算。《钢结构高强度螺栓连接技术规程》JGJ 82—2011[11] 建议螺栓应对称于梁翼缘布置，且认为梁翼缘两侧的高强度螺栓是均匀受拉的，转动中心在受压翼缘中心。则外伸式端板节点的螺栓承载力 M_{bolt} 为：

$$M_{bolt} = n_2(h_b - t_{bf})N_t^b \qquad (7.15)$$

$$N_t^b = 0.8P \qquad (7.16)$$

式中，n_2 为受拉翼缘上下两侧的螺栓总数；N_t^b 为单个螺栓受拉承载力的设计值；P 为单个螺栓的预拉力。

（3）端板承载力

由于梁翼缘、梁腹板以及加劲肋的存在，端板在各区格内均为两边支承板。端板的承载力 M_{ep} 可按照下式计算[26,29]：

$$N_{ep}^b = \frac{b_{ep}t_{ep}^2 f_y}{4e_f} + \frac{(e_f + e_w)t_{ep}^2 f_y}{2e_w} \qquad (7.17)$$

$$M_{ep} = n_2(h_b - t_{bf})N_{ep}^b \qquad (7.18)$$

式中，b_{ep} 和 t_{ep} 分别为端板宽度和端板厚度；f_y 为端板钢材的设计强度；e_f 和 e_w 分别为螺栓孔中心至梁翼缘和梁腹板（加劲肋）表面的距离；$N_{\mathrm{ep}}^{\mathrm{b}}$ 为端板受弯屈服时单个螺栓的拉力。

（4）柱翼缘承载力

由于内隔板和柱节点域（柱壁板）的存在，柱翼缘在各区格内均为两边支承板。柱翼缘的承载力 M_{cf} 可按照下式计算[26,29]：

$$N_{\mathrm{cf}}^{\mathrm{b}}=\frac{b_{\mathrm{cf}}t_{\mathrm{cf}}^2 f_{\mathrm{y}}}{4e_{\mathrm{f}}}+\xi\,\frac{(e_{\mathrm{f}}+e_{\mathrm{w}})t_{\mathrm{cf}}^2 f_{\mathrm{y}}}{2e_{\mathrm{w}}} \tag{7.19}$$

$$M_{\mathrm{cf}}=n_2(h_{\mathrm{b}}-t_{\mathrm{bf}})N_{\mathrm{cf}}^{\mathrm{b}} \tag{7.20}$$

式中，b_{cf} 和 t_{cf} 分别为柱节点域之间翼缘宽度和柱翼缘厚度；f_{y} 为柱翼缘钢材的设计强度；e_{f} 和 e_{w} 分别为螺栓孔中心至内隔板和柱节点域（柱壁板）表面的距离；$N_{\mathrm{cf}}^{\mathrm{b}}$ 为柱翼缘受弯屈服时单个螺栓的拉力；基于 7.3.1 节中相同的原因，对螺栓所在轴线与柱节点域（或柱壁板）之间柱翼缘板段的承载力进行折减，折减系数为 ξ，本章中 ξ 取 0.7。

（5）方钢管柱-工形梁端板节点的承载力

节点承载力 M_{Joint} 为上述四个承载力的最小值[26,27]：

$$M_{\mathrm{Joint}}=\min\{M_{\mathrm{pz}},M_{\mathrm{bolt}},M_{\mathrm{ep}},M_{\mathrm{cf}}\} \tag{7.21}$$

7.3.3　方法验证

为基于有限元方法对节点初始转动刚度和承载力的计算方法进行验证，首先应用已有文献中的试验结果对有限元模型进行验证。由于目前针对方钢管柱-工形梁端板节点的少数试验研究中，均没有得到准确可靠的节点变形监测结果，故本节的有限元模型用工形柱-工形梁端板节点的试验结果进行验证。

参考文献［25］对 8 个工形柱-工形梁端板节点进行了静力加载试验，并用监测的节点变形数据分析了节点的初始转动刚度；其中 SC2、SC5、SC6、SC7、SC8 五个试件为带加劲肋的端板外伸型节点，可用于有限元模型的验证。

使用通用有限元软件 ABAQUS，按照各试件的实际尺寸建立三维模型，如图 7.6 所示（以试件 SC2 为例）。模型采用三维实体单元进行网格划分，包括 C3D6 单元（部分端板加劲肋单元）、C3D8 单元（定义接触的单元及可能产生较大塑性应变的单元）和 C3D8R 单元（其他区域）。可能产生明显塑性变形及弯曲变形的板件，在厚度方向划分 3～4 层网格以保证计算精度。钢材定义为双线性等向强化模型，弹性模量和屈服强度采用文献中的实测值[25]：厚度不小于 16mm 的钢板，分别取 204GPa 和 364MPa（真实应力）；厚度小于 16mm 的钢板，分别取 191GPa 和 392MPa（真实应力）；屈服后的强化模量取弹性模量的 2%。高强度螺栓按照公称直径建模，屈服强度用公称应力截面积[30]（螺纹段有效面积）与公称面积之比进行折减，并转换成真实应力；高强度螺栓采用双线性等向强化模型，弹性模量取 206GPa，10.9 级 M20 螺栓和 M24 螺栓的屈服强度分别为 779MPa 和 764MPa（模型中输入的真实应力），屈服后的强化模量取弹性模量的 2%。模型材料泊松比取 0.3[31]。柱翼缘与端板之间、柱翼缘与螺栓头之间、端板与螺栓头之间以及螺栓杆与孔壁之间均按照实际情况定义接触关系，法向为硬接触，切向抗滑移系数取 0.44[25]。在螺栓中心截面上按照规范[11] 规定的螺栓预拉力值沿螺栓轴线方向施加预紧力。柱顶、柱底及梁端截面均用 MPC 约束与位于截面中心的参考点建立刚性约束，柱顶及柱脚的参考点约束 3 个平动自由度,梁端的参考点约束面外自由度并施加位移。

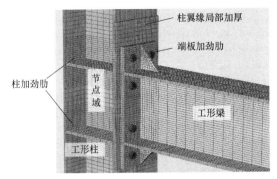

图 7.6 参考文献 [25] 中 SC2 试件的 ABAQUS 有限元模型

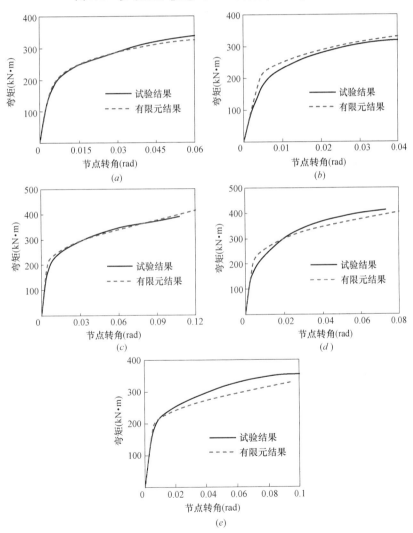

图 7.7 参考文献 [25] 节点的弯矩-转角曲线对比

(*a*) 试件 SC2;(*b*) 试件 SC5;(*c*) 试件 SC6;(*d*) 试件 SC7;(*e*) 试件 SC8

参考文献 [25] 端板节点试件的弯矩-转角曲线试验及有限元结果对比如图 7.7 所示。

有限元模型可有效模拟节点单调受力过程中的弹性阶段、屈服过程以及屈服后性能。节点的破坏模式对比见图 7.8。除 SC5 试件破坏模式为螺栓断裂，有限元无法有效模拟外，其他试件的破坏模式均可由有限元软件准确模拟。节点初始转动刚度的试验结果与有限元结果对比见表 7.1。参考文献［25］在试验中监测了节点域的剪切变形以及端板连接的变形，从而结合节点所承受弯矩计算得到节点的初始转动刚度；对于有限元模型，也记录了相同位置的节点位移，用相同的方法计算得到节点的初始转动刚度；对比结果显示，有限元模拟的节点初始转动刚度与试验结果十分接近，有限元结果与试验结果比值的平均值为 1.031，标准差为 0.106。

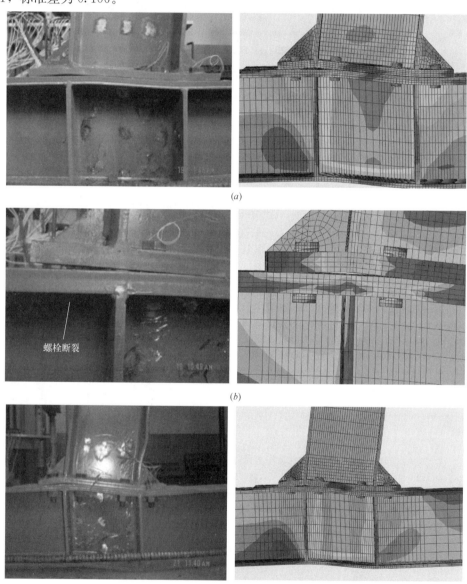

图 7.8　参考文献［25］节点的破坏模式对比（一）

(a) 试件 SC2；(b) 试件 SC5；(c) 试件 SC6

(d)

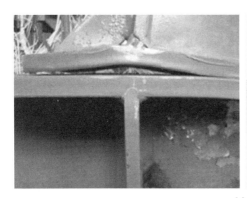
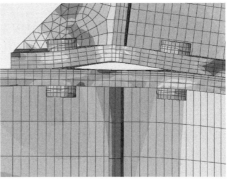

(e)

图 7.8　参考文献 [25] 节点的破坏模式对比（二）

（d）试件 SC7；（e）试件 SC8

参考文献 [25] 节点初始刚度试验结果与有限元结果对比　　　　　　表 7.1

试件编号	试验结果（kN·m/rad）	有限元结果（kN·m/rad）	有限元结果/试验结果
SC2	52276	46167	0.883
SC5	46094	52900	1.148
SC6	46066	47757	1.037
SC7	47469	54310	1.144
SC8	41634	39344	0.945
		平均值	1.031
		标准差	0.106

　　以上的结果对比表明，本节基于通用有限元软件 ABAQUS 建立的三维端板节点有限元模型，可以有效模拟节点的弯矩-转角性能、节点变形模式以及节点的初始转动刚度。此模型的建模方法可用于矩形钢管柱-工形梁端板节点的初始转动刚度及承载力简化计算方法的验证中。

　　采用已验证的有限元建模方法，在 ABAQUS 中建立 7.4 节框架算例的方钢管柱-端板节点的有限元模型，其中 F6-B345-C345 框架的节点有限元模型如图 7.9 所示。钢板的屈服强度取为钢材的屈服强度标准值。螺栓按照公称直径建模，材料强度用公称应力截面积[30]（螺纹段有效面积）与公称面积之比进行折减，并转换成真实应力；10.9 级高强度螺栓的屈服强度取为抗拉强度的 0.9 倍，抗拉强度取为材料机械性能抗拉强度的下限值[30]；模型输入的 10.9 级高强度螺栓真实屈服应力为 815MPa。材料采用双线性等向强化模型，弹性模量为 206GPa，泊松比为 0.3。界面间的抗滑移系数取 0.35[11]。节点在简化计算方法弯矩设计值下的应力及变形云图见图 7.10（图中变形放大了 25 倍以便观察）。

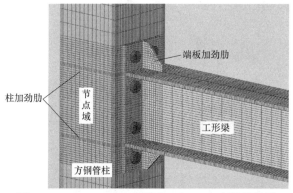

图 7.9　F6-B345-C346 框架的 ABAQUS 有限元模型

　　按照 7.3.3 节的方法，记录端板与梁翼缘中面交线端部节点，以及柱翼缘与内隔板中面交线端部节点的位移，用于分析节点变形和计算初始转动刚度。节点初始转动刚度简化计算结果与有限元结果对比见表 7.2。简化计算方法与有限元模拟所得节点初始转动刚度之比的平均值为 1.007，标准差为 0.048，表明 7.3.1 节提出的节点初始转动刚度简化计算方法有足够的精度。有限元弯矩-转角曲线上对应于简化计算方法所得承载力数据点处的割线刚度与有限元计算所得的节点初始转动刚度之比在 0.9 以上，其平均值为 0.911，标准差为 0.006，表明方钢管柱-工形梁端板节点在达到 7.3.2 节计算的承载力时仍具有足够的转动刚度。

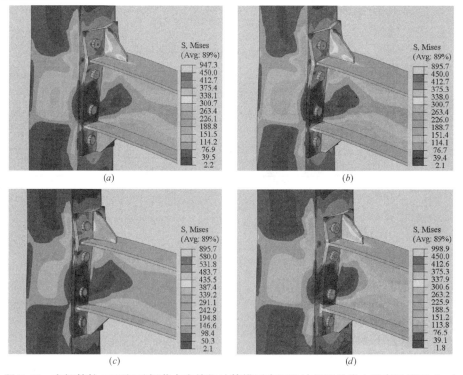

图 7.10　方钢管柱-工形梁端板节点在简化计算模型弯矩设计值下的应力及变形云图（一）

（a）F3-B345-C345 框架节点；（b）F3-B345-C460 框架节点；（c）F3-B460-C460 框架节点；（d）F6-B345-C345 框架节点

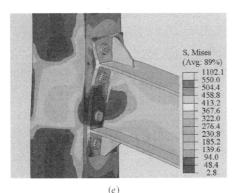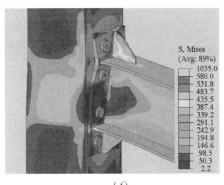

(e)   *(f)*

图 7.10 方钢管柱-工形梁端板节点在简化计算模型弯矩设计值下的应力及变形云图（二）

（*e*）F6-B345-C460 框架节点；（*f*）F6-B460-C460 框架节点

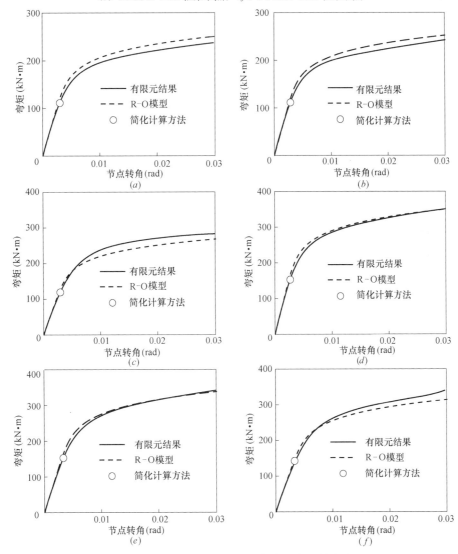

图 7.11 方钢管柱-工形梁端板节点的弯矩-转角曲线

（*a*）F3-B345-C345 框架节点；（*b*）F3-B345-C460 框架节点；（*c*）F3-B460-C460 框架节点；
（*d*）F6-B345-C345 框架节点；（*e*）F6-B345-C460 框架节点；（*f*）F6-B460-C460 框架节点

方钢管柱-工形梁端板节点初始转动刚度简化计算结果与有限元结果对比　　表 7.2

编号	简化计算结果 (kN·m/rad)	有限元结果 (kN·m/rad)	简化计算结果 有限元结果	割线刚度* (kN·m/rad)	割线刚度* 初始刚度#
F3-B345-C345	40482	40874	1.010	37258	0.912
F3-B345-C460	41712	42756	1.025	39067	0.914
F3-B460-C460	41246	43647	1.058	40194	0.921
F6-B345-C345	65914	63221	0.959	56874	0.900
F6-B345-C460	53843	50178	0.932	45601	0.909
F6-B460-C460	42963	45543	1.060	41612	0.914
平均值	—	—	1.007	—	0.911
标准差	—	—	0.048	—	0.006

注：* 节点的有限元弯矩-转角曲线上对应于简化计算方法所得承载力数据点处的割线刚度；
　　# 有限元计算所得的节点初始转动刚度。

有限元模拟得到的节点弯矩-转角曲线如图 7.11 所示，将简化计算方法所得节点承载力对应的数据点突出显示，可见节点在达到承载力设计值之后仍有一定的强度储备，按照第 7.3.2 节的简化计算方法进行节点承载力验算是可靠的。

使用 Ramberg-Osgood 模型[32] 可以模拟端板节点的弯矩-转角曲线[27]。式（7.22）给出了 Ramberg-Osgood 模型模拟节点非线性性能的一般形式。

$$\varphi = \frac{M}{K_\varphi} \left[1 + \left(\frac{M}{\alpha_r M_y} \right)^{n-1} \right]$$ （7.22）

式中，M 和 φ 分别为节点弯矩和节点转角；K_φ 为用 7.3.1 节简化方法计算得到的节点初始转动刚度；M_y 为用第 7.3.2 节简化方法计算得到的节点承载力；n 和 α_r 分别为模型通用的形状系数和考虑屈服弯矩影响的形状系数[27]。经分析，$n=8$、$\alpha_r=1.85$ 时，Ramberg-Osgood 模型可以较准确地模拟方钢管柱-工形梁端板节点的弯矩-转角曲线，如图 7.11 所示（图中的 R-O 曲线即为 Ramberg-Osgood 模型模拟的弯矩-转角曲线）。

7.4　框架的抗震设计方法

7.4.1　基本流程和一般规定

矩形钢管柱端板式连接钢结构框架的抗震设计流程如图 7.12 所示。抗震设计的核心内容是在已知构件布置、截面选取、细部构造和所受荷载的前提下，所进行的构件与节点的承载力和变形验算工作。本节基于《钢结构设计标准》GB 50017—2017[10] 和《建筑抗震设计规范》GB 50011—2010（2016 年版）[11]，结合矩形钢管柱端板式连接钢结构框架的结构特性和受力机理，提出框架抗震设计的一般规定。

（1）带支撑框架和无支撑框架需同时通过验算

带支撑框架需验算：结构内力分析、竖向荷载作用下梁挠度验算、水平荷载作用下框架侧移验算、支撑与纯框架的刚度比计算、构件承载力验算、节点承载力验算等。柔性支撑在框架出现较大侧移时可提供一定的抗侧刚度和抗侧承载力，避免框架因柱端出现塑性铰而形成倒塌机制，故带支撑框架可不进行强柱弱梁验算。

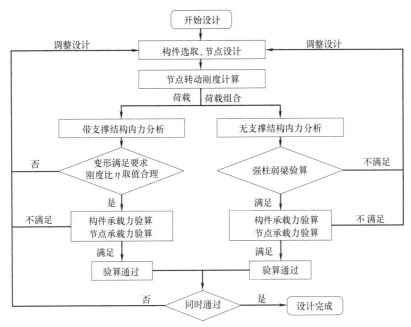

图 7.12 框架抗震设计流程

已开展的试验和有限元研究结果表明，带柔性支撑的钢框架在经历过较大层间侧移后，支撑会出现残余变形，框架在侧移较小时无支撑作用，在侧移较大时有支撑作用。故需进行无支撑框架的验算，保证结构在柔性支撑不参与工作或支撑失效后仍具有足够的承载力，验算内容包括：结构内力分析、构件承载力验算、节点承载力验算、强柱弱梁验算等。进行强柱弱梁验算，可保证柔性支撑一旦失效，框架不会因为柱端塑性铰的出现而倒塌。竖向荷载作用下柔性支撑不参与框架受力，如带支撑框架在竖向荷载作用下梁挠度验算通过，则此处可不再验算。柔性支撑起到减小框架侧移的作用，此处可不进行水平荷载作用下框架侧移的验算。

（2）结构分析

由于柔性交叉支撑受力时，一侧支撑拉紧，另一侧支撑必然松弛，故进行柔性支撑钢框架内力分析时，仅考虑单方向支撑对结构刚度和承载力的贡献。

结构分析时的阻尼比，按照《建筑抗震设计规范》GB 50011—2010（2016 年版）[11] 的规定，在多遇地震计算时取 0.04（高度不大于 50m），在罕遇地震下取 0.05。

结构分析时可采用节点刚接的计算模型，但需要按照 7.3.1 节的简化计算方法分析端板节点的转动刚度，并满足 7.4.3 节中对于刚性节点的要求。

结构分析时也可采用节点半刚接的计算模型。按照 7.2.2 节欧洲规范建议的节点模型，在梁端建立转动弹簧，从而考虑节点刚度对框架整体受力性能的影响。7.3.3 节的对比结果显示，节点弯矩-转角曲线上对应于简化计算方法所得承载力数据点处的割线刚度与节点初始转动刚度之比在 0.9 以上，其平均值为 0.911，标准差为 0.008；方钢管柱工形梁端板节点在达到设计承载力时，其转动刚度不发生明显降低，故梁端转动弹簧的刚度可直接取为按照 7.3.1 节计算的节点初始转动刚度。如果未来结构设计软件功能提升，能够输入并考虑半刚性节点的弯矩-转角全曲线，则可按照 7.3.3 节提出的方钢管柱工形梁端板节点弯矩-转角模型和式（7.22）的弯矩-转角曲线考虑节点的弹塑性性能。

（3）周期折减

由于墙体的存在，钢结构建筑真实的自振周期一般要比不考虑墙体刚度的结构分析所得自振周期小。进行结构分析和承载力验算时，考虑小于1的周期折减系数，可以将墙体的影响计入，提高结构分析的准确性。国内相关规范、规程已经给出了周期折减系数的建议值。《端板式半刚性连接钢结构技术规程》CECS 260：2009[12] 规定：自振周期应考虑非承重墙体的刚度影响予以折减；采用空心砖墙时，折减系数可取 0.8～0.9；采用填充轻质砌块、填充轻质墙板或外挂墙板时，折减系数可取 0.9～1.0[12]。《高层民用建筑钢结构技术规程》JGJ 99—2015[13] 规定：结构计算分析时应对自振周期进行折减；当非承重墙体为填充轻质砌块、填充轻质墙板或外挂墙板时，自振周期折减系数可取 0.9～1.0[13]。

综合考虑，建议对方钢管柱端板节点柔性支撑钢框架进行结构分析时，周期折减系数取 0.9。

（4）支撑与框架的刚度比

中心支撑可显著提高钢框架的抗侧刚度，且支撑与框架的刚度比是影响带支撑钢框架抗震性能的重要参数[33,34]。为便于分析，以下假定支撑框架体系可分离为框架体系与支撑体系，且框架体系与支撑体系抗侧刚度之和等于支撑框架体系的抗侧刚度，如图 7.13 所示。本章 7.5 节将设计框架算例并讨论基于这一假定得到结果的精度。

将支撑体系抗侧刚度与框架体系抗侧刚度之比定义为支撑与框架的刚度比 η。下文将对不同刚度比的框架进行试设计并分析其抗震性能，以提出 η 的建议值。

如图 7.13（a）所示，定义纯框架在水平荷载作用下的基底剪力 V_{Bf} 与顶点水平位移 Δ_{Tf} 之比为框架体系的整体侧移刚度 K_f：

$$K_f = V_{Bf}/\Delta_{Tf} \tag{7.23}$$

假定梁和柱均为两端铰接，支撑承担全部水平荷载，如图 7.13（b）所示。则可定义基底剪力 V_{Bb} 与顶点水平位移 Δ_{Tb} 之比为支撑体系的整体侧移刚度 K_b：

$$K_b = V_{Bb}/\Delta_{Tb} \tag{7.24}$$

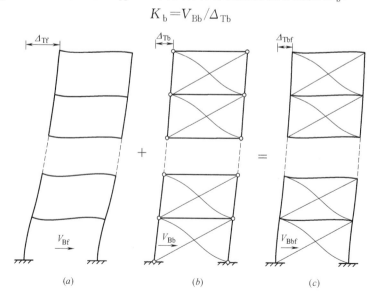

图 7.13　柔性支撑框架刚度比计算示意图

（a）框架体系；（b）支撑体系；（c）支撑框架体系

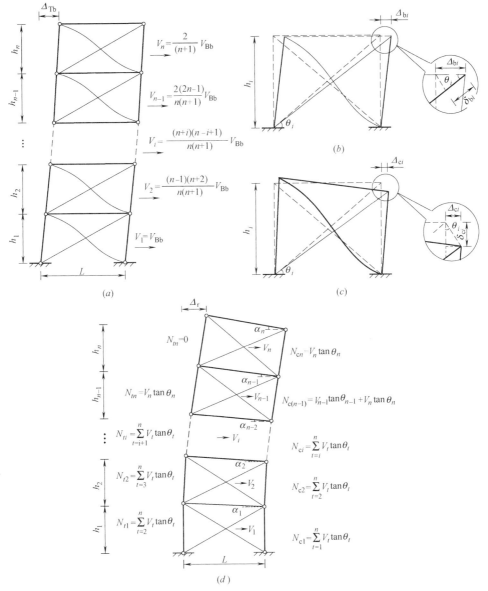

图 7.14　柔性支撑框架受力分析及变形示意图

（a）支撑体系受力分析示意图；（b）支撑伸长引起的框架侧移；
（c）柱轴向变形引起的框架侧移；（d）刚体转动引起的框架侧移

支撑框架体系的侧移刚度 K_{bf} 为框架体系侧移刚度 K_f 和支撑体系侧移刚度 K_b 之和，刚度比 η 为支撑体系侧移刚度 K_b 与框架体系侧移刚度 K_f 之比：

$$K_{bf}=K_f+K_b=(1+\eta)K_f \tag{7.25}$$

$$\eta=\frac{K_b}{K_f} \tag{7.26}$$

框架体系侧移刚度 K_f 可由结构分析设计软件方便地得到，以下推导刚度比 η 的计算公式，用于带柔性支撑钢框架结构设计时直接计算支撑截面积。

167

规则框架的水平地震作用接近于倒三角形分布，则可用基底剪力 V_{Bb} 与结构层数 n 表示框架各层剪力 V_i，如图 7.14（a）所示。顶点水平位移 Δ_{Tb} 包括由支撑伸长引起的框架侧移 Δ_b，由柱轴向变形引起的框架侧移 Δ_c 和由刚体转动引起的框架侧移 Δ_r，分别见图 7.14（b）、（c）和（d）：

$$\Delta_{Tb} = \Delta_b + \Delta_c + \Delta_r \tag{7.27}$$

如图 7.14（b）所示，各层由支撑伸长引起的层间水平位移 Δ_{bi} 可由以下公式求得：

$$\delta_{bi} = \Delta_{bi}\cos\theta_i \tag{7.28}$$

$$\varepsilon_{bi} = \frac{\delta_{bi}}{h_i/\sin\theta_i} = \frac{\Delta_{bi}\sin\theta_i\cos\theta_i}{h_i} \tag{7.29}$$

$$\varepsilon_{bi} = \frac{T_i}{A_{bi}E_s} = \frac{V_i}{A_{bi}E_s\cos\theta_i} \tag{7.30}$$

$$\Delta_{bi} = \frac{V_i h_i}{A_{bi}E_s\sin\theta_i\cos^2\theta_i} \tag{7.31}$$

式中，下标 i 表示楼层；θ_i 为各层支撑与水平面之间的夹角；ε_{bi} 为各层支撑的拉应变；δ_{bi} 为各层支撑伸长量；h_i 表示各层层高；T_i 为各层支撑轴力；A_{bi} 为各层支撑截面积；E_s 为钢材弹性模量。

框架由支撑伸长引起的顶点水平位移 Δ_b 为各层 Δ_{bi} 之和：

$$\Delta_b = \sum_{i=1}^{n}\Delta_{bi} = \sum_{i=1}^{n}\frac{V_i h_i}{A_{bi}E_s\sin\theta_i\cos^2\theta_i} \tag{7.32}$$

如图 7.14（c）所示，各层由框架柱缩短引起的层间水平位移 Δ_{ci} 可由以下公式求得：

$$\Delta_{ci} = \delta_{ci}\tan\theta_i \tag{7.33}$$

$$\delta_{ci} = \sum_{t=i}^{n}\frac{V_t h_i\tan\theta_t}{A_{ci}E_s} \tag{7.34}$$

$$\Delta_{ci} = \sum_{t=i}^{n}\frac{V_t h_i\tan\theta_t\tan\theta_i}{A_{ci}E_s} \tag{7.35}$$

式中，δ_{bi} 为各层框架柱缩短量；A_{ci} 为各层框架柱截面积。

框架由柱轴向变形引起的顶点水平位移 Δ_c 为各层 Δ_{ci} 之和：

$$\Delta_c = \sum_{k=1}^{n}\Delta_{ck} = \sum_{k=1}^{n}\sum_{t=k}^{n}\frac{V_t h_i\tan\theta_t}{A_{ck}E_s}\tan\theta_k \tag{7.36}$$

结构刚体转动引起的顶点水平位移 Δ_r 如图 7.14（d）所示，由节点受力平衡可自上而下求得各层受压框架柱的轴力 N_{ci} 和受拉框架柱的轴力 N_{ti}，并将计算公式标于图中，公式中仅包含各层层剪力 V_i 和各层支撑与水平面之间的夹角 θ_i。

各层两侧框架柱轴向变形导致的结构刚体转角 β_i 为：

$$\beta_i = \frac{\left(2\sum\limits_{t=i}^{n}V_t\tan^2\theta_t - V_i\tan^2\theta_i\right)}{A_{ci}E_s} \tag{7.37}$$

发生刚体转动后各层框架梁与水平面之间的夹角 α_i 为：

$$\alpha_i = \sum_{t=1}^{i}\beta_t \tag{7.38}$$

结构刚体转动引起的顶点水平位移 Δ_r 可由下式求得：

$$\begin{aligned}\Delta_r &= \alpha_1 h_2 + \alpha_2 h_3 + \cdots + \alpha_{n-2} h_{n-1} + \alpha_{n-1} h_n \\ &= \beta_1(h_2 + \cdots + h_n) + \beta_2(h_3 + \cdots + h_n) + \cdots + \beta_{n-2}(h_{n-1} + h_n) + \beta_{n-1} h_n\end{aligned} \tag{7.39}$$

对于多层钢框架，当结构各层层高 h_i、各层支撑与水平面之间的夹角 θ_i、各层支撑截面以及框架柱截面相同，且水平荷载呈倒三角形分布时，Δ_b、Δ_c 和 Δ_r 的计算公式可做如下简化：

$$\Delta_b = \sum_{i=1}^{n} \frac{V_i h_i}{A_{bi} E_s \sin\theta_i \cos^2\theta_i} = \frac{(2n+1)V_{Bb}h}{3A_b E_s \sin\theta \cos^2\theta} \tag{7.40}$$

$$\Delta_c = \sum_{k=1}^{n} \sum_{t=k}^{n} \frac{V_t h_i \tan\theta_t}{A_{ck} E_s} \tan\theta_k = \frac{n(2n+1)V_{Bb}h\tan^2\theta}{3A_c E_s} \tag{7.41}$$

$$\begin{aligned}\sum_{t=i}^{n} V_t &= \sum_{t=i}^{n} \frac{(n+t)(n-t+1)}{n(n+1)} V_{Bb} = (n-i+1)V_{Bb} - \frac{V_{Bb}}{n(n+1)} \sum_{t=i}^{n}(t^2-t) \\ &= (n-i+1)V_{Bb} - \frac{[n(n+1)(n-1)-i(i-1)(i-2)]V_{Bb}}{3n(n+1)}\end{aligned} \tag{7.42}$$

$$\begin{aligned}\beta_i &= \frac{\tan^2\theta}{A_c E_s}\left(2\sum_{t=i}^{n} V_t - V_i\right) \\ &= \frac{V_{Bb}\tan^2\theta}{A_c E_s} \cdot \frac{2n(n+1)(2n-3i+4)+2i(i-1)(i-2)-3(n+i)(n-i+1)}{3n(n+1)}\end{aligned}$$
$$\tag{7.43}$$

$$\Delta_r = \frac{V_{Bb}h\tan^2\theta}{A_c E_s}\left[\sum_{t=1}^{n-1}(n-t)\Omega_t\right] \tag{7.44}$$

其中：

$$\Omega_t = \frac{2n(n+1)(2n-3t+4)+2t(t-1)(t-2)-3(n+t)(n-t+1)}{3n(n+1)} \tag{7.45}$$

于是，支撑体系的侧移刚度 K_b 为：

$$K_b = \frac{V_{Bb}}{\Delta_{Tb}} = \frac{V_{Bb}}{\dfrac{(2n+1)V_{Bb}h}{3A_b E_s \sin\theta \cos^2\theta} + \dfrac{n(2n+1)V_{Bb}h\tan^2\theta}{3A_c E_s} + \dfrac{V_{Bb}h\tan^2\theta}{A_c E_s}\left[\sum_{t=1}^{n-1}(n-t)\right]}$$
$$\tag{7.46}$$

$$K_b = \eta K_f \tag{7.47}$$

最后得到支撑与框架刚度比 η 的计算公式为：

$$\eta = \frac{E_s}{hK_f\left\{\dfrac{(2n+1)}{3A_b \sin\theta \cos^2\theta} + \dfrac{n(2n+1)\tan^2\theta}{3A_c} + \dfrac{\tan^2\theta}{A_c}\left[\sum_{t=1}^{n-1}(n-t)\Omega_t\right]\right\}} \tag{7.48}$$

经计算，第 4 章和第 5 章试验模型原型框架的刚度比为 1.335；第 4 章足尺拟静力试验模型的刚度比为 1.155；第 5 章振动台试验模型的刚度比为 1.169。

7.4.2 构件验算

（1）基本验算内容

按照《钢结构设计标准》GB 50017—2017[10]，对框架梁、框架柱和柔性支撑的截面强度进行验算，并对框架梁和框架柱的构件稳定进行验算。

虽然结构有交叉布置的柔性支撑，但由于支撑作用较弱，无法给予框架足够强的侧向约束以保证框架发生横梁两端转角大小相等方向相反的无侧移失稳[10]，故矩形钢管柱端板式连接钢结构框架体系应按照无支撑框架进行验算，框架柱的计算长度系数按照有侧移框架柱的计算长度确定。

进行包含水平地震作用工况的构件验算时，应按照《建筑抗震设计规范》GB 50011—2010（2016 年版）[11] 的规定，考虑相应的承载力抗震调整系数。

（2）柱稳定系数

使用了半刚性节点的钢框架，其框架柱所受到的约束要比使用刚性节点的钢框架弱[35]，《钢结构设计标准》GB 50017—2017[10] 中柱稳定系数的确定方法不再完全适用[36]。

李国强等[37] 通过理论推导，提出了以修正框架梁线刚度的方式来考虑节点半刚性影响的柱稳定系数确定方法，并给出了框架梁刚度修正系数的计算公式。本书直接引用该方法，用于确定柱稳定系数。

对于有侧移框架，梁的线刚度修正系数 α 采用以下公式计算[37]：

$$\alpha = (1+2\gamma_2)/(1+4\gamma_1+4\gamma_2+12\gamma_1\gamma_2) \tag{7.49}$$

$$\gamma_1 = EI_b/(l_b K_{\varphi1}) \tag{7.50}$$

$$\gamma_2 = EI_b/(l_b K_{\varphi2}) \tag{7.51}$$

式中，EI_b 为梁的抗弯刚度；l_b 为梁跨度（轴线间距）；$K_{\varphi1}$ 和 $K_{\varphi2}$ 分别为近端和远端节点的转动刚度。

梁线刚度与修正系数 α 之积为梁的等效线刚度。根据《钢结构设计标准》GB 50017—2017[10]，确定柱计算长度系数 μ、柱长细比 λ，最终针对不同的截面类型和强度等级得到柱稳定系数 φ。

7.4.3　节点验算

（1）节点承载力验算

按照 7.3.2 节的简化计算方法，验算节点的承载力。

进行包含水平地震作用工况的节点承载力验算时，应按照《建筑抗震设计规范》GB 50011—2010（2016 年版）[11] 的规定，考虑承载力抗震调整系数 $\gamma_{RE}=0.75$。

（2）"强柱弱梁"验算

按照《建筑抗震设计规范》GB 50011—2010（2016 年版）[11]，验算节点处的"强柱弱梁"（即节点处的抗震承载力验算）：

$$\sum W_{pc}(f_{yc}-N/A_c) \geqslant \eta \sum W_{pb} f_{yb} \tag{7.52}$$

式中，W_{pc} 和 W_{pb} 分别为节点处柱和梁的塑性截面模量；f_{yc} 和 f_{yb} 分别为柱和梁的钢材屈曲强度；N 为地震组合的柱轴力；A_c 为柱截面面积；η 为强柱系数。

（3）节点分类

本书建议采用欧洲规范[17] 的分类方法将节点分为刚性节点、半刚性节点和铰接节点三类。对于方钢管柱端板节点柔性支撑钢框架中的节点，可设计为刚性节点或半刚性节点，不可设计为铰接节点。如图 7.15 所示，按照节点的初始转动刚度 K_φ 对节点类型进行区分：当 $K_\varphi \geqslant k_b EI_b/l_b$ 时为刚性节点；当 $0.5EI_b/l_b < K_\varphi < k_b EI_b/l_b$ 时为半刚性节点；当 $K_\varphi \leqslant 0.5EI_b/l_b$ 时为铰接节点；其中 EI_b 为梁的抗弯刚度，l_b 为梁跨度（轴线间距），支撑系统可降低 80% 以上的结构侧移时，k_b 取 8，否则 k_b 取 25。

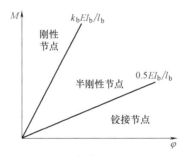

图 7.15 欧洲规范[17] 节点分类界限示意图

7.5 框架算例

算例框架的平面布置与第 4 章中原型框架一致，如图 4.1 所示。本节分别针对 3 层及 6 层框架，Q345 和 Q460 两种钢材，搭配组合后设计了 6 组框架算例，即 F3-B345-C345、F3-B345-C460、F3-B460-C460、F6-B345-C345、F6-B345-C460 和 F6-B460-C460。框架命名方式见表 7.3，其中 F3 和 F6 分别表示 3 层和 6 层，B 表示梁和支撑选用钢材的屈服强度标准值，C 表示框架柱选用钢材的屈服强度标准值。结构层高均为 3m，跨度分别为 3.8m 和 5.5m，短跨内布置交叉柔性支撑，如图 7.16 所示。

6 组框架算例的命名方式 表 7.3

框架组	层数	梁和支撑的钢材	框架柱的钢材
F3-B345-C345	3	Q345	Q345
F3-B345-C460	3	Q345	Q460
F3-B460-C460	3	Q460	Q460
F6-B345-C345	6	Q345	Q345
F6-B345-C460	6	Q345	Q460
F6-B460-C460	6	Q460	Q460

采用 7.4 节提出的框架抗震设计方法，按照平面框架进行结构抗震设计。各层恒荷载（D，包含结构自重）标准值为 $8kN/m^2$，活荷载（L）标准值为 $2kN/m^2$。抗震设计条件为：8 度（0.2g）设防，Ⅲ类场地类，设计地震分组为第一组，抗震设防类别为丙类。框架算例设计时阻尼比取 0.04[11]。

进行结构的承载力极限状态验算时考虑以下 4 种荷载组合[10,11]：

① $1.2S_D + 1.4S_L$

② $1.35S_D + 1.4 \times 0.7S_L$

③ $1.2 \times (S_D + 0.5S_L) + 1.3S_{Eh}$

④ $1.2 \times (S_D + 0.5S_L) - 1.3S_{Eh}$

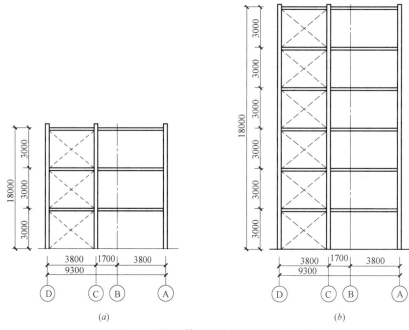

图 7.16　框架算例示意图（单位：mm）

（a）3 层结构；（b）6 层结构

进行结构的正常使用极限状态验算时考虑以下 3 种荷载组合[10,11]，其中 l 和 h 分别为梁跨度和结构层高：

① $S_D + S_L$（框架梁在永久和可变荷载标准值作用下的挠度限值为 $l/400$[10]）

② S_L（框架梁在可变荷载标准值作用下的挠度限值为 $l/500$[10]）

③ S_{Eh}（框架在水平多遇地震标准值作用下的侧移限值为 $h/250$[11]）

为了研究柔性支撑及其刚度比对本书研究结构体系的设计结果和抗震性能的影响，各组框架算例采用相同的梁柱截面及节点构造、不同的支撑截面。支撑与框架刚度比 η（计算方法见 7.4.1 节）取值分别为 0（无支撑框架）、0.25、0.50、0.75、1.00、1.50、2.00、3.00 和 4.00。框架采用 "F 楼层数-B 梁和支撑钢材屈服强度标准值-C 柱支撑钢材屈服强度标准值-η 刚度比" 的方式命名。以 "F3-B345-C345" 为例，该组算例中各框架分别命名为：F3-B345-C345-U（Unbraced）、F3-B345-C345-η0.25、F3-B345-C345-η0.50、F3-B345-C345-η0.75、F3-B345-C345-η1.00、F3-B345-C345-η1.50、F3-B345-C345-η2.00、F3-B345-C345-η3.00 和 F3-B345-C345-η4.00。各组框架中，无支撑钢框架（F*-B*-C*-U）需通过图 7.12 中无支撑框架的设计流程，而带柔性支撑钢框架（F*-B*-C*-η*）需通过图 7.12 中完整的设计流程。

各组框架算例中无支撑框架（即 F*-B*-C*-U）的设计结果见表 7.4，表中 t_{ep}、d_{bolt}、T_1 和 F_{Ek} 分别代表框架设计中的端板厚度、螺栓直径、框架基本周期和总地震作用（基底剪力），同组其他刚度比框架的梁柱截面及节点构造与之相同。所有框架均采用外伸型端板节点，端板带加劲肋（与梁腹板等厚）；方钢管柱内设内隔板，与梁翼缘等高且等厚；端板节点两列螺栓中心线间的水平距离为 100mm，螺栓中心到梁翼缘边缘距离为 50mm。柱截面和螺栓直径分别符合《建筑结构用冷弯矩形钢管》JG/T 178—2005[38] 和《钢结构用扭剪型高强度螺栓连接副》GB/T 3632—2008[30] 的规定，端板节点均使用 10.9S 级扭剪型高强度螺栓；梁翼缘、梁腹板和端板均符合《热轧钢板和钢带的尺寸、外形、重量及允许偏差》GB/T 709—2006[39] 的规定并采用钢结构常用钢板厚度。

在设计各组算例的无支撑框架时控制梁和柱的应力比（稳定承载力）介于 0.5 和 0.7 之间，控制节点的应力比小于 0.9。设计结果显示，如不设置柔性支撑，则 3 层框架和 6 层框架在多遇地震下的层间位移角均难以满足规范[11] 要求（$h/250$）。3 层框架和 6 层框架的最大层间位移角分别出现在结构第 2 层（F2）和第 3 层（F3）。

表 7.4
无支撑框架设计结果

框架	柱截面	梁截面	t_{ep} (mm)	d_{bolt} (mm)	T_1 (s)	F_{EK} (kN)	应力比			层间位移角 (最大楼层)
							柱	梁	节点	
F3-B345-C345-U	□220×14	H250×180×8×10	14	20	1.200	86.8	0.584	0.628	0.865	**1/202**(F2)
F3-B345-C460-U	□200×14	H250×180×8×10	14	20	1.278	81.8	0.482	0.618	0.852	**1/191**(F2)
F3-B460-C460-U	□200×14	H250×170×8×10	14	20	1.291	81.0	0.518	0.500	0.826	**1/188**(F2)
F6-B345-C345-U	□280×16	H280×200×8×10	16	24	1.868	116.9	0.637	0.573	0.835	**1/214**(F3)
F6-B345-C460-U	□260×14	H280×200×8×12	16	24	2.006	109.0	0.578	0.559	0.814	**1/200**(F3)
F6-B460-C460-U	□260×14	H260×180×8×10	14	24	2.060	106.4	0.623	0.558	0.849	**1/194**(F3)

在无支撑框架的基础上，增设一系列刚度比不同的交叉柔性支撑，并按照图 7.12 中的设计流程完成带支撑钢框架抗震验算。为研究刚度比对框架设计结果和抗震性能的影响，在算例设计过程中采用了固定的刚度比，造成了部分刚度比较小的框架层间位移角和支撑应力比超限（表 7.4～表 7.10 中加粗显示）。框架算例的计算结果及对比见表 7.5～表 7.10，表中 A_b 为单根支撑的截面面积，$F_{Ek,f}$ 为框架承担的剪力。各组框架算例的基本周期、总地震作用、框架部分承担的地震作用（首层）、最大层间位移角、柱应力比、梁应力比、节点应力比和支撑应力比随支撑与框架刚度比 η 的变化趋势如图 7.17 所示。计算框架的实际刚度比 η_a 和最大变形层刚度比 η_s，并与设计刚度比 η 进行对比。其中，实际刚度比 η_a 和最大变形层刚度比 η_s 分别按式（7.53）、式（7.54）计算。

$$\eta_a=(K_2-K_1)/K_1 \tag{7.53}$$

$$\eta_s=(K_b-K_a)/K_a \tag{7.54}$$

式中，K_1 为无支撑框架的地震作用与顶点水平位移之比；K_2 为带支撑框架的地震作用与顶点水平位移之比；K_a 为层间位移角最大楼层中无支撑框架的层剪力与层间水平位移之比；K_b 为层间位移角最大楼层中带支撑框架的层剪力与层间水平位移之比。实际刚度比 η_a 与设计刚度比 η 之间的最大误差为 8.63%，平均误差为 2.88%，最大变形层刚度比 η_s 与设计刚度比 η 之间的最大误差为 6.48%，平均误差为 2.91%。对比表明，在设计中将框架支撑体系分离为框架体系和支撑体系的假定是合理的，且所提出的考虑支撑变形、框架柱变形以及结构刚体转动的刚度比计算公式具有较高的精度。

随着设计刚度比 η 的增大，支撑截面积和支撑直径也增大。框架的梁、柱节点保持不变，刚度比 η 增大，导致结构刚度增大，基本周期随之减小，且当 $\eta<2$ 时降幅明显，当 $\eta>2$ 时降幅趋缓，如图 7.17（a）所示。基本周期的降低，使得结构承担的总地震作用随着刚度比的增大而增加；支撑抵抗水平作用的能力较强，使得框架部分承担的地震作用随着刚度比增大而减小；总地震作用和框架部分承担地震作用的变化幅度在 $\eta<2$ 时稍明显，在 $\eta>2$ 时稍缓和，如图 7.17（b）、（c）所示。结构在多遇地震作用下的弹性层间位移角随着刚度比增大而减小，当 $\eta<2$ 时降幅明显，当 $\eta>2$ 时降幅趋缓，如图 7.17（d）所示。柱应力比随着刚度比的增大略有变化，但增减幅度很小，如图 7.17（e）所示。随着刚度比的增大，梁应力比和节点应力比逐渐由包含地震作用的组合控制变为由重力作用组合控制，应力比先下降，后不变，如图 7.17（f）、（g）所示。支撑应力比随着刚度比增大而减小，当 $\eta<2$ 时降幅明显，当 $\eta>2$ 时降幅趋缓，如图 7.17（h）所示。

F3-B345-C345 钢框架设计结果 表 7.5

η	η_a	η_s	A_b (mm²)	T_1 (s)	F_{Ek} (kN)	$F_{Ek.f}$ (kN)	$\dfrac{F_{Ek.f}}{F_{Ek}}$	应力比				层间位移角 (最大楼层)
								柱	梁	支撑	节点	
0	0	0	—	1.200	86.8	86.8	100%	0.584	0.628	—	0.865	**1/202**(F2)
0.25	0.26	0.26	54.0	1.076	95.9	83.0	85.6%	0.576	0.618	**1.370**	0.851	**1/231**(F2)
0.50	0.51	0.52	108.6	0.986	104.0	79.8	76.7%	0.571	0.618	**1.220**	0.851	1/257(F2)
0.75	0.76	0.79	163.9	0.916	113.3	76.9	69.1%	0.566	0.618	**1.106**	0.851	1/282(F2)
1.00	1.01	1.05	219.7	0.859	118.0	74.3	63.0%	0.564	0.618	**1.049**	0.851	1/306(F2)
1.50	1.51	1.58	333.3	0.773	130.1	69.7	53.6%	0.564	0.618	0.907	0.851	1/349(F2)
2.00	2.00	2.11	449.5	0.709	140.8	65.8	46.7%	0.564	0.618	0.803	0.851	1/389(F2)
3.00	3.04	3.18	690.0	0.618	159.8	59.4	37.2%	0.564	0.618	0.652	0.851	1/467(F2)
4.00	4.01	4.25	942.0	0.555	176.3	54.1	30.7%	0.564	0.618	0.558	0.851	1/531(F2)

F3-B345-C460 钢框架设计结果 表 7.6

η	η_a	η_s	A_b (mm²)	T_1 (s)	F_{Ek} (kN)	$F_{Ek.f}$ (kN)	$\dfrac{F_{Ek.f}}{F_{Ek}}$	应力比				层间位移角 (最大楼层)
								柱	梁	支撑	节点	
0	0	0	—	1.278	81.8	81.8	100%	0.482	0.618	—	0.852	**1/191**(F2)
0.25	0.25	0.26	48.0	1.148	90.3	77.5	85.8%	0.482	0.605	**1.315**	0.833	**1/218**(F2)
0.50	0.51	0.52	96.4	1.052	97.8	73.9	75.5%	0.482	0.605	**1.183**	0.833	**1/243**(F2)
0.75	0.75	0.79	145.4	0.977	104.7	70.8	67.7%	0.482	0.605	**1.080**	0.833	1/267(F2)
1.00	1.00	1.05	195.0	0.917	111.0	68.0	61.2%	0.482	0.605	0.996	0.833	1/289(F2)
1.50	1.49	1.58	295.7	0.824	122.4	63.2	51.6%	0.482	0.605	0.897	0.833	1/331(F2)
2.00	1.98	2.11	398.7	0.756	132.6	59.2	44.6%	0.482	0.605	0.800	0.833	1/369(F2)
3.00	3.02	3.19	611.8	0.658	150.1	52.8	35.1%	0.482	0.605	0.655	0.833	1/443(F2)
4.00	3.99	4.26	834.9	0.592	166.1	47.8	28.8%	0.482	0.605	0.564	0.833	1/504(F2)

F3-B460-C460 钢框架钢框架设计结果 表 7.7

η	η_a	η_s	A_b (mm²)	T_1 (s)	F_{Ek} (kN)	$F_{Ek.f}$ (kN)	$\dfrac{F_{Ek.f}}{F_{Ek}}$	应力比				层间位移角 (最大楼层)
								柱	梁	支撑	节点	
0	0	0	—	1.291	81.0	81.0	100%	0.518	0.500	—	0.826	**1/188**(F2)
0.25	0.25	0.26	46.9	1.159	89.4	76.9	85.9%	0.518	0.500	**1.092**	0.826	**1/215**(F2)

η	η_a	η_s	A_b (mm²)	T_1 (s)	F_{Ek} (kN)	$F_{Ek.f}$ (kN)	$\dfrac{F_{Ek.f}}{F_{Ek}}$	应力比 柱	梁	支撑	节点	层间位移角 (最大楼层)
0.50	0.51	0.52	94.3	1.062	96.9	73.4	75.7%	0.518	0.500	0.973	0.826	**1/240(F2)**
0.75	0.76	0.79	142.2	0.987	103.7	70.3	67.8%	0.518	0.500	0.881	0.826	1/264(F2)
1.00	1.00	1.05	190.7	0.926	109.9	67.6	61.5%	0.518	0.500	0.808	0.826	1/286(FF2)
1.50	1.50	1.58	289.1	0.832	121.2	62.9	51.9%	0.518	0.500	0.734	0.826	1/327(F2)
2.00	1.99	2.11	389.7	0.763	131.3	59.0	44.9%	0.518	0.500	0.650	0.826	1/364(F2)
3.00	3.03	3.19	597.7	0.665	149.1	52.7	35.4%	0.518	0.500	0.528	0.826	1/437(F2)
4.00	3.99	4.26	815.2	0.597	164.5	47.7	29.0%	0.518	0.500	0.452	0.826	1/497(F2)

F6-B345-C345 钢框架设计结果　　　　　　　　　　表 7.8

η	η_a	η_s	A_b (mm²)	T_1 (s)	F_{Ek} (kN)	$F_{Ek.f}$ (kN)	$\dfrac{F_{Ek.f}}{F_{Ek}}$	应力比 柱	梁	支撑	节点	层间位移角 (最大楼层)
0	0	0	—	1.868	116.9	116.9	100%	0.637	0.573	—	0.835	**1/214(F3)**
0.25	0.24	0.25	76.4	1.687	128.4	114.7	89.3%	0.645	0.548	**1.135**	0.799	**1/243(F3)**
0.50	0.48	0.49	156.0	1.551	138.7	112.3	81.0%	0.651	0.529	**1.035**	0.772	1/270(F3)
0.75	0.71	0.74	239.0	1.444	148.1	109.9	74.2%	0.656	0.514	0.985	0.750	1/293(F2)
1.00	0.95	1.00	325.7	1.356	156.9	107.4	68.5%	0.660	0501	0.911	0.731	1/314(F2)
1.50	1.41	1.51	510.9	1.220	173.0	102.4	59.2%	0.667	0.482	0.791	0.702	1/356(F2)
2.00	1.87	2.04	7144.0	1.176	187.5	97.3	51.9%	0.672	0.478	0.696	0.697	1/397(F2)
3.00	2.78	3.10	1185.1	0.970	213.5	87.2	40.8%	0.681	0.478	0.550	0.697	1/477(F2)
4.00	3.68	4.19	1768.6	0.867	236.8	77.3	32.6%	0.687	0.478	0.449	0.697	1/554(F3)

F6-B345-C460 钢框架设计结果　　　　　　　　　　表 7.9

η	η_a	η_s	A_b (mm²)	T_1 (s)	F_{Ek} (kN)	$F_{Ek.f}$ (kN)	$\dfrac{F_{Ek.f}}{F_{Ek}}$	应力比 柱	梁	支撑	节点	间位移角 (最大楼层)
0	0	0	—	2.006	109.0	109.0	100%	0.578	0.559	—	0.814	**1/200(F3)**
0.25	0.24	0.24	66.4	1.813	119.6	106.0	88.6%	0.578	0.535	**1.050**	0.780	**1/228(F2)**
0.50	0.47	0.49	135.9	1.668	129.2	103.1	79.8%	0.578	0.517	0.946	0.754	**1/249(F2)**
0.75	0.70	0.74	208.5	1.552	138.0	100.1	72.6%	0.579	0.504	0.890	0.734	1/270(F2)
1.00	0.93	1.00	284.5	1.458	146.2	97.2	66.5%	0.582	0.490	0.817	0.715	1/291(F2)
1.50	1.39	1.51	447.8	1.311	161.1	91.5	56.8%	0.588	0.471	0.699	0.687	1/331(F2)
2.00	1.85	2.03	628.1	1.201	174.8	86.0	49.2%	0.592	0.469	0.607	0.683	1/370(F2)
3.00	2.75	3.09	1051.5	1.041	199.3	75.5	37.9%	0.598	0.469	0.470	0.683	1/447(F2)
4.00	3.65	4.17	1585.8	0.929	221.2	65.7	29.7%	0.604	0.469	0.377	0.683	1/517(F3)

F6-B460-C460 钢框架设计结果　　　　　　　　　　　表 7.10

η	η_a	η_s	A_b (mm^2)	T_1 (s)	F_{Ek} (kN)	$F_{Ek.f}$ (kN)	$\dfrac{F_{Ek.f}}{F_{Ek}}$	应力比 柱	应力比 梁	应力比 支撑	应力比 节点	层间位移角 （最大楼层）
0	0	0	—	2.060	106.4	106.4	100%	0.623	0.558	—	0.849	**1/194**(F3)
0.25	0.24	0.25	8.9	1.861	116.8	103.8	88.8%	0.623	0.535	0.933	0.813	**1/220**(F3)
0.50	0.47	0.49	12.8	1.711	126.1	101.1	80.2%	0.623	0.516	0.851	0.785	**1/242**(F2)
0.75	0.71	0.74	15.8	1.593	134.7	98.5	73.1%	0.623	0.502	0.782	0.763	1/263(F2)
1.00	0.94	1.00	18.5	1.497	142.7	95.8	67.2%	0.623	0.489	0.761	0.744	1/282(F2)
1.50	1.40	1.51	23.1	1.346	157.3	90.6	57.6%	0.623	0.470	0.659	0.715	1/321(F2)
2.00	1.86	2.03	27.3	1.233	170.6	85.5	50.1%	0.629	0.467	0.579	0.709	1/358(F2)
3.00	2.77	3.09	35.2	1.070	194.4	75.7	39.0%	0.637	0.467	0.457	0.709	1/431(F2)
4.00	3.67	4.17	43.1	0.956	215.6	66.6	30.9%	0.644	0.467	0.402	0.709	1/500(F3)

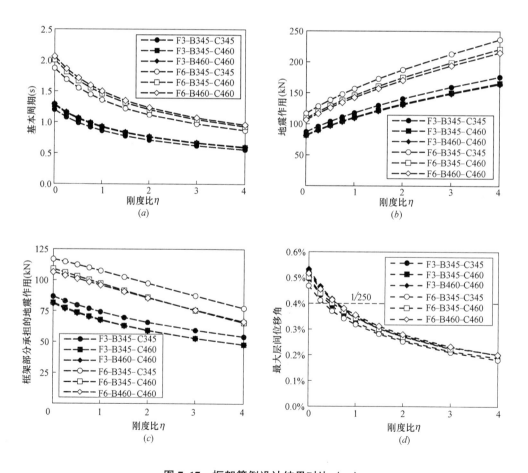

图 7.17　框架算例设计结果对比 （一）

（a）基本周期；（b）地震作用；（c）框架部分承担的地震作用；（d）最大层间位移角

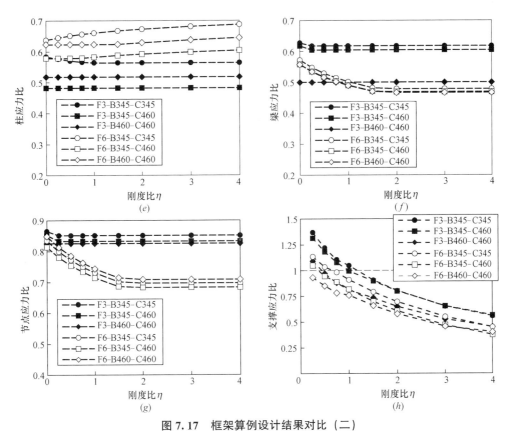

图 7.17　框架算例设计结果对比（二）

（e）柱应力比；（f）梁应力比；（g）节点应力比；（h）支撑应力比

7.6　小结

（1）本章结合中国、欧洲、美国和日本的现行设计规范（规程或标准），总结了其中与方钢管柱端板节点柔性支撑钢框架抗震设计方法有关的具体规定。目前各国规范均在一定条件下允许柔性支撑的使用，但对带柔性支撑钢框架的设计方法和抗震构造均没有具体说明。欧洲和美国规范对结构受力计算时半刚性节点转动刚度的分析方法给出了具体的建议，具有较大的参考价值。各国规范均无方钢管柱-工形梁端板节点的初始转动刚度和承载力的计算方法。

（2）基于文献中已有的工形柱-工形梁端板节点设计方法，采用类似的思路和原理，类比出方钢管柱-工形梁端板节点的初始转动刚度、承载力以及弯矩-转角全曲线的简化计算方法。采用有限元模拟的手段，验证了上述简化计算方法的可靠性。节点设计方法的提出，完善了半刚性节点钢框架的抗震设计方法，并为今后方钢管柱-工形梁端板节点的设计与研究工作提供了一定的理论基础。

（3）提出了方钢管柱端板节点柔性支撑钢框架的抗震设计方法，并做出了设计流程图。提出了支撑与框架刚度比的定义，将框架支撑体系分离为框架体系和支撑体系，并提出了通过同时考虑支撑变形、框架柱变形以及结构刚体转动来保证较高计算精度的刚度比计算公式。本章的设计方法，在现行规范设计方法的基础上补充了结构内力分析时半刚性节点的实用建模方法、支撑与框架刚度比计算公式、计算地震作用时的周期折减系数、考虑节点半刚性的框架柱整体稳定验算方法以及端板节点的验算方法。参考欧洲规范按照转动刚度对节点的分类标准，既可将本书结构设计为刚性节点钢框架，又可设计为半刚性节点钢框架。

（4）采用所提出的抗震设计方法，对 6 组框架算例进行了试设计。每组算例均包含了刚度比从 0 到 4.0 的 9 种情况，并分析了刚度比对主要设计参数指标的影响。以刚度比 $\eta=1.0$ 为界，在 η 小于 1.0 时，基本周期、地震作用、层间位移角和应力比等随着刚度比的增大变化较为明显，而当 η 大于 1.0 时这些参数趋于稳定。

参考文献

[1] Nethercot D A. Semirigid joint action and the design of nonsway composite frames [J]. Engineering Structures，1995，17（8）：554-567.

[2] Pippard A J S，Baker J F S. The analysis of engineering structures [M]. London：Edward Arnold & co.，1936.

[3] Rathbun J C. Elastic properties of riveted connections [J]. Transactions of the American Society of Civil Engineers，1936，101（1）：524-563.

[4] Monforton G R，Wu T S. Matrix analysis of semi-rigid connected frames [J]. Journal of the Structural Division，1963，89（6）：13-24.

[5] Lightfoot E，Le Messurier A P. Elastic analysis of frameworks with elastic connections [J]. Journal of the Structural Division，1974，100（6）：1297-1309.

[6] Frye M J，Morris G A. Analysis of flexibly connected steel frames [J]. Canadian Journal of Civil Engineering，1975，2（3）：280-291.

[7] Simitses G J，Vlahinos A S. Stability analysis of a semi-rigidly connected simple frame [J]. Journal of Constructional Steel Research，1982，2（3）：29-32.

[8] Yoshiaki G，Suzuki s，Chen W F. Stability behavior of semi-rigid sway frames [J]. Engineering Structures，1993，15（3）：209-219.

[9] 中华人民共和国国家标准. 建筑抗震设计规范 GB 50011—2010（2016 年版）[S]. 北京：中国建筑工业出版社，2016.

[10] 中华人民共和国国家标准. 钢结构设计标准 GB 50017—2017 [S]. 北京：中国建筑工业出版社，2017.

[11] 中华人民共和国行业标准. 钢结构高强度螺栓连接技术规程 JGJ 82—2011 [S]. 北京：中国建筑工业出版社，2011.

[12] 中华人民共和国行业标准. 端板式半刚性连接钢结构技术规程 CECS 260：2009 [S]. 北京：中国计划出版社，2009.

[13] 中华人民共和国行业标准. 高层民用建筑钢结构技术规程 JGJ 99—2015 [S]. 北京：中国建筑工业出版社，2015.

[14] 中华人民共和国国家标准. 装配式钢结构建筑技术标准 GB/T 51232—2016 [S]. 北京：中国建筑工业出版社，2017.

[15] BS EN 1998-1：2004. Eurocode 8：Design of structures for earthquake resistance——Part 1：General rules，seismic actions and rules for buildings [S]. Brussels：European Committee for Standardization，2004.

［16］ BS EN 1993-1-1：2005. Eurocode 3：Design of steel structures——Part 1-1：General rules and rules for buildings［S］. Brussels：European Committee for Standardization，2005.

［17］ BS EN 1993-1-8：2005. Eurocode 3：Design of steel structures——Part 1-8：Design of joints［S］. Brussels：European Committee for Standardization，2005.

［18］ ANSI/AISC 341-16. Seismic provisions for structural steel buildings［S］. Chicago：American Institute of Steel Construction，2016.

［19］ FEMA-350. Recommended seismic design criteria for new steel moment-frame buildings［R］. SAC Joint Venture for Federal Emergency Management Agency，2000.

［20］ FEMA-355C. State of the art report on systems performance of steel moment frames subject to earthquake ground shaking［R］. SAC Joint Venture for Federal Emergency Management Agency，2000.

［21］ FEMA-355D. State of the art report on connection performance［R］. SAC Joint Venture for Federal Emergency Management Agency，2000.

［22］ BCJ. Structural provisions for buildings structures—1997 edition［S］. Tokyo，Japan：Building Center of Japan，1997.（in Japanese）

［23］ 日本建築学会. 鋼構造限界状態設計指針・同解說［S］. 2010.

［24］ 日本建築学会. 鋼構造接合部設計指針［S］. 2012.

［25］ 施刚. 钢框架半刚性端板连接的静力和抗震性能研究［D］. 北京：清华大学，2000.

［26］ 石永久，施刚，王元清. 钢结构半刚性端板连接弯矩-转角曲线简化计算方法［J］. 土木工程学报，2006，39（3）：19-23.

［27］ 陈学森，施刚，赵俊林，等. 基于组件法的超大承载力端板连接节点弯矩-转角曲线计算方法［J］. 工程力学，2017，34（5）：30-41.

［28］ Faella C，Piluso V，Rizzano G. Structural steel semirigid connections：theory，design and software［M］. Boca Raton：CRC Press LLC，2000：135-171.

［29］ 李少甫. 钢结构的螺栓端板连接［J］. 建筑结构，1998，8：24-26.

［30］ 中华人民共和国国家标准. 钢结构用扭剪型高强度螺栓连接副 GB/T 3632—2008［S］. 北京：中国标准出版社，2008.

［31］ Wang M，Shi Y，Wang Y，et al. Numerical study on seismic behaviors of steel frame end-plate connections［J］. Journal of Constructional Steel Research，2013，90：140-152.

［32］ Ang K M，Morris G A. Analysis of three-dimensional frames with flexible beam-column connections［J］. Canadian Journal of Civil Engineering，1984，11（5）：245-254.

［33］ 刘建彬. 防屈曲支撑及防屈曲支撑钢框架设计理论研究［D］. 北京：清华大学，2005.

［34］ 赵瑛. 防屈曲支撑框架设计理论研究［D］. 北京：清华大学，2009.

［35］ Driscoll G. Effective length of columns with semi-rigid connections［J］. Engineering Journal，1976，13（4）：109-115.

［36］ 王静峰. 竖向荷载作用下半刚性连接组合框架的实用设计方法［D］. 上海：同济大学，2005.

［37］ 李国强，石文龙，王静峰. 半刚性连接钢框架结构设计［M］. 北京：中国建筑工业出版社，2009.

［38］ 中华人民共和国行业标准. 建筑结构用冷弯矩形钢管 JG/T 178—2005［S］. 北京：中国标准出版社，2005.

［39］ 中华人民共和国国家标准. 热轧钢板和钢带的尺寸、外形、重量及允许偏差 GB/T 709—2019［S］. 北京：中国标准出版社，2019.

第8章 算例分析及设计建议

8.1 概述

基于针对矩形钢管柱端板式连接钢结构的试验研究和数值模拟研究结果，第7章提出了矩形钢管柱端板式连接钢结构的设计方法，应用该方法得到了不同楼层、不同刚度比条件下的设计算例。为了对设计方法做进一步分析并提出设计建议，本章应用第6章开发的矩形钢管柱端板式连接钢结构精细有限元模型，对框架算例进行弹塑性静力推覆分析，得到各个算例的荷载-位移曲线；确定荷载-位移曲线上设计承载力对应的点以及峰值点，并用能力谱法确定结构的大震性能点；提取大震性能点和峰值点处结构的层间位移角分布结果，并计算结构的承载力及延性指标，对框架算例的抗震性能进行评估，并研究支撑与框架刚度比对结构抗震性能的影响。结合框架试验、框架算例试设计以及框架算例抗震性能分析的结果，提出方钢管柱端板节点柔性支撑钢框架的设计建议，包括：构造建议、框架与支撑刚度比建议取值范围、考虑支撑应变率影响的支撑节点荷载调整系数。

8.2 有限元模型

8.2.1 精细模型

本章采用第5章提出的矩形钢管柱端板式连接钢结构框架建模方法，在有限元软件 ABAQUS 的 Standard 模块中建立如图 8.1 所示的算例框架有限元模型。模型的柱脚采用固定连接，限制框架平面外的位移，通过修改楼板混凝土的材料密度来施加重力荷载（重力荷载代表值：$1.0D+0.5L$）。为减小构件中部弹性区的单元数量，缩短程序求解时间，在梁和楼板端部 500mm 的范围内采用较密集的网格（C3D8/C3D8R 实体单元或 S4/S4R 壳单元），其余中间部分（另外建立部件）采用较稀疏的网格（C3D8/C3D8R 实体单元或 S4/S4R 壳单元），网格密度变化的截面采用 Tie 约束[1] 实现连接。柱端 500mm 范围内和柱脚 800mm 范围内采用较密集的网格（S4/S4R 单元），柱中部位采用梁单元（B31），两者之间通过 MPC 约束[1] 实现连接，这种部件间的连接方式已较为成熟且在钢框架数值模拟中广泛应用[2,3]。

模型钢材选用理想弹塑性本构，不考虑材料的强化性能，从而偏保守地对结构抗震性能进行评估。静力推覆分析时钢材本构选用等向强化模型；动力时程分析时柔性支撑和高强度螺栓的钢材选用等向强化模型，而其余钢材选用随动强化模型。进行动力时程分析时，由于柔性支撑会突然张紧参与工作，瞬时应变率较高，需要考虑应变率对材料性能的影响[4]；Filiatrault 等[4] 在对柔性支撑钢框架进行振动台试验研究的过程中发现，在受到振动台试验中支撑平均应变率（$22 \times 10^{-3}/s$）对应的拉伸作用时，支撑钢材的动力屈服强度（应变率为 $22 \times 10^{-3}/s$）为静力屈服强度（应变率为 $50 \times 10^{-6}/s$）的 1.12 倍，动力抗拉强度为静力抗拉强度的 1.04 倍；与 6.4.2 节相同，柔性支撑材料在塑性模块中采用 Johnson-Cook 模型[5] 来考虑应变率对钢材性能的影响，模型参数取值分别为：$C = 0.0197$，$\bar{\varepsilon}_0 = 50 \times 10^{-6}$。

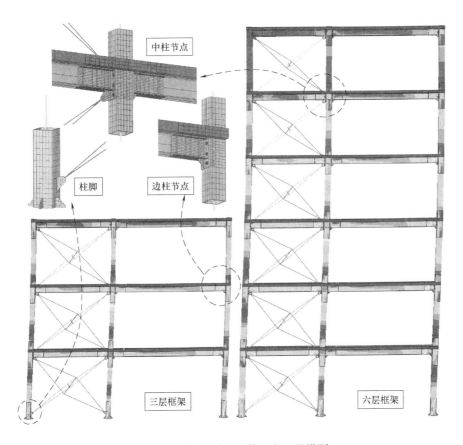

图 8.1 框架算例的精细有限元模型

混凝土强度等级为 C30，定义弹性和塑性损伤模型（与 6.3.2 节一致），材料抗压强度和抗拉强度分别取 C30 混凝土轴心抗压强度和轴心抗拉强度的平均值[6]，即 26.1MPa 和 2.61MPa。参照《组合结构设计规范》JGJ 138—2016[7] 第 12.1.2 条结构整体内力和变形计算时组合梁等效惯性矩的计算方法，由实际结构布置情况得到组合梁的等效惯性矩，进而求出有限元模型中混凝土楼板的宽度。F3-B345-C345、F3-B345-C460、F3-B460-C460、F6-B345-C345、F6-B345-C460 和 F6-B460-C460 这 6 组算例的楼板宽度分别为：368mm、368mm、360mm、442mm、442mm 和 378mm。

分析过程考虑几何非线性，静力推覆分析采用静力隐式分析模块，而动力时程分析采用动力隐式分析模块。首先按照《钢结构高强度螺栓连接技术规程》JGJ 82—2011[8] 的规定施加螺栓预紧力，然后通过修改混凝土密度的方式施加重力荷载（$1.0D + 0.5L$），最后在结构上施加单调推覆位移或在模型基底施加加速度时程。

8.2.2 杆系模型

采用 6.6 节包含节点弹塑性转动弹簧的杆系模型，在 ABAQUS 中建立如图 8.2 所示的框架算例有限元模型。梁、柱采用梁单元建模，楼板采用壳单元建模，柔性支撑等效模型采用桁架单元建模，限制梁柱节点和柔性支撑等效模型跨中的面外位移，柱脚施加水平加速度时程并约束其他方向自由度。柔性支撑等效模型与钢框架之间，以及楼板与梁之间均建立"Tie"连接。该模型的材料属性与 8.2.1 节的精细模型一致。

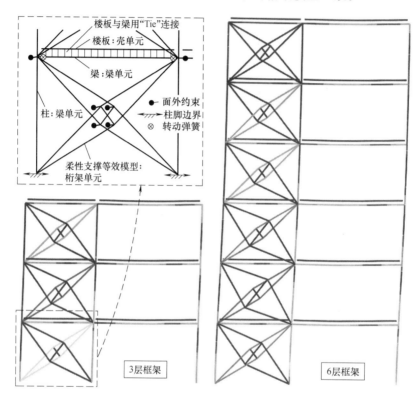

图 8.2 框架算例的杆系有限元模型

8.3 弹塑性静力推覆分析

8.3.1 侧向力分布

参照美国 FEMA 356 研究报告[9] 和欧洲结构抗震设计规范（Eurocode 8-1)[10] 的建议，在静力推覆分析中，需同时选用两种侧向力分布模式。本章同时选用倒三角形分布和平均分布。使用 Huang 和 Mahin[11] 提出的多点约束加载方法，在 ABAQUS 中建立假想点和各层梁轴线高度处加载点之间的"Equation"约束来实现所需的侧向力分布。对于 3 层框架，分别建立如式（8.1）和式（8.2）的约束方程以实现倒三角形分布和平均分布；对于 6 层框架，分别建立如式（8.3）和式（8.4）的约束方程以实现倒三角形分布和平均分布。对假想点施加单向水平位移，即可按照预设的侧向力分布模式实现加载。分析过程中输出各层加载点的水平位移（用于计算层间位移角）以及假想点的节点反力（即框架的基底剪力）。

$$D_1+2D_2+3D_3-6D_0=0 \tag{8.1}$$
$$D_1+D_2+D_3-3D_0=0 \tag{8.2}$$
$$D_1+2D_2+3D_3+4D_4+5D_5+6D_6-21D_0=0 \tag{8.3}$$
$$D_1+D_2+D_3+D_4+D_5+D_6-6D_0=0 \tag{8.4}$$

式中，D_1、D_2、D_3、D_4、D_5、D_6 分别为 1～6 层梁轴线高度处加载点的水平位移；D_0 为假想点的水平位移。

8.3.2 有限元模拟结果

6 组框架算例在两种侧向力分布模式下的静力推覆曲线见图 8.3～图 8.8。将结构设计地震作用（水平地震作用标准值）、大震性能点（8 度罕遇）、屈服点以及峰值点标于各条曲线上。

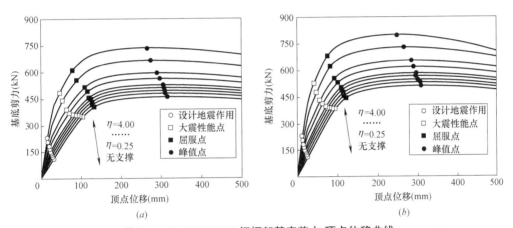

(a)   (b)

图 8.3 F3-B345-C345 钢框架基底剪力-顶点位移曲线

（a）倒三角形分布；（b）平均分布

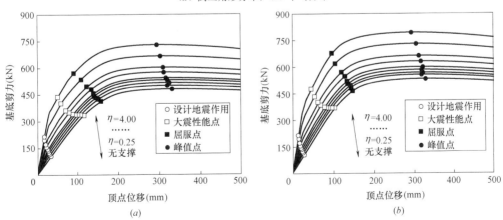

(a)   (b)

图 8.4 F3-B345-C460 钢框架基底剪力-顶点位移曲线

（a）倒三角形分布；（b）平均分布

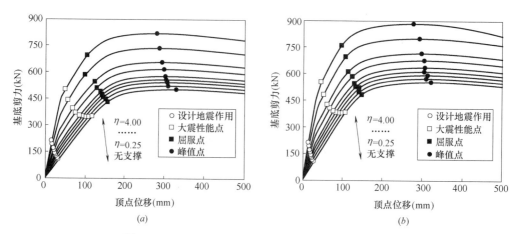

图 8.5　F3-B460-C460 钢框架基底剪力-顶点位移曲线

（a）倒三角形分布；（b）平均分布

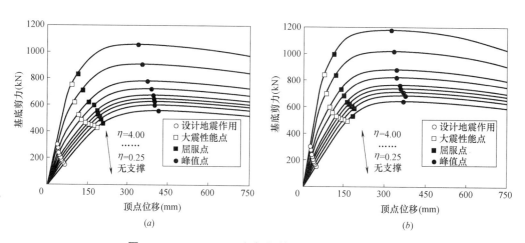

图 8.6　F6-B345-C345 钢框架基底剪力-顶点位移曲线

（a）倒三角形分布；（b）平均分布

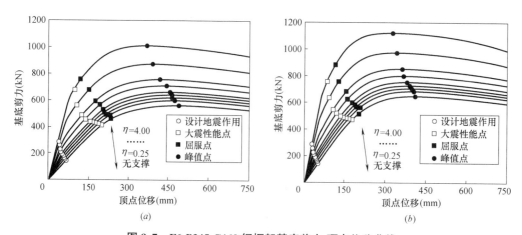

图 8.7　F6-B345-C460 钢框架基底剪力-顶点位移曲线

（a）倒三角形分布；（b）平均分布

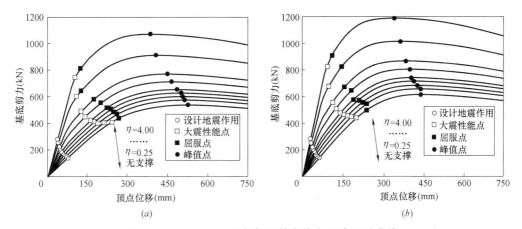

图 8.8　F6-B460-C460 钢框架基底剪力-顶点位移曲线

（a）倒三角形分布；（b）平均分布

设计地震作用位于各条曲线上较低的位置，表明框架算例具有较大的强度储备。大震性能点和屈服点位于荷载-位移曲线的拐点附近，与峰值点之间仍有一定的强度储备。由于本书的结构体系使用了方钢管柱和柔性支撑，达到承载力峰值点后的继续加载过程中，受二阶作用影响的承载力降低不是很明显，所以与传统的工形柱-工形梁钢框架[3] 相比，具有更强的抗倒塌性能。

结构的大震性能点采用美国 ATC-40[12] 推荐的方法来确定：首先将加速度反应谱（8度罕遇、Ⅲ类场地、第一组）按照式（8.5）转换成位移反应谱，如图 8.9（a）所示；将加速度谱与位移谱合并，作出如图 8.9（b）中所示的 S_a-S_d 需求谱曲线；然后将推覆分析得到的基底剪力 V-顶点侧移 D 曲线，用式（8.5）～式（8.7）转化为 S_a-S_d 能力谱曲线，其中 M_1 和 γ_1 分别为基本周期对应的振型参与质量和振型参与系数。

$$S_d = \frac{T^2}{4\pi^2} S_a \tag{8.5}$$

$$S_a = \frac{V}{M_1} \tag{8.6}$$

$$S_d = \frac{D}{\gamma_1} \tag{8.7}$$

如图 8.9（c）所示，在能力谱曲线上选择试算点（d_{pi}，a_{pi}），将试算点之前的能力曲线按照等能量的原则简化为双折线，其拐点坐标为（d_{yi}，a_{yi}）。按照式（8.8）～式（8.10）计算等效黏滞阻尼比 ξ_{eff}，并作出阻尼比为 ξ_{eff} 的需求谱，得到一个能力谱与需求谱的交点。存在交点，说明结构的抗震性能满足罕遇地震需求；如没有交点，说明结构抗震性能不足，需重新设计。最后，通过一系列试算点得到一系列的交点，交点连线与能力谱的交点即为结构的大震性能点，如图 8.9（d）所示。

$$\xi_{eff} = \frac{E_D}{4\pi E_s} + 0.05 \tag{8.8}$$

$$E_D = 4(a_y d_{pi} - d_y a_{pi}) \tag{8.9}$$

$$E_s = a_{pi} d_{pi} / 2 \tag{8.10}$$

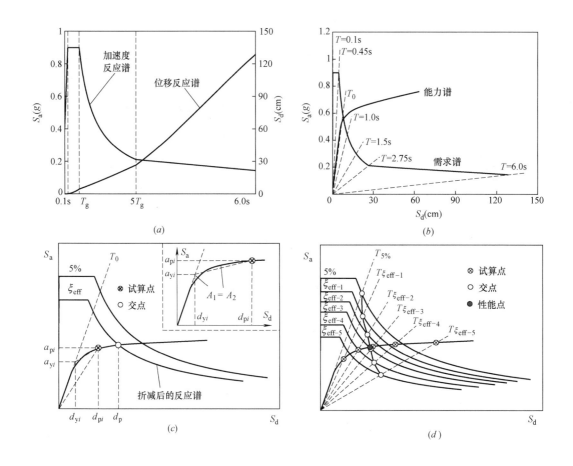

图 8.9　结构大震性能点确定方法

(a) 加速度谱和位移谱；(b) 需求谱和能力谱；(c) 试算点与交点；(d) 性能点确定

　　4 组框架由静力推覆分析得到的层间位移角分布结果如图 8.10～图 8.15。图中作出了结构在侧向力呈倒三角形分布和平均分布时，以及在大震性能点和峰值点处各层的层间位移角。

　　将两种侧向力分布模式下层间位移角的算术平均值作为静力推覆分析层间位移角的计算结果，如图中的粗虚线。两种荷载分布模式的推覆分析中，结构层间位移角分布结果有所差别，但整体分布趋势是一致的。3 层框架在大震性能点处的最大层间位移角出现在 1 层（刚度比 η 较大的情况）或 2 层（刚度比 η 较小的情况），在峰值点处的最大层间位移角出现在 1 层；6 层框架在大震性能点处和在峰值点处的最大层间位移角均出现在 2 层。

　　将框架在倒三角形荷载分布和平均分布模式下各层层间位移角均值的最大值作为结构的最大层间位移角。所有算例在大震性能点和峰值点处的最大层间位移角分别见表 8.1 和表 8.2。框架在大震性能点处的最大层间位移角均小于 2%，且最大层间位移角随着刚度比的增大而减小。结构在达到极限承载力时的最大层间位移角介于 3.25% 和 4.95% 之间。框架算例具有良好的承载性能。

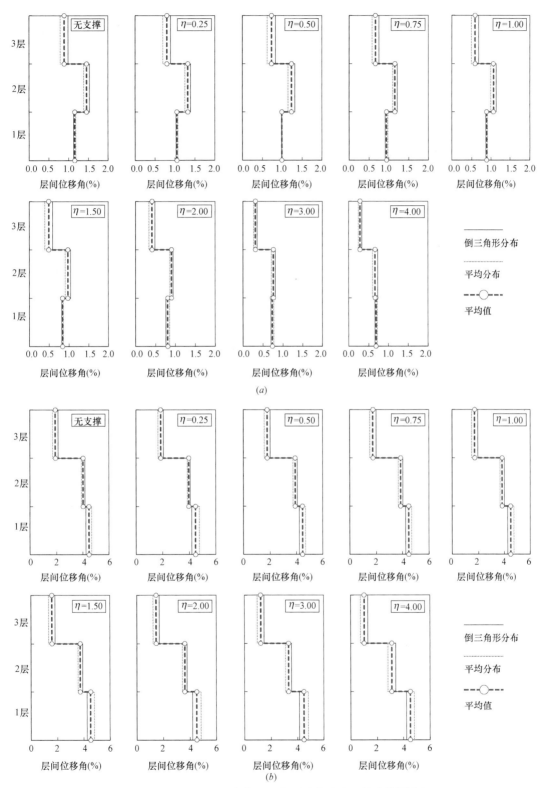

图 8.10 F3-B345-C345 钢框架层间位移角分布（静力推覆分析）

（a）大震性能点处层间位移角分布；（b）峰值点处层间位移角分布

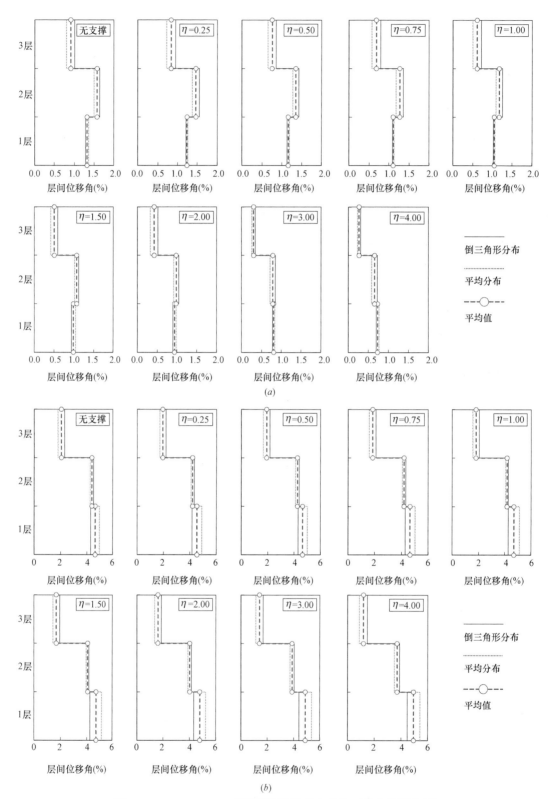

图 8.11　F3-B345-C460 钢框架层间位移角分布（静力推覆分析）

（a）大震性能点处层间位移角分布；（b）峰值点处层间位移角分布

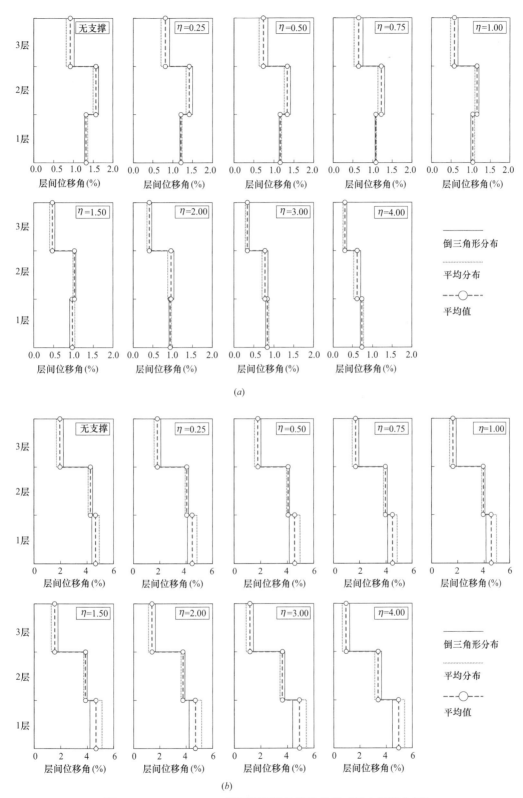

图 8.12　F3-B460-C460 钢框架层间位移角分布（静力推覆分析）

（a）大震性能点处层间位移角分布；（b）峰值点处层间位移角分布

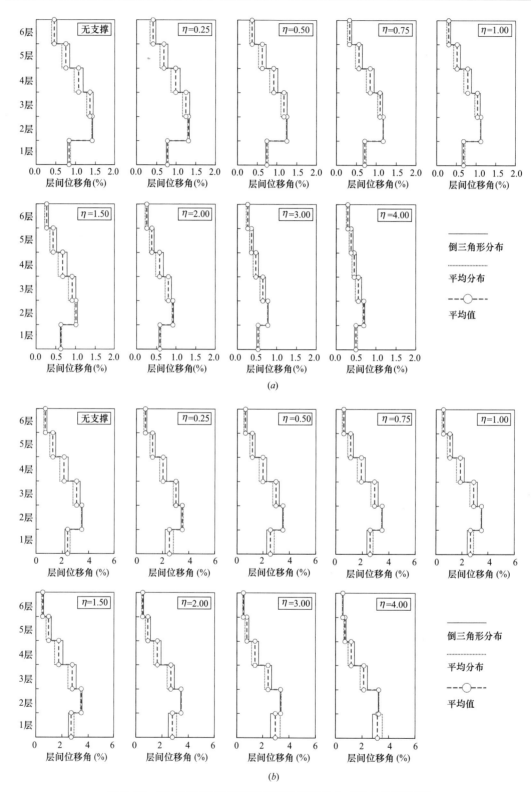

图 8.13　F6-B345-C345 钢框架层间位移角分布（静力推覆分析）

（a）大震性能点处层间位移角分布；（b）峰值点处层间位移角分布

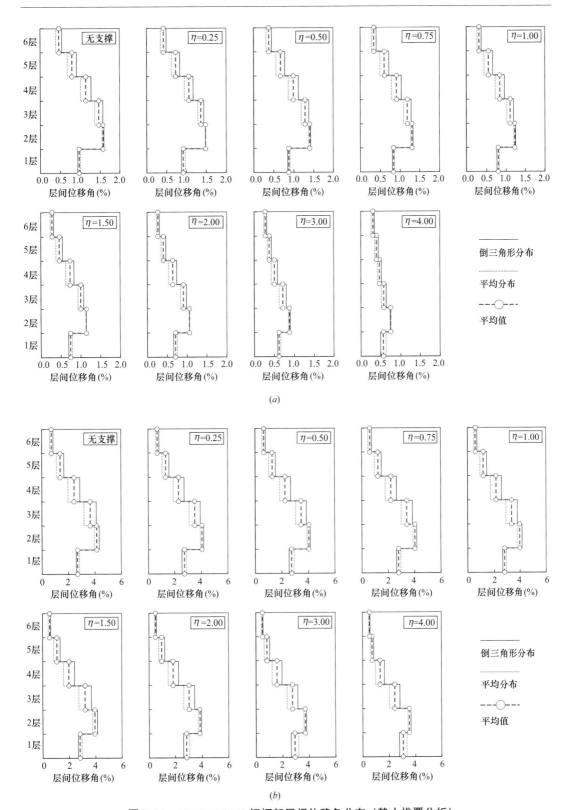

图 8.14 F6-B345-C460 钢框架层间位移角分布（静力推覆分析）

（a）大震性能点处层间位移角分布；（b）峰值点处层间位移角分布

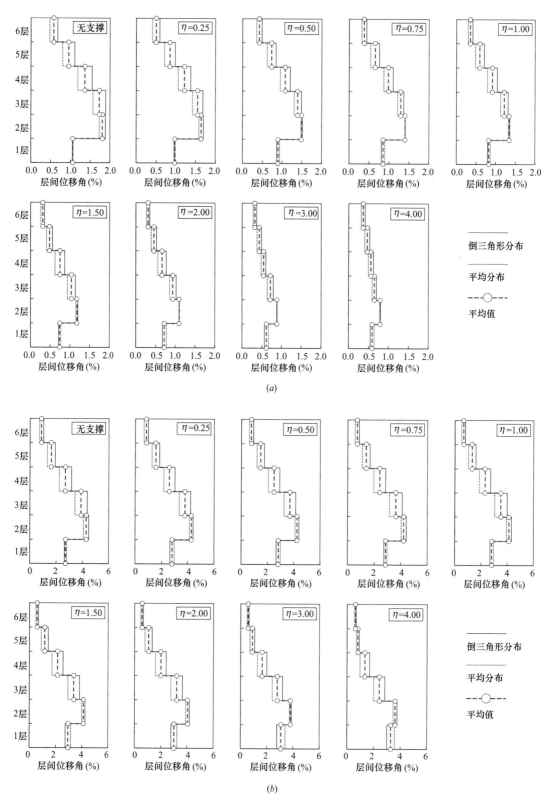

图 8.15　F6-B460-C460 钢框架层间位移角分布（静力推覆分析）

（*a*）大震性能点处层间位移角分布；（*b*）峰值点处层间位移角分布

框架算例静力推覆在大震性能点处的最大层间位移角（%）								表 8.1	
刚度比 η	0	0.25	0.50	0.75	1.00	1.50	2.00	3.00	4.00
F3-B345-C345	1.46	1.32	1.23	1.16	1.07	0.97	0.90	0.76	0.68
F3-B345-C460	1.57	1.47	1.35	1.27	1.17	1.07	0.98	0.81	0.73
F3-B460-C460	1.56	1.42	1.33	1.22	1.15	1.03	0.96	0.84	0.73
F6-B345-C345	1.42	1.32	1.25	1.17	1.12	1.01	0.92	0.78	0.69
F6-B345-C460	1.58	1.48	1.40	1.30	1.23	1.14	1.06	0.88	0.74
F6-B460-C460	1.81	1.64	1.50	1.40	1.34	1.18	1.10	0.89	0.79

框架算例静力推覆在峰值点处的最大层间位移角（%）								表 8.2	
刚度比 η	0	0.25	0.50	0.75	1.00	1.50	2.00	3.00	4.00
F3-B345-C345	4.46	4.48	4.46	4.46	4.51	4.51	4.52	4.49	4.52
F3-B345-C460	4.61	4.53	4.65	4.64	4.70	4.70	4.77	4.89	4.93
F3-B460-C460	4.65	4.46	4.55	4.50	4.56	4.67	4.69	4.89	4.95
F6-B345-C345	3.48	3.51	3.50	3.48	3.50	3.46	3.45	3.35	3.25
F6-B345-C460	4.13	4.07	4.03	4.03	3.99	3.93	3.84	3.69	3.52
F6-B460-C460	4.29	4.28	4.25	4.22	4.14	4.12	4.04	3.81	3.61

8.3.3　性能指标

　　由算例框架的设计结果和静力推覆分析的荷载-位移曲线可直接得到设计强度 V_d、极限强度 V_u 以及峰值点处顶点位移 Δ_u。其他性能指标的计算方法见图 8.16。采用参考文献 [13] 中的方法确定屈服点（Δ_y，V_y）。超强系数 R_s 为屈服强度 V_y 与设计强度 V_d 之比，延性系数 μ 为峰值点处顶点位移 Δ_u 与屈服位移 Δ_y 之比[14,15]。

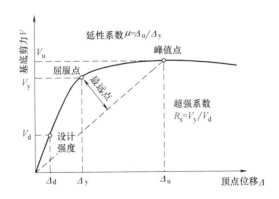

图 8.16　框架算例性能指标计算示意图

　　由静力推覆分析得到的框架性能指标见表 8.3～表 8.8，包括设计地震作用 V_d（由《建筑抗震设计规范》GB 50011—2010（2016 年版）确定的水平地震作用标准值）、屈服强度 V_y、大震性能点地震作用 V_{MCE}、极限强度 V_u、屈服位移 Δ_y、峰值点位移 Δ_u、延性系数 μ 和超强系数 R_s。表中数据为两种荷载分布模式计算结果的算术平均值。两种荷载分布模式的具体数值见附录 C。

F3-B345-C345 钢框架静力推覆分析的性能指标　　　　　表 8.3

框架	V_d(kN)	V_y(kN)	V_{MCE}(kN)	V_u(kN)	Δ_y(mm)	Δ_u(mm)	μ	R_s
F3-B345-C345-U	112.8	424.3	367.7	485.7	128.0	312.0	2.44	4.31
F3-B345-C345-η0.25	124.7	436.9	369.6	505.3	123.1	309.2	2.51	4.05
F3-B345-C345-η0.50	135.2	453.8	371.5	522.1	121.8	304.9	2.50	3.86
F3-B345-C345-η0.75	144.6	467.9	373.0	539.1	118.8	301.4	2.54	3.73
F3-B345-C345-η1.00	153.4	481.2	377.8	556.2	115.2	301.0	2.61	3.63
F3-B345-C345-η1.50	169.1	511.5	392.3	590.7	110.3	294.1	2.67	3.49
F3-B345-C345-η2.00	183.1	535.3	409.0	625.7	102.0	287.6	2.82	3.42
F3-B345-C345-η3.00	207.7	587.5	458.8	697.5	86.9	270.6	3.12	3.36
F3-B345-C345-η4.00	229.2	645.5	506.5	768.7	77.8	258.6	3.32	3.35

F3-B345-C460 钢框架静力推覆分析的性能指标　　　　　表 8.4

框架	V_d(kN)	V_y(kN)	V_{MCE}(kN)	V_u(kN)	Δ_y(mm)	Δ_u(mm)	μ	R_s
F3-B345-C460-U	106.3	439.3	353.8	508.5	152.7	330.5	2.16	4.78
F3-B345-C460-η0.25	117.4	454.5	354.6	528.7	147.7	319.8	2.16	4.50
F3-B345-C460-η0.50	127.2	467.0	354.3	543.5	144.7	323.5	2.24	4.27
F3-B345-C460-η0.75	136.1	474.0	354.7	558.5	138.5	319.7	2.31	4.10
F3-B345-C460-η1.00	144.3	488.0	358.0	573.6	136.4	319.9	2.34	3.98
F3-B345-C460-η1.50	159.1	514.6	367.8	604.1	131.2	313.7	2.39	3.80
F3-B345-C460-η2.00	172.3	534.1	382.0	635.0	122.1	311.2	2.55	3.68
F3-B345-C460-η3.00	195.6	579.1	418.0	698.2	107.3	304.7	2.84	3.57
F3-B345-C460-η4.00	215.9	625.4	458.4	763.2	94.3	294.5	3.12	3.53

F3-B460-C460 钢框架静力推覆分析的性能指标　　　　　表 8.5

框架	V_d(kN)	V_y(kN)	V_{MCE}(kN)	V_u(kN)	Δ_y(mm)	Δ_u(mm)	μ	R_s
F3-B460-C460-U	105.3	458.5	368.0	527.8	152.7	326.2	2.14	5.01
F3-B460-C460-η0.25	116.3	472.7	364.6	548.6	147.0	310.6	2.11	4.72
F3-B460-C460-η0.50	126.0	489.2	364.1	567.9	143.5	311.4	2.17	4.51
F3-B460-C460-η0.75	134.8	500.5	367.9	587.4	137.4	305.1	2.22	4.36
F3-B460-C460-η1.00	142.9	518.5	373.9	606.9	134.7	304.3	2.26	4.25
F3-B460-C460-η1.50	157.6	549.0	389.7	646.4	126.4	302.3	2.39	4.10
F3-B460-C460-η2.00	170.7	579.3	411.2	686.2	118.2	295.9	2.50	4.02
F3-B460-C460-η3.00	193.8	641.7	463.4	767.6	103.1	290.1	2.81	3.96
F3-B460-C460-η4.00	213.9	727.7	529.1	850.5	99.8	278.8	2.80	3.98

F6-B345-C345 钢框架静力推覆分析的性能指标　　　　　表 8.6

框架	V_d(kN)	V_y(kN)	V_{MCE}(kN)	V_u(kN)	Δ_y(mm)	Δ_u(mm)	μ	R_s
F6-B345-C345-U	151.9	500.8	464.3	603.2	193.8	390.7	2.02	3.97
F6-B345-C345-η0.25	166.9	544.2	477.8	645.8	193.3	388.4	2.01	3.87
F6-B345-C345-η0.50	180.3	562.0	482.6	669.5	186.0	383.5	2.06	3.71
F6-B345-C345-η0.75	192.6	578.3	489.9	694.1	177.8	377.8	2.12	3.60
F6-B345-C345-η1.00	204.0	600.0	501.3	719.5	172.6	375.1	2.17	3.53
F6-B345-C345-η1.50	224.8	643.0	526.6	773.3	160.7	364.4	2.27	3.44
F6-B345-C345-η2.00	243.7	679.2	563.5	831.3	144.8	356.7	2.46	3.41
F6-B345-C345-η3.00	277.6	775.1	662.0	960.8	122.5	341.3	2.79	3.46
F6-B345-C345-η4.00	307.8	915.4	797.4	1114.3	110.9	329.4	2.97	3.62

F6-B345-C460 钢框架静力推覆分析的性能指标　　　　　表 8.7

框架	V_d(kN)	V_y(kN)	V_{MCE}(kN)	V_u(kN)	Δ_y(mm)	Δ_u(mm)	μ	R_s
F6-B345-C460-U	141.7	488.3	442.0	605.0	218.9	449.7	2.05	4.27
F6-B345-C460-η0.25	155.5	526.0	451.1	641.3	219.5	439.4	2.00	4.12
F6-B345-C460-η0.50	167.9	530.3	455.6	662.1	204.9	430.9	2.10	3.94
F6-B345-C460-η0.75	179.4	547.1	460.5	683.8	198.3	426.6	2.15	3.81
F6-B345-C460-η1.00	190.0	563.0	468.2	706.2	191.2	419.0	2.19	3.72
F6-B345-C460-η1.50	209.5	593.9	488.5	753.8	176.1	405.8	2.30	3.60
F6-B345-C460-η2.00	227.2	637.7	517.1	805.4	165.4	390.5	2.36	3.54
F6-B345-C460-η3.00	259.0	717.6	598.5	923.5	138.5	367.4	2.65	3.56
F6-B345-C460-η4.00	287.6	819.6	719.4	1066.2	116.1	347.3	2.99	3.71

F6-B460-C460 钢框架静力推覆分析的性能指标　　　　　表 8.8

框架	V_d(kN)	V_y(kN)	V_{MCE}(kN)	V_u(kN)	Δ_y(mm)	Δ_u(mm)	μ	R_s
F6-B460-C460-U	138.3	467.9	423.3	576.5	252.2	482.2	1.91	4.17
F6-B460-C460-η0.25	151.8	507.8	426.8	617.3	249.3	474.3	1.90	4.07
F6-B460-C460-η0.50	164.0	521.2	429.1	643.6	234.4	465.0	1.98	3.92
F6-B460-C460-η0.75	175.1	539.4	437.3	670.8	223.0	456.2	2.05	3.83
F6-B460-C460-η1.00	185.5	549.2	448.6	698.8	206.7	442.9	2.14	3.77
F6-B460-C460-η1.50	204.5	598.0	481.3	757.7	190.6	430.2	2.26	3.71
F6-B460-C460-η2.00	221.7	627.2	523.0	821.1	165.0	415.4	2.52	3.70
F6-B460-C460-η3.00	252.7	736.6	638.7	963.5	137.0	383.2	2.80	3.81
F6-B460-C460-η4.00	280.3	863.0	786.5	1131.1	117.4	362.5	3.09	4.03

8.3.4 分析与讨论

框架算例在弹塑性静力推覆分析中的抗震性能随支撑与框架刚度比 η 的变化曲线如图 8.17 所示。

刚度比的增大使得结构抗侧承载能力增强，屈服承载力、大震性能点地震作用以及峰值承载力均有明显提高，如图 8.17（a）、（c）、（e）所示。相同的刚度比变化幅度，6 层框架的抗侧承载力增幅比 3 层框架更为明显，这是由于结构刚体转动导致的结构侧移在六层框架中的比例较大，为达到相同的刚度比增幅，所需的支撑截面增量则更大。

刚度比的增大也使得结构抗水平变形的能力增强，屈服顶点位移、大震性能点顶点位移以及峰值点顶点位移均明显降低，而且 6 层框架的变形降低幅度比 3 层框架的降幅明显，如图 8.17（b）、（d）、（f）所示。支撑的屈服点为图 8.3～图 8.8 中荷载-位移曲线最先产生弯折的点（不一定是整体分析中的结构屈服点）。结构屈服点对应于框架梁、框架柱和节点产生明显塑性变形，形成塑性铰所对应的状态；刚度比增大，使得支撑作用于框架上的附加荷载增大，框架应力水平更高，从而屈服位移更小。

结构的延性系数与刚度比 η 呈正相关关系，如图 8.17（g）所示；超强系数在刚度比 η 小于 1.0 时略有减小，而在 η 大于 1.0 时基本恒定，如图 8.17（h）所示。

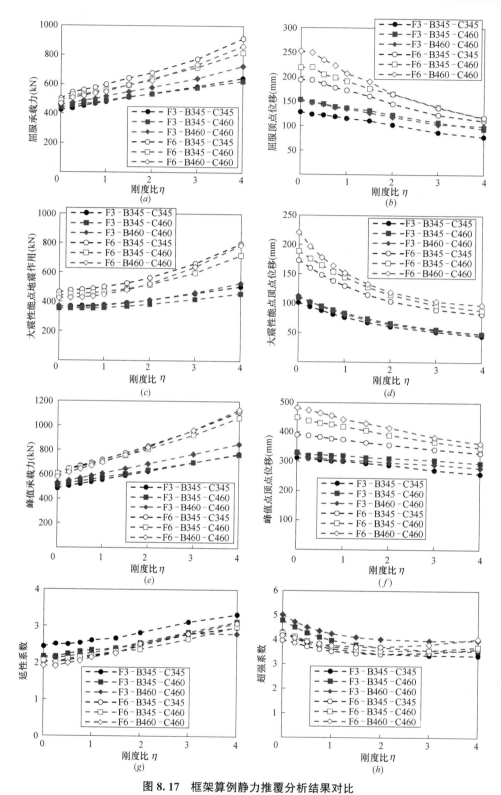

图8.17 框架算例静力推覆分析结果对比

(a) 屈服承载力；(b) 屈服顶点位移；(c) 大震性能点地震作用；(d) 大震性能点顶点位移；

(e) 峰值承载力；(f) 峰值点顶点位移；(g) 延性系数；(h) 超强系数

8.4 弹塑性动力时程分析

8.4.1 地震波选取

本书从 UC Berkeley 太平洋地震工程研究中心（PEER）的 NGA-West2 数据库[16] 中选取了 6 条强震记录，见表 8.9，加速度时程（未缩放）见图 8.18（a）～（f）。选波条件为：8 度罕遇、Ⅲ类场地、第一组的反应谱[17]，震级为 5～9 级，V_{s30} 为 150～250m/s（对应于Ⅲ类场地），缩放系数为 0.5～5.0。使用陆新征[18] 基于 MIT D Gasparini 和 E Vanmarcke 开发的 SIMQKE 程序，生成两条人工地震波，如图 8.18（g）～（h）所示。上述 8 条地震动加速度时程分别编号为 EQ1～EQ8，各地震动时程的反应谱、平均反应谱以及罕遇地震反应谱见图 8.19。

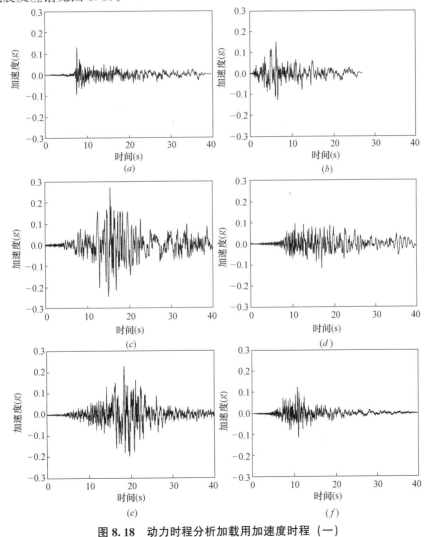

图 8.18　动力时程分析加载用加速度时程（一）

（a）EQ1：强震记录；（b）EQ2：强震记录；（c）EQ3：强震记录；（d）EQ4：强震记录；（e）EQ5：强震记录；（f）EQ6：强震记录

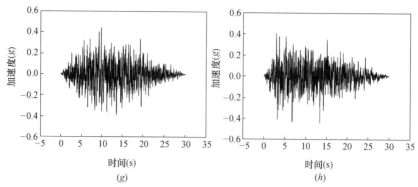

图 8.18　动力时程分析加载用加速度时程（二）

（g）EQ7：人工波；（h）EQ8：人工波

强震记录选取结果　　　　　　　　　　　　　　表 8.9

编号	NGA 编号	年份	震级	地震名称（断层类型）	记录台站（分量）	V_{s30}(m/s)	缩放系数
EQ1	163	1979	6.53	帝国谷 06 地震（走滑断层）	IMPVALL. H_H-CAL225	205.78	3.12
EQ2	266	1980	6.33	墨西哥维多利亚地震（走滑断层）	VICT_CHI102	242.05	2.65
EQ3	1203	1999	7.62	中国台湾集集地震（逆断层/斜向断层）	CHICHI_CHY036-E	233.14	1.47
EQ4	4855	2007	6.8	日本新潟地震（逆断层）	CHUETSU_65024NS	245.45	3.50
EQ5	6890	2010	7.0	新西兰达菲尔德地震（逆断层/斜向断层）	DARFIELD_CMHSN10E	204.0	1.76
EQ6	8142	2011	6.2	新西兰基督城地震（逆断层/斜向断层）	CHURCH_TPLCN27W	249.28	3.21

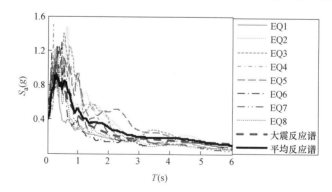

图 8.19　各条地震波的反应谱与罕遇地震反应谱

8.4.2　两种模型对比

以 F3-B345-C345-η1.00 框架为例，分别采用精细模型和杆系模型，分析结构在 8 条地震波作用下的整体抗震性能，并进行对比。两种模型的顶点相对位移时程曲线对比如图8.20所示；各层梁截面中点与基底之间的最大相对位移、最大层间位移角、最大支撑应力以及各层梁截面中点最大水平绝对加速度的动力时程分析结果定量对比分别见表8.10～表8.13。

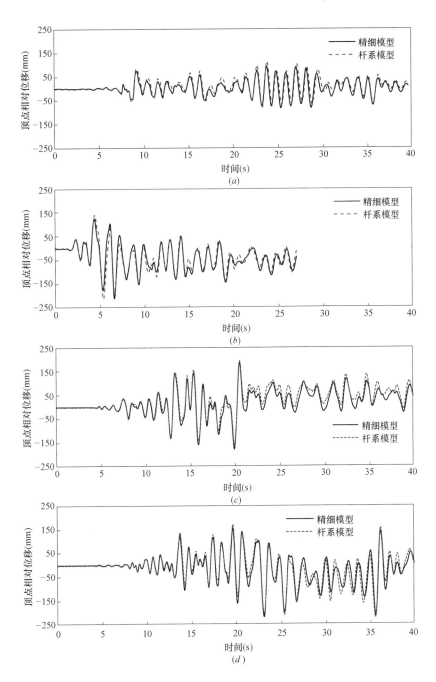

图 8.20 两种模型顶点相对位移时程曲线对比（一）

(a) EQ1；(b) EQ2；(c) EQ3；(d) EQ4

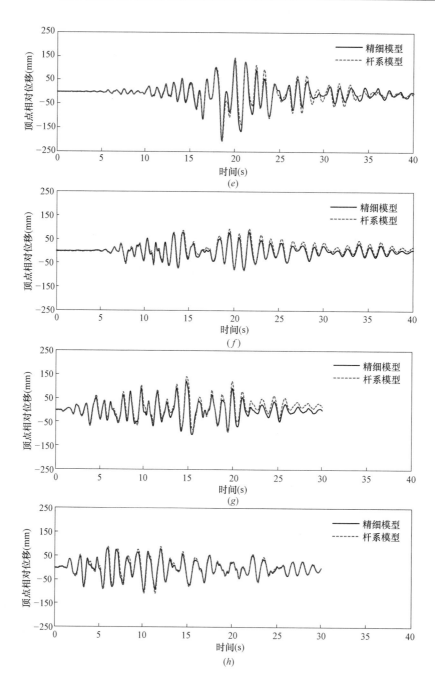

图 8.20   两种模型顶点相对位移时程曲线对比（二）

(e) EQ5；(f) EQ6；(g) EQ7；(h) EQ8

两种模型计算结果定量对比（各层梁截面中点与基底之间的最大相对位移）　表 8.10

对比内容		EQ1	EQ2	EQ3	EQ4	EQ5	EQ6	EQ7	EQ8	均值
1 层最大相对位移(mm)	精细模型	34.8	78.9	66.9	97.4	73.1	32.8	43.7	35.7	57.9
	杆系模型	38.6	86.5	62.5	89.2	66.0	34.8	49.2	38.5	58.2
	杆系模型/精细模型	1.11	1.10	0.93	0.92	0.90	1.06	1.13	1.08	1.00

续表

对比内容		EQ1	EQ2	EQ3	EQ4	EQ5	EQ6	EQ7	EQ8	均值
2层最大相对位移(mm)	精细模型	75.0	168.0	144.4	184.9	158.7	66.6	89.3	77.6	120.6
	杆系模型	87.0	171.2	144.2	184.7	153.0	74.4	103.8	82.4	125.1
	杆系模型/精细模型	1.16	1.02	1.00	1.00	0.96	1.12	1.16	1.06	1.04
最大顶点相对位移(mm)	精细模型	95.9	213.9	185.5	226.5	205.4	86.9	122.4	108.8	155.7
	杆系模型	111.4	211.7	191.4	234.0	205.9	93.6	140.0	108.7	162.1
	杆系模型/精细模型	1.16	0.99	1.03	1.03	1.00	1.08	1.14	1.00	1.04

两种模型计算结果定量对比（最大层间位移角）　　　　　表 8.11

对比内容		EQ1	EQ2	EQ3	EQ4	EQ5	EQ6	EQ7	EQ8	均值
最大层间位移角(1层)(% rad)	精细模型	1.16%	2.63%	2.23%	3.25%	2.44%	1.09%	1.46%	1.19%	1.93%
	杆系模型	1.29%	2.88%	2.08%	2.97%	2.20%	1.16%	1.64%	1.28%	1.94%
	杆系模型/精细模型	1.11	1.10	0.93	0.92	0.90	1.06	1.13	1.08	1.00
最大层间位移角(2层)(% rad)	精细模型	1.38%	2.97%	2.59%	2.92%	2.88%	1.20%	1.80%	1.54%	2.16%
	杆系模型	1.61%	2.88%	2.72%	3.19%	2.94%	1.32%	2.08%	1.55%	2.29%
	杆系模型/精细模型	1.17	0.97	1.05	1.09	1.02	1.11	1.16	1.01	1.06
最大层间位移角(3层)(% rad)	精细模型	0.78%	1.59%	1.43%	1.59%	1.56%	0.76%	1.13%	1.12%	1.25%
	杆系模型	0.95%	1.52%	1.58%	1.64%	1.85%	0.87%	1.38%	1.16%	1.37%
	杆系模型/精细模型	1.22	0.96	1.10	1.04	1.18	1.14	1.22	1.04	1.10

两种模型计算结果定量对比（最大支撑应力）　　　　　　表 8.12

对比内容		EQ1	EQ2	EQ3	EQ4	EQ5	EQ6	EQ7	EQ8	均值
最大支撑应力(1层)(MPa)	精细模型	390.1	392.4	391.2	394.4	393.5	387.4	390.3	387.1	390.8
	杆系模型	388.6	392.3	388.6	392.3	391.6	387.1	390.7	387.0	389.8
	杆系模型/精细模型	1.00	1.00	0.99	0.99	1.00	1.00	1.00	1.00	1.00
最大支撑应力(2层)(MPa)	精细模型	387.3	394.0	393.9	422.6	394.5	387.7	392.0	390.2	395.3
	杆系模型	388.3	392.9	392.1	392.5	394.0	386.2	391.0	388.8	390.7
	杆系模型/精细模型	1.00	1.00	1.00	1.00	1.00	1.00	1.00	1.00	0.99
最大支撑应力(3层)(MPa)	精细模型	388.3	393.6	394.0	393.0	390.9	388.7	390.6	391.7	391.3
	杆系模型	390.0	389.0	391.2	390.2	390.5	385.9	390.7	390.1	389.7
	杆系模型/精细模型	1.00	0.99	0.99	0.99	1.00	0.99	1.00	1.00	1.00

两种模型计算结果定量对比（各层梁截面中点最大水平绝对加速度）　　表 8.13

对比内容		EQ1	EQ2	EQ3	EQ4	EQ5	EQ6	EQ7	EQ8	均值
最大水平加速度(1层)(g)	精细模型	0.409	0.353	0.364	0.506	0.457	0.453	0.425	0.486	0.432
	杆系模型	0.503	0.547	0.497	0.842	0.596	0.594	0.624	0.850	0.632
	杆系模型/精细模型	1.23	1.55	1.36	1.66	1.30	1.31	1.47	1.75	1.46
最大水平加速度(2层)(g)	精细模型	0.430	0.387	0.468	0.500	0.430	0.350	0.417	0.425	0.426
	杆系模型	0.590	1.156	1.274	0.929	0.824	0.489	0.553	0.533	0.794
	杆系模型/精细模型	1.37	2.98	2.72	1.86	1.92	1.40	1.33	1.25	1.86
最大水平加速度(3层)(g)	精细模型	0.445	0.587	0.571	0.626	0.521	0.440	0.536	0.517	0.531
	杆系模型	0.727	1.031	1.194	1.333	0.506	0.469	1.130	0.635	0.878
	杆系模型/精细模型	1.63	1.76	2.09	2.13	0.97	1.07	2.11	1.23	1.66

经对比，杆系模型与精细模型（下称两种模型）得到的结构顶点位移时程曲线基本重合，表明两者对水平地震作用下结构整体变形性能的模拟结果吻合良好。两种模型得到的各层梁截面中点与基底之间的最大相对位移之比介于 0.90～1.16，两种模型得到的 8 条地震波作用下最大相对位移平均值之比介于 1.00～1.04。两种模型得到的最大层间位移角之比介于 0.90～1.22，两种模型得到的 8 条地震波作用下最大层间位移角平均值之比介于 1.00～1.10。两种模型得到的最大支撑应力之比介于 0.99～1.00，两种模型得到的 8 条地震波作用下最大支撑应力平均值之比介于 0.99～1.00。两种模型得到的各层梁截面中点最大水平绝对加速度之比介于 0.97～2.98，两种模型得到的 8 条地震波作用下梁截面中点最大水平绝对加速度平均值之比介于 1.46～1.86。上述结果表明杆系模型可用于框架弹塑性动力时程分析。

8.4.3　有限元模拟结果

采用杆系模型对所有的框架算例进行动力时程分析，得到的最大层间位移角、支撑最大应力与支撑强度（取为支撑钢材的屈服强度标准值）之比以及各层绝对加速度最大值，分别见图 8.21～图 8.23。各条波作用下框架最大层间位移角、最大支撑应力与支撑钢材屈服强度标准值之比、最大绝对加速度的均值分别见表 8.14～表 8.16。动力时程分析的详细结果列于附录 D 中。

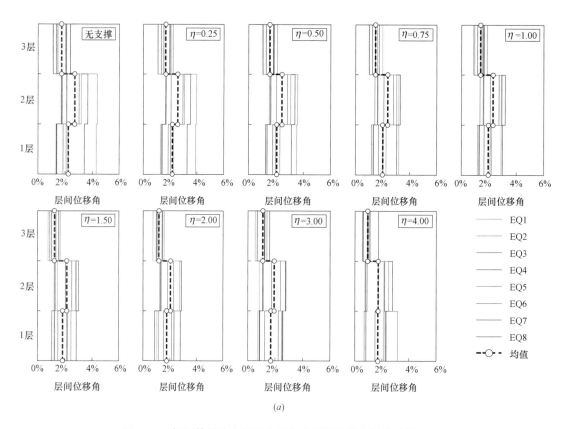

(a)

图 8.21　框架算例动力时程分析最大层间位移角计算结果（一）

(a) F3-B345-C345 钢框架

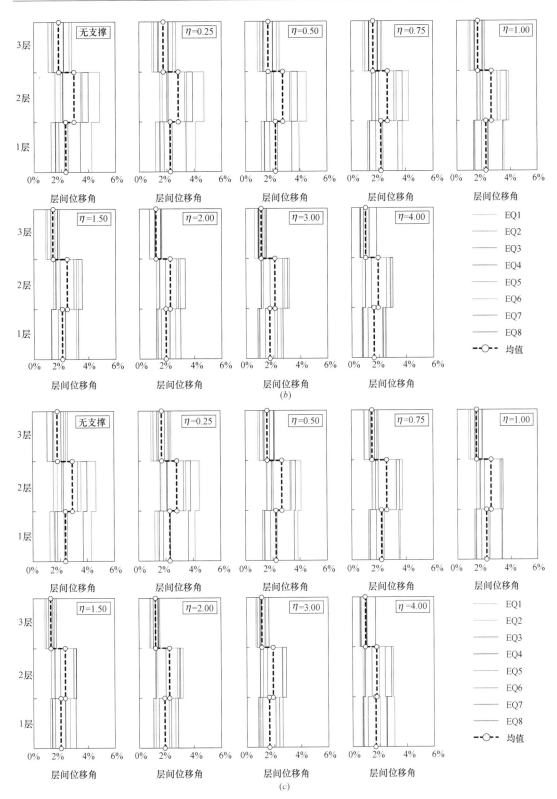

图 8.21 框架算例动力时程分析最大层间位移角计算结果（二）

（*b*）F3-B345-C460 钢框架；（*c*）F3-B460-C460 钢框架

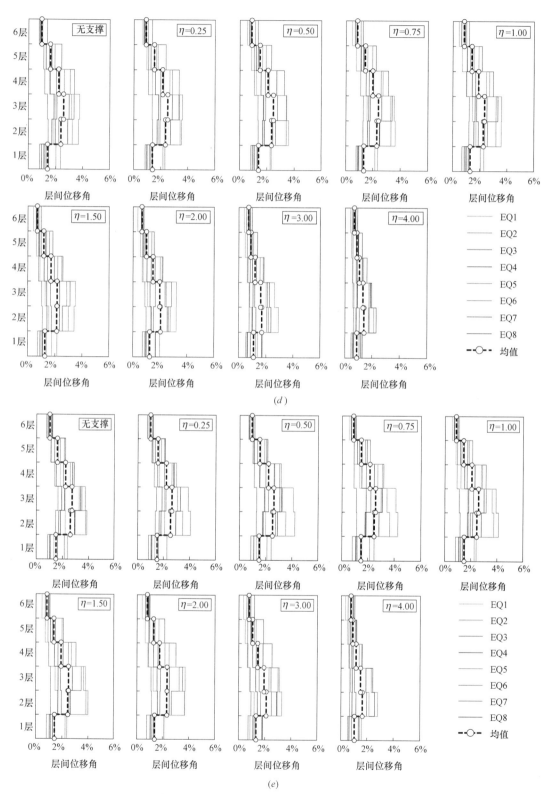

图 8.21　框架算例动力时程分析最大层间位移角计算结果 (三)

(d) F6-B345-C345 钢框架；(e) F6-B345-C460 钢框架

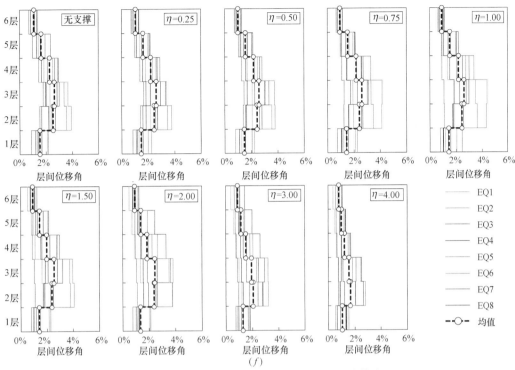

图 8.21 框架算例动力时程分析最大层间位移角计算结果（四）

（f）F6-B460-C460 钢框架

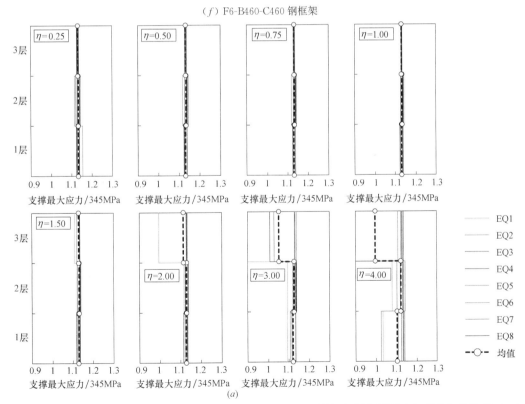

图 8.22 框架算例动力时程分析支撑最大应力与支撑强度（支撑钢材的屈服强度标准值）的比值（一）

（a）F3-B345-C345 钢框架

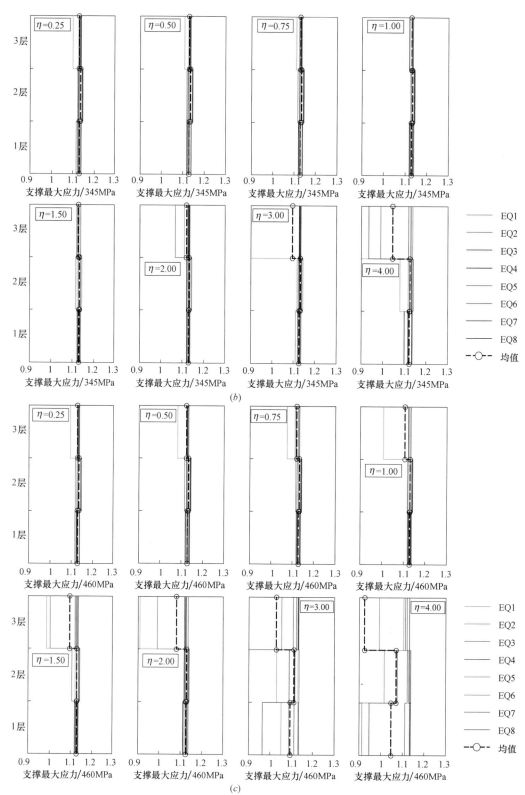

图 8.22　框架算例动力时程分析支撑最大应力与支撑强度（支撑钢材的屈服强度标准值）的比值（二）

（*b*）F3-B345-C460 钢框架；（*c*）F3-B460-C460 钢框架

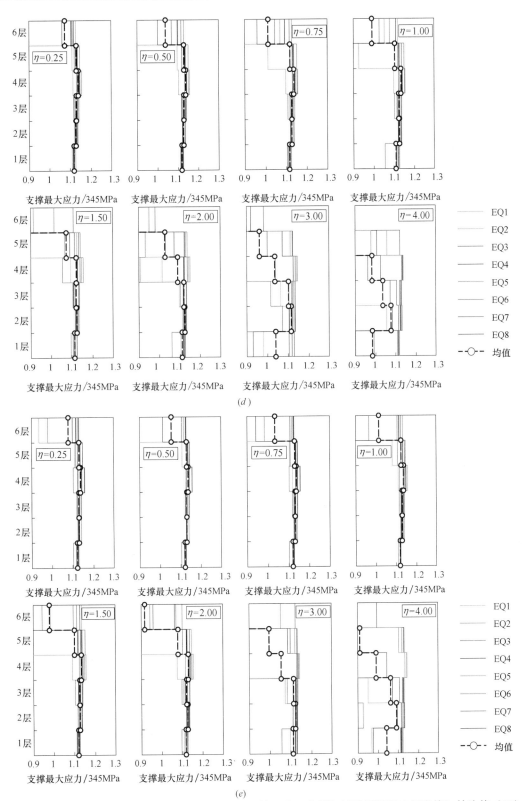

图 8.22 框架算例动力时程分析支撑最大应力与支撑强度（支撑钢材的屈服强度标准值）的比值（三）

（d）F6-B345-C345 钢框架；（e）F6-B345-C460 钢框架

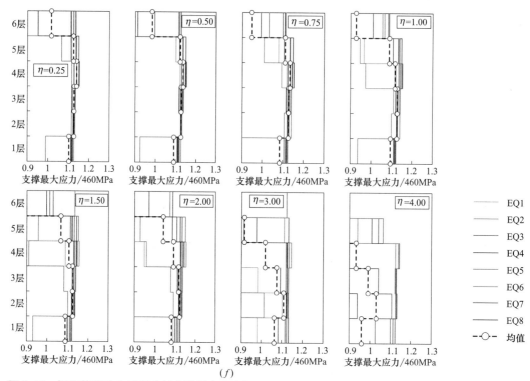

图 8.22　框架算例动力时程分析支撑最大应力与支撑强度（支撑钢材的屈服强度标准值）的比值（四）

(*f*) F6-B460-C460 钢框架

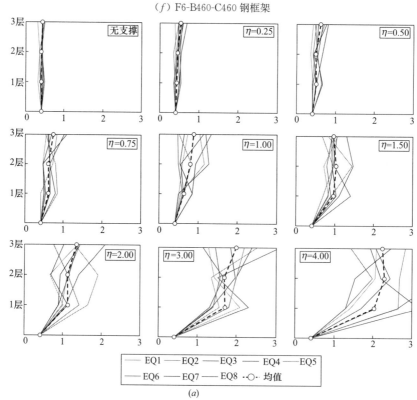

图 8.23　框架算例动力时程分析各层绝对加速度最大值（单位：*g*）（一）

(*a*) F3-B345-C345 钢框架

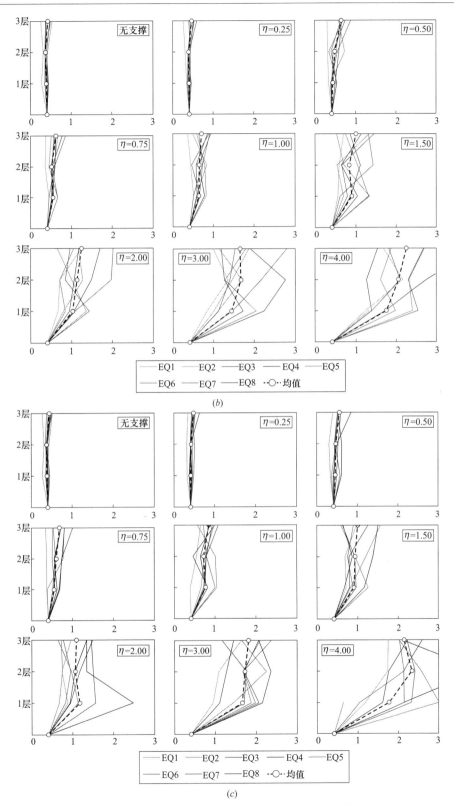

图 8.23 框架算例动力时程分析各层绝对加速度最大值（单位：g）（二）

（b）F3-B345-C460 钢框架；（c）F3-B460-C460 钢框架

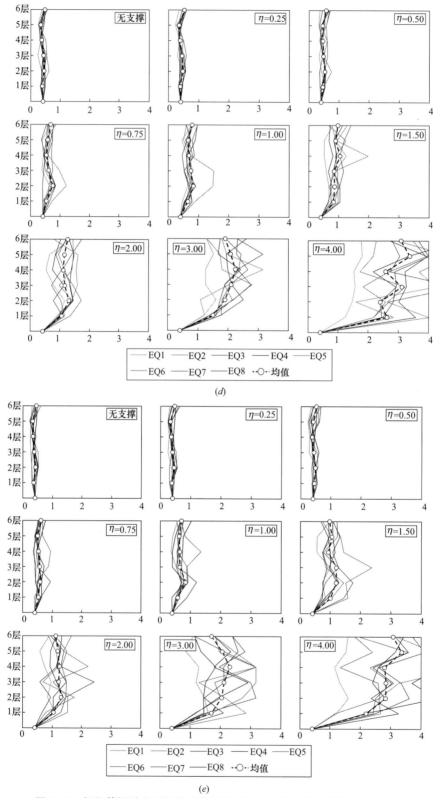

(d)

(e)

图 8.23　框架算例动力时程分析各层绝对加速度最大值（单位：g）（三）

（d）F6-B345-C345 钢框架；（e）F6-B345-C460 钢框架

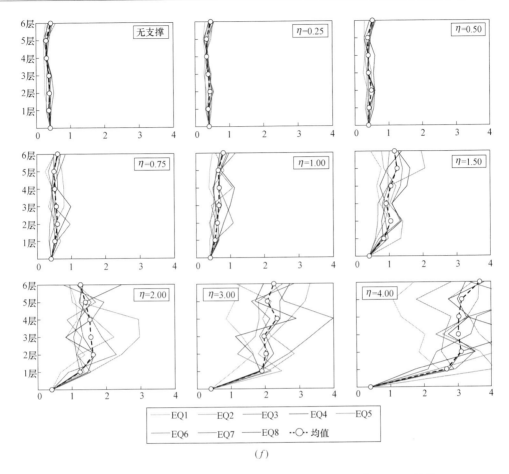

图 8.23 框架算例动力时程分析各层绝对加速度最大值（单位：g）（四）

（f）F6-B460-C460 钢框架

框架算例动力时程分析各条波作用下最大层间位移角的均值　　　表 8.14

刚度比 η	0	0.25	0.50	0.75	1.00	1.50	2.00	3.00	4.00
F3-B345-C345 钢框架	2.68%	2.56%	2.47%	2.38%	2.29%	2.14%	2.05%	1.94%	1.72%
F3-B345-C460 钢框架	2.95%	2.85%	2.76%	2.66%	2.56%	2.42%	2.26%	2.13%	1.94%
F3-B460-C460 钢框架	2.90%	2.81%	2.68%	2.58%	2.49%	2.32%	2.23%	1.93%	1.79%
F6-B345-C345 钢框架	2.57%	2.52%	2.47%	2.41%	2.34%	2.15%	2.05%	1.69%	1.41%
F6-B345-C460 钢框架	2.71%	2.64%	4.25%	2.58%	2.56%	2.48%	2.34%	2.10%	1.64%
F6-B460-C460 钢框架	2.62%	2.61%	2.57%	2.60%	2.58%	2.53%	2.43%	2.06%	1.67%

框架算例动力时程分析各条波作用下最大支撑应力与钢材屈服强度标准值之比的均值　　　表 8.15

刚度比 η	0.25	0.50	0.75	1.00	1.50	2.00	3.00	4.00
F3-B345-C345 钢框架	1.133	1.134	1.133	1.133	1.131	1.129	1.126	1.122
F3-B345-C460 钢框架	1.135	1.146	1.134	1.133	1.132	1.131	1.131	1.125
F3-B460-C460 钢框架	1.134	1.133	1.131	1.130	1.128	1.128	1.111	1.070
F6-B345-C345 钢框架	1.140	1.138	1.136	1.135	1.125	1.125	1.115	1.078
F6-B345-C460 钢框架	1.138	1.156	1.136	1.137	1.133	1.129	1.122	1.092
F6-B460-C460 钢框架	1.139	1.137	1.134	1.127	1.125	1.123	1.109	1.030

框架算例动力时程分析各条波作用下最大绝对加速度的均值（单位：g）　　表 8.16

刚度比 η	0	0.25	0.50	0.75	1.00	1.50	2.00	3.00	4.00
F3-B345-C345 钢框架	0.429	0.530	0.611	0.735	0.878	1.026	1.353	1.989	2.289
F3-B345-C460 钢框架	0.429	0.469	0.639	0.625	0.711	1.007	1.251	1.674	2.257
F3-B460-C460 钢框架	0.445	0.480	0.552	0.688	0.853	1.002	1.180	1.817	2.348
F6-B345-C345 钢框架	0.471	0.524	0.575	0.749	0.831	1.047	1.313	2.240	3.379
F6-B345-C460 钢框架	0.448	0.469	0.513	0.609	0.842	1.199	1.303	2.312	3.367
F6-B460-C460 钢框架	0.437	0.462	0.532	0.612	0.805	1.235	1.621	2.357	3.673

8.4.4　分析与讨论

作出各条地震波分析结果最大值的均值随刚度比的变化曲线，如图 8.24 所示，分析结果包括最大顶点位移、最大层间位移角、支撑最大应力与钢材屈服强度标准值之比、最大加速度。最大顶点位移和最大层间位移角随着刚度比 η 的增大呈降低趋势，如图 8.24（a）、（b）所示。动力时程分析得到的罕遇地震作用下结构层间位移角大于静力推覆分析能力谱法确定的大震性能点对应的层间位移角。由于所研究的结构体系使用了方钢管柱和柔性支撑，具有良好的屈服后受力性能，而且所使用的高强度螺栓端板节点具有很强的变形能力，虽部分框架在罕遇地震下的层间位移角已超过 2% 甚至接近 3%，但也没有出现由于重力二阶效应造成的倒塌。

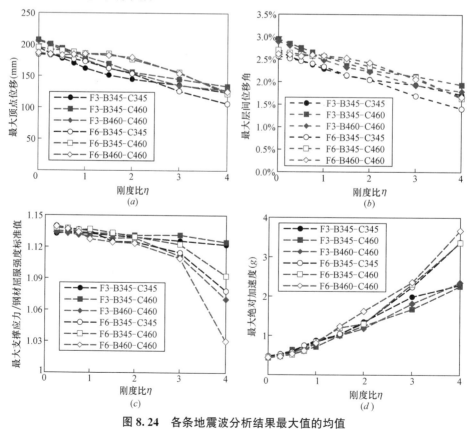

图 8.24　各条地震波分析结果最大值的均值

（a）最大顶点位移；（b）最大层间位移角；（c）支撑最大应力/钢材屈服强度标准值；（d）最大绝对加速度

有限元模型中柔性支撑考虑了应变率对钢材性能的影响，以分析支撑在突然张紧的情况下承载力增大的效应。罕遇地震作用下支撑最大应力与钢材屈服强度标准值之比随着刚度比 η 的增大逐渐降低，但所有框架算例的结果均介于 $1.02\sim1.14$ 之间，如图 8.24（c）所示。刚度比 η 的增大会导致结构水平绝对加速度明显增大，如图 8.24（d）所示；在峰值为 $0.4g$ 的基底加速度作用下，无支撑框架最大加速度不超过 $0.5g$，刚度比 $\eta=1.0$ 时最大加速度不超过 $0.9g$，刚度比 $\eta=2.0$ 时最大加速度不超过 $1.4g$，而当 $\eta=4.0$ 时最大加速度介于 $2.0g\sim4.0g$ 之间。

8.5 设计建议

结合第 4 章框架拟静力试验、第 5 章框架振动台试验、7.5 节框架算例试设计以及本章框架算例抗震性能分析的结果，针对矩形钢管柱端板式连接钢结构体系提出设计建议。

8.5.1 构造建议

针对楼板易开裂的问题，提出以下建议：

（1）预制装配式楼板各区格之间接缝的宽度，应能确保混凝土或灌浆料浇筑密实；接缝处的楼板侧面应凿毛或制作成锯齿状，增大各块楼板之间的整体性。

（2）板内配筋应绕过预留的栓钉孔并有可靠的锚固措施，提高楼板与钢结构之间连接的可靠性，锚固长度不低于《混凝土结构设计规范》GB 50010—2010[19] 对钢筋锚固的构造规定。

（3）框架柱附近区域的楼板可加密配筋，可在楼板与端板、楼板与端板加劲肋、楼板与柱表面之间设置软性衬垫，楼板与钢梁之间可采用抗拔不抗剪连接件[20] 进行连接，以减轻框架柱附近区域楼板的开裂问题。

针对地震作用下结构容易产生声响的问题，提出以下建议：

（1）对于将端板加劲肋与支撑连接板融合，从而将支撑直接与梁端相连的支撑节点，为防止端板竖向滑移声响的产生，端板上下端应设置限位装置。

（2）为减轻结构往复变形时双向柔性支撑交替屈曲和张紧而相互碰撞产生的声响，柔性支撑在跨中相交位置应设置软性保护套。

8.5.2 刚度比的建议取值范围

7.5 节框架算例的设计结果对比（图 7.17）、8.3 节静力推覆分析结果对比（图 8.17）以及 8.4 节动力时程分析结果对比（图 8.24）均显示，支撑与框架的刚度比 η 过大或过小均对结构设计或抗震性能存在不利影响。刚度比过小，构件和节点应力比较高，框架变形较大；刚度比过大，结构承担地震作用较大，楼面绝对加速度较大，且支撑作用与框架梁柱节点的集中力较明显。

经对比分析发现，刚度比 η 由 0 增大到 1 的过程中，结构抗侧刚度弱，侧移明显，构件和节点应力比较高等劣势逐渐消减，而承载力提高、延性增大、框架部分承担地震作用减小等优势显著增强；刚度比 η 由 3 增大到 4 的过程中上述因素的变化逐渐趋缓。同时，当刚度比 η 介于 1 和 3 之间时，结构承担的地震作用以及楼面绝对加速度还不太大，不会对结构的正常使用和抗震性能造成不利影响。

综上所述，本书的方钢管柱端板节点柔性支撑钢框架刚度比 η 的建议取值范围为：$1 \leqslant \eta \leqslant 3$。

8.5.3　支撑节点的荷载调整系数

有限元模型中钢材屈服强度定为钢材的屈服强度标准值，支撑本构模型考虑了材料应变率的影响。虽然柔性支撑采用了理想弹塑性模型，但地震作用下支撑突然张紧带来的高应变率使得支撑的名义应力会超过材料屈服强度。

对于柔性支撑与钢框架的节点设计，不建议考虑连接板件和焊缝在高应变率下材料强度的提高，故给出支撑节点的荷载调整系数，将柔性支撑的承载力放大，用于支撑节点的设计。支撑节点的荷载调整系数，参考动力时程分析支撑最大应力与钢材屈服强度标准值之比的模拟结果，建议取 1.15。

8.6　小结

（1）采用精细模型和杆系模型，经对比验证后，分别对框架算例进行了 2 种荷载分布模式下的弹塑性静力推覆分析和 8 条地震波作用下的弹塑性动力时程分析。然后，基于有限元模拟结果以及所提取的性能指标，验证了框架算例的抗震性能并分析了支撑与框架刚度比的影响。最后，结合前文的框架试验结果、算例设计结果以及本章的算例抗震性能分析结果，提出设计建议。

（2）静力推覆分析过程中，框架算例表现出了良好的承载能力，设计地震作用位于荷载-位移曲线较低的位置，大震性能点位于屈服点附近。结构在大震性能点处的层间位移角均小于 2%，在峰值点处的层间位移角介于 3.25%～4.95% 之间。

（3）同时用精细模型和杆系模型，进行了 F3-B345-C345-η1.00 框架在 8 条地震波作用下的动力时程分析。本书开发的框架精细模型和杆系模型，均可模拟结构整体的弹塑性动力性能，且两者的模拟结果吻合良好。

（4）罕遇地震作用下框架动力时程分析得到的层间位移角大于静力推覆分析大震性能点处的层间位移角。在高应变率下的强化作用下，动力时程分析中的支撑名义应力明显大于屈服强度（1.02～1.14 倍）。刚度比的提高会显著增大框架楼面绝对加速度的响应。结构未发生因重力二阶效应作用而导致的倒塌。

（5）结合本书的研究结果，提出了结构的构造建议、支撑与框架刚度比建议取值范围（$1 \leqslant \eta \leqslant 3$）以及支撑节点的荷载调整系数（1.15）。

参考文献

[1]　Dassault Systèmes Simulia Corp. ABAQUS user′s manual [M/OL]. Version 6. 13，Dassault Systèmes Simulia Corp，Providence，RI，USA，2013.

[2]　王萌. 强烈地震作用下钢框架的损伤退化行为 [D]. 北京：清华大学，2013.

[3]　胡方鑫. 高强度钢材钢框架抗震性能及设计方法研究 [D]. 北京：清华大学，2016.

[4]　Filiatrault A，Tremblay R. Design of tension-only concentrically braced steel frames for seismic in-

duced impact loading [J]. Engineering Structures, 1998, 20 (12): 1087-1096.

[5] Johnson G R, Cook W H. A constitutive model and data for metals subjected to large strains, high strain rates and high temperatures [C]. Proceedings of the 7th International Symposium on Ballistics. The Hauge, Netherlands, 1983: 541-547.

[6] 叶列平. 混凝土结构（上册）[M]. 北京：中国建筑工业出版社，2012.

[7] 中华人民共和国行业标准. 组合结构设计规范 JGJ 138—2016 [S]. 北京：中国建筑工业出版社，2016.

[8] 中华人民共和国行业标准. 钢结构高强度螺栓连接技术规程 JGJ 82—2011 [S]. 北京：中国建筑工业出版社，2011.

[9] FEMA 356. Prestandard and commentary for the seismic rehabilitation of buildings [R]. Washington, D. C: FEMA, 2000.

[10] BS EN 1998-1: 2004. Eurocode 8: Design of structures for earthquake resistance——Part 1: General rules, seismic actions and rules for buildings [S]. Brussels: European Committee for Standardization, 2004.

[11] Huang Y L, Mahin S A. PEER Report 2010/104. Simulating the inelastic seismic behavior of steel braces frames including the effects of low-cycle fatigue [R]. Berkeley, CA: Pacific Earthquake Engineering Research Center, University of California, Berkeley, 2010.

[12] ATC-40. Seismic evaluation and retrofit of concrete buildings [S]. Vol. 1. Redwood City, CA: Applied Technology Council, 1996.

[13] 冯鹏，强翰霖，叶列平. 材料、构件、结构的"屈服点"定义与讨论 [J]. 工程力学，2017，34 (3): 36-46.

[14] 张连河. 钢筋混凝土框架结构超强系数分析 [D]. 重庆：重庆大学，2009.

[15] 罗桂发. 钢支撑和框架的弹塑性抗侧性能及其协同工作 [D]. 杭州：浙江大学，2011.

[16] Pacific Earthquake Engineering Research Center, UC Berkeley. Strong ground motion database [DB/OL]. [2019-01-11]. https://ngawest2. berkeley. edu/.

[17] 中华人民共和国国家标准. 建筑抗震设计规范 GB 50011—2010（2016 年版）[S]. 北京：中国建筑工业出版社，2016.

[18] 陆新征，人工地震动生成程序 [CP/OL]. [2019-01-11]. http://blog. sina. com. cn/s/blog_6cdd8dff01 0112lz. html.

[19] 中华人民共和国国家标准. 混凝土结构设计规范 GB 50010—2010 [S]. 北京：中国建筑工业出版社，2010.

[20] 聂建国，陶慕轩，聂鑫，等. 抗拔不抗剪连接新技术及其应用 [J]. 土木工程学报，2014 (4): 7-14，58.

附录A 钢框架拟静力试验实际峰值位移

本附录为第4章框架拟静力试验各级循环加载过程中结构的实际峰值位移，见附表A.1。实际峰值位移为数值模拟中输入的加载位移，可供进一步数值模拟研究参考。

钢框架拟静力试验各级循环加载过程中结构的实际峰值位移   附表A.1

加载级	目标顶点位移 (mm)	东榀框架实际位移(mm)			西榀框架实际位移(mm)		
		1层	2层	顶点	1层	2层	顶点
0.12%-1-正向	10.6	3.1	6.6	9.8	3.7	7.4	10.4
0.12%-1-反向	−10.6	−2.4	−6.6	−9.2	−3.6	−7.3	−10.0
0.12%-2-正向	10.6	3.1	6.3	9.5	3.8	7.4	10.3
0.12%-2-反向	−10.6	−2.5	−6.8	−9.5	−3.6	−7.3	−10.0
0.12%-3-正向	10.6	3.1	6.4	9.7	3.8	7.7	10.7
0.12%-3-反向	−10.6	−2.5	−7.1	−10.0	−3.6	−7.5	−10.5
0.12%-4-正向	10.6	3.1	6.4	9.6	3.7	7.7	10.7
0.12%-4-反向	−10.6	−2.7	−7.3	−10.2	−3.6	−7.7	−10.5
0.12%-5-正向	10.6	3.1	6.2	9.4	3.8	7.7	10.6
0.12%-5-反向	−10.6	−2.7	−7.3	−10.3	−3.6	−7.6	−10.6
0.12%-6-正向	10.6	3.2	6.1	9.3	3.8	7.7	10.6
0.12%-6-反向	−10.6	−2.7	−7.3	−10.4	−3.6	−7.7	−10.5
0.24%-1-正向	21.2	6.9	14.4	20.7	8.0	15.6	21.3
0.24%-1-反向	−21.2	−6.1	−15.1	−20.9	−7.1	−15.3	−20.9
0.24%-2-正向	21.2	6.4	13.6	19.5	8.2	15.9	21.9
0.24%-2-反向	−21.2	−6.2	−15.2	−21.1	−7.1	−15.3	−20.6
0.24%-3-正向	21.2	6.5	13.4	19.3	8.2	16.0	22.0
0.24%-3-反向	−21.2	−6.4	−15.4	−21.2	−7.1	−15.2	−20.7
0.24%-4-正向	21.2	6.4	13.4	19.0	8.2	16.0	21.9
0.24%-4-反向	−21.2	−6.4	−15.5	−21.5	−7.0	−15.2	−20.7
0.24%-5-正向	21.2	6.2	13.3	19.1	8.2	16.0	21.9
0.24%-5-反向	−21.2	−6.6	−15.7	−21.6	−7.1	−15.2	−20.8
0.24%-6-正向	21.2	6.1	13.1	19.0	8.1	16.0	21.9
0.24%-6-反向	−21.2	−6.6	−15.8	−21.7	−7.0	−15.3	−20.9
0.36%-1-正向	32	10.2	22.3	31.0	11.7	23.5	31.8
0.36%-1-反向	−32	−9.4	−21.9	−30.5	−10.8	−23.1	−31.7
0.36%-2-正向	32	9.6	21.6	30.2	11.8	23.3	31.7

续表

加载级	目标顶点位移（mm）	东榀框架实际位移（mm）			西榀框架实际位移（mm）		
		1 层	2 层	顶点	1 层	2 层	顶点
0.36%-2-反向	−32	−9.4	−22.1	−30.7	−10.7	−23.0	−31.6
0.36%-3-正向	32	9.6	21.5	30.1	11.7	23.3	31.6
0.36%-3-反向	−32	−9.6	−22.3	−30.9	−10.7	−23.0	−31.6
0.36%-4-正向	32	9.4	21.3	29.9	11.8	23.5	31.7
0.36%-4-反向	−32	−9.7	−22.5	−31.2	−10.7	−22.9	−31.6
0.72%-1-正向	64	20.3	44.3	60.1	23.3	47.0	63.3
0.72%-1-反向	−64	−19.8	−46.0	−62.8	−19.8	−44.4	−62.4
0.72%-2-正向	64	19.9	43.9	59.4	23.1	46.8	63.3
0.72%-2-反向	−64	−19.9	−46.1	−63.3	−19.5	−44.3	−62.5
1.08%-1-正向	96	29.3	65.2	88.6	33.5	68.2	93.3
1.08%-1-反向	−96	−28.8	−67.3	−94.0	−27.3	−64.1	−91.4
1.08%-2-正向	96	30.1	66.7	90.1	34.0	69.3	95.3
1.08%-2-反向	−96	−27.9	−66.9	−94.3	−28.0	−65.4	−93.3
1.44%-1-正向	127	39.6	87.8	119.0	44.1	91.2	124.7
1.44%-1-反向	−127	−36.4	−88.4	−125.8	−35.8	−86.1	−123.8
1.44%-2-正向	127	39.5	88.1	120.0	44.5	92.4	126.1
1.44%-2-反向	−127	−36.6	−88.5	−126.3	−35.0	−84.9	−123.0
1.80%-1-正向	159	49.3	109.1	148.1	54.2	113.7	155.7
1.80%-1-反向	−159	−43.7	−107.7	−156.1	−42.3	−104.5	−153.1
1.80%-2-正向	159	49.9	110.6	151.7	54.8	115.4	158.5
1.80%-2-反向	−159	−44.0	−108.5	−157.6	−42.3	−105.0	−154.2
2.16%-1-正向	191	62.4	137.1	185.8	64.9	136.9	188.2
2.16%-1-反向	−191	−51.0	−126.2	−184.8	−51.1	−126.2	−185.2
2.16%-2-正向	191	61.5	135.8	185.8	64.8	136.8	188.5
2.16%-2-反向	−191	−50.9	−127.8	−187.7	−51.4	−128.1	−189.3
2.52%-1-正向	223	69.4	152.7	208.5	72.6	152.6	210.4
2.52%-1-反向	−223	−56.6	−142.3	−210.3	−57.0	−142.4	−211.7
2.52%-2-正向	223	71.8	159.1	218.2	74.7	158.6	219.7
2.52%-2-反向	−223	−58.3	−145.7	−216.3	−57.0	−143.4	−214.1
2.16%±0.36%-1-正向	223	74.0	161.0	218.8	77.3	161.5	220.0
2.16%±0.36%-1-反向	159	53.5	115.1	155.9	54.9	115.4	155.9
2.16%±0.36%-2-正向	223	73.8	160.3	217.8	77.0	160.8	219.1
2.16%±0.36%-2-反向	159	53.3	114.9	156.1	54.9	115.4	156.0
2.16%±0.72%-1-正向	255	84.9	183.5	249.2	88.1	184.2	250.7
2.16%±0.72%-1-反向	127	45.1	94.3	125.4	46.2	94.5	124.0

附录 A 钢框架拟静力试验实际峰值位移

加载级	目标顶点位移（mm）	东榀框架实际位移(mm)			西榀框架实际位移(mm)		
		1层	2层	顶点	1层	2层	顶点
2.16%±0.72%-2-正向	255	84.7	183.5	249.3	88.1	184.7	250.7
2.16%±0.72%-2-反向	127	45.1	93.9	124.8	46.3	94.1	123.2
2.16%±1.08%-1-正向	287	96.2	206.2	280.0	99.7	207.5	281.7
2.16%±1.08%-1-反向	96	38.3	73.8	93.6	38.7	73.4	91.6
2.16%±1.08%-2-正向	287	96.6	206.8	280.3	99.9	207.9	282.5
2.16%±1.08%-2-反向	96	38.9	74.5	93.9	39.0	73.8	92.1
2.16%±1.44%-1-正向	319	107.9	229.3	310.2	111.3	229.4	312.9
2.16%±1.44%-1-反向	64	32.3	54.8	64.0	32.3	53.8	62.1
2.16%±1.44%-2-正向	319	108.1	229.4	310.3	112.0	229.9	313.4
2.16%±1.44%-2-反向	64	32.8	55.5	64.8	32.7	54.3	62.5
2.16%±1.80%-1-正向	350	119.2	251.8	340.7	123.4	252.4	344.3
2.16%±1.80%-1-反向	32	27.4	36.9	35.8	25.9	33.8	30.5
2.16%±1.80%-2-正向	350	120.0	253.1	342.5	124.3	253.5	345.8
2.16%±1.80%-2-反向	32	27.7	36.9	34.6	25.4	32.7	29.0
2.16%±2.16%-1-正向	382	132.0	277.0	374.5	136.5	276.9	378.5
2.16%±2.16%-1-反向	0	21.3	17.7	4.4	19.3	13.5	−1.7
2.16%±2.16%-2-正向	382	131.6	274.0	373.1	136.5	276.2	377.6
2.16%±2.16%-2-反向	0	21.6	17.3	3.9	19.3	12.9	−2.8
2.16%±2.52%-1-正向	414	139.2	291.8	394.2	144.3	291.5	398.4
2.16%±2.52%-1-反向	−32	14.3	−2.4	−27.0	15.9	0.1	−23.9
2.16%±2.52%-2-正向	414	142.8	298.3	404.2	148.8	299.1	409.3
2.16%±2.52%-2-反向	−32	18.3	3.8	−18.8	17.3	1.5	−22.5
单向推覆	681	246.5	502.4	680.2	260.9	499.3	681.4

附录B 钢框架振动台试验详细试验结果

本附录为第5章振动台试验的详细计算结果，包括模型各层的加速度峰值及加速度放大系数（附表B.1、附表B.2）、模型各层相对台面的最大位移和位移角（附表B.3、附表B.4）、模型各层最大层间位移和最大层间位移角（附表B.5、附表B.6）。

模型各层 X 向的加速度峰值及加速度放大系数　　　　附表 B.1

地震烈度	工况	加速度峰值(g)						加速度放大系数				
		台面	F1	F2	F3	F4	F5	F1	F2	F3	F4	F5
7度多遇 X-0.035g Y-0.030g	E-C 单向	0.040	0.073	0.110	0.115	0.122	0.129	1.82	2.72	2.84	3.02	3.20
	人工波单向	0.038	0.077	0.085	0.107	0.127	0.145	2.00	2.20	2.79	3.30	3.77
	汶川波单向	0.039	0.074	0.086	0.068	0.057	0.089	1.90	2.20	1.75	1.47	2.27
	E-C 双向	0.031	0.062	0.088	0.083	0.088	0.095	1.97	2.81	2.64	2.81	3.03
	汶川波双向	0.039	0.077	0.090	0.070	0.049	0.089	1.98	2.31	1.80	1.24	2.28
7度设防 X-0.100g Y-0.085g	E-C 单向	0.104	0.168	0.263	0.273	0.263	0.306	1.61	2.52	2.62	2.52	2.93
	人工波单向	0.094	0.201	0.231	0.261	0.302	0.364	2.15	2.47	2.79	3.23	3.90
	汶川波单向	0.113	0.239	0.212	0.174	0.153	0.228	2.12	1.88	1.54	1.36	2.02
	E-C 双向	0.103	0.165	0.266	0.250	0.256	0.292	1.61	2.59	2.43	2.50	2.84
	汶川波双向	0.107	0.224	0.206	0.160	0.135	0.222	2.11	1.93	1.50	1.27	2.08
7度罕遇 X-0.220g Y-0.187g	E-C 单向	0.231	0.367	0.507	0.472	0.456	0.590	1.59	2.19	2.04	1.97	2.55
	人工波单向	0.239	0.479	0.492	0.508	0.649	0.683	2.00	2.06	2.12	2.71	2.85
	汶川波单向	0.215	0.448	0.516	0.335	0.294	0.483	2.09	2.40	1.56	1.37	2.24
	E-C 双向	0.227	0.471	0.504	0.480	0.448	0.729	2.08	2.22	2.11	1.97	3.21
	汶川波双向	0.214	0.475	0.510	0.389	0.312	0.511	2.22	2.38	1.82	1.46	2.39
7度半 罕遇 X-0.310g Y-0.264g	E-C 单向	0.333	0.702	0.718	0.726	0.752	0.944	2.10	2.15	2.18	2.26	2.83
	人工波单向	0.267	0.593	0.566	0.668	0.678	0.922	2.22	2.12	2.50	2.54	3.45
	汶川波单向	0.281	0.973	1.155	0.677	0.691	0.937	3.46	4.11	2.41	2.46	3.33
	E-C 双向	0.316	0.468	0.677	0.625	0.607	0.918	1.48	2.14	1.98	1.92	2.90
	汶川波双向	0.315	0.923	1.253	0.639	0.566	0.996	2.93	3.98	2.03	1.80	3.16
8度罕遇 X-0.400g Y-0.340g	E-C 单向	0.404	0.728	0.978	0.891	0.939	1.295	1.80	2.42	2.20	2.32	3.20
	人工波单向	0.383	0.559	0.711	0.740	0.781	0.944	1.46	1.86	1.93	2.04	2.47
	汶川波单向	0.418	0.766	1.140	0.883	0.908	1.328	1.83	2.73	2.11	2.17	3.18
	E-C 双向	0.401	0.612	0.838	0.859	0.819	1.081	1.52	2.09	2.14	2.04	2.69
	汶川波双向	0.408	0.852	1.031	0.747	0.780	1.024	2.09	2.53	1.83	1.91	2.51

注：表中 F1~F5 分别表示 1 层~5 层（下同）。

模型各层 Y 向的加速度峰值及加速度放大系数　　附表 B.2

地震烈度	工况	加速度峰值（g）						加速度放大系数				
		台面	F1	F2	F3	F4	F5	F1	F2	F3	F4	F5
7 度多遇 X-0.035g Y-0.030g	E-C 单向	0.005	0.013	0.011	0.015	0.013	0.013	2.80	2.28	3.10	2.76	2.86
	人工波单向	0.006	0.012	0.013	0.015	0.013	0.014	2.15	2.25	2.61	2.32	2.46
	汶川波单向	0.005	0.013	0.011	0.012	0.011	0.010	2.72	2.27	2.50	2.37	2.21
	E-C 双向	0.026	0.041	0.053	0.053	0.059	0.071	1.57	2.01	2.03	2.24	2.70
	汶川波双向	0.017	0.026	0.028	0.031	0.031	0.040	1.54	1.65	1.86	1.86	2.40
7 度设防 X-0.100g Y-0.085g	E-C 单向	0.007	0.017	0.022	0.024	0.027	0.028	2.54	3.17	3.49	3.95	4.12
	人工波单向	0.005	0.017	0.025	0.033	0.036	0.041	3.20	4.84	6.36	6.92	7.90
	汶川波单向	0.005	0.011	0.013	0.013	0.013	0.012	2.21	2.47	2.49	2.58	2.43
	E-C 双向	0.090	0.161	0.179	0.173	0.183	0.233	1.79	1.99	1.93	2.04	2.59
	汶川波双向	0.076	0.147	0.116	0.140	0.124	0.142	1.92	1.52	1.84	1.63	1.86
7 度罕遇 X-0.220g Y-0.187g	E-C 单向	0.007	0.022	0.030	0.035	0.038	0.041	3.11	4.24	4.97	5.40	5.82
	人工波单向	0.009	0.030	0.036	0.038	0.040	0.044	3.27	3.89	4.13	4.37	4.83
	汶川波单向	0.008	0.022	0.027	0.024	0.021	0.019	2.85	3.52	3.19	2.72	2.54
	E-C 双向	0.170	0.308	0.359	0.344	0.397	0.493	1.81	2.11	2.02	2.33	2.90
	汶川波双向	0.178	0.358	0.256	0.337	0.262	0.308	2.01	1.43	1.89	1.47	1.73
7 度半 罕遇 X-0.310g Y-0.264g	E-C 单向	0.010	0.046	0.053	0.047	0.048	0.041	4.48	5.22	4.65	4.73	4.01
	人工波单向	0.011	0.034	0.048	0.045	0.052	0.042	3.01	4.23	3.96	4.60	3.67
	汶川波单向	0.011	0.058	0.073	0.054	0.053	0.046	5.17	6.53	4.79	4.70	4.15
	E-C 双向	0.300	0.324	0.404	0.447	0.623	0.670	1.08	1.35	1.49	2.08	2.24
	汶川波双向	0.264	0.474	0.418	0.441	0.498	0.492	1.79	1.58	1.67	1.88	1.86
8 度罕遇 X-0.400g Y-0.340g	E-C 单向	0.014	0.026	0.040	0.046	0.043	0.048	1.91	2.93	3.33	3.17	3.51
	人工波单向	0.011	0.033	0.042	0.037	0.043	0.044	3.00	3.75	3.30	3.90	3.96
	汶川波单向	0.012	0.050	0.069	0.041	0.040	0.047	4.27	5.93	3.52	3.41	4.01
	E-C 双向	0.338	0.383	0.454	0.436	0.560	0.720	1.14	1.35	1.29	1.66	2.13
	汶川波双向	0.336	0.627	0.521	0.612	0.686	0.702	1.87	1.55	1.82	2.04	2.09

模型各层 X 向相对台面的最大位移和位移角　　附表 B.3

地震烈度	工况	相对台面的最大位移（mm）					相对台面的最大位移角				
		F1	F2	F3	F4	F5	F1	F2	F3	F4	F5
7 度多遇 X-0.035g Y-0.030g	E-C 单向	0.96	1.92	2.50	3.13	3.39	1/1092	1/1068	1/1221	1/1293	1/1490
	人工波单向	0.78	1.50	2.18	2.78	3.13	1/1339	1/1367	1/1401	1/1457	1/1613
	汶川波单向	0.42	0.72	0.95	1.11	1.29	1/2489	1/2840	1/3212	1/3658	1/3903
	E-C 双向	0.75	1.68	2.03	2.45	2.70	1/1391	1/1218	1/1506	1/1655	1/1874
	汶川波双向	0.46	0.73	0.81	1.05	1.21	1/2299	1/2815	1/3755	1/3871	1/4161

续表

地震烈度	工况	相对台面的最大位移(mm)					相对台面的最大位移角				
		F1	F2	F3	F4	F5	F1	F2	F3	F4	F5
7度设防 X-0.100g Y-0.085g	E-C 单向	2.20	4.46	6.14	7.52	8.40	1/477	1/459	1/497	1/539	1/601
	人工波单向	1.95	3.93	5.50	7.10	8.17	1/538	1/522	1/555	1/571	1/618
	汶川波单向	0.84	1.77	2.61	3.42	4.15	1/1247	1/1159	1/1167	1/1185	1/1217
	E-C 双向	2.13	5.07	6.00	7.46	8.52	1/492	1/404	1/509	1/543	1/593
	汶川波双向	0.85	1.57	2.34	3.10	3.73	1/1229	1/1309	1/1306	1/1308	1/1353
7度罕遇 X-0.220g Y-0.187g	E-C 单向	4.32	9.53	13.74	16.89	18.38	1/243	1/215	1/222	1/240	1/275
	人工波单向	5.43	12.29	17.37	22.11	24.37	1/193	1/167	1/176	1/183	1/207
	汶川波单向	2.63	6.06	8.39	10.31	11.32	1/399	1/338	1/363	1/393	1/446
	E-C 双向	4.32	12.12	12.31	16.00	18.47	1/243	1/169	1/248	1/253	1/273
	汶川波双向	2.91	6.09	10.00	11.76	12.77	1/360	1/337	1/305	1/345	1/395
7度半 罕遇 X-0.310g Y-0.264g	E-C 单向	6.73	15.05	20.17	24.72	27.42	1/156	1/136	1/151	1/164	1/184
	人工波单向	5.79	13.44	18.99	24.30	27.07	1/181	1/153	1/161	1/167	1/187
	汶川波单向	4.66	10.31	14.24	19.00	22.37	1/225	1/199	1/214	1/213	1/226
	E-C 双向	6.69	17.99	21.07	25.61	29.59	1/157	1/114	1/145	1/158	1/171
	汶川波双向	5.39	12.26	18.04	22.27	24.83	1/195	1/167	1/169	1/182	1/203
8度罕遇 X-0.400g Y-0.340g	E-C 单向	11.92	30.47	44.64	55.04	59.87	1/88	1/67	1/68	1/74	1/84
	人工波单向	11.03	28.28	41.22	50.86	54.83	1/95	1/72	1/74	1/80	1/92
	汶川波单向	11.68	28.54	40.20	48.08	51.57	1/90	1/72	1/76	1/84	1/98
	E-C 双向	12.72	32.68	47.30	58.09	62.86	1/83	1/63	1/64	1/70	1/80
	汶川波双向	11.07	24.98	40.33	47.18	51.10	1/95	1/82	1/76	1/86	1/99

模型各层 Y 向相对台面的最大位移和位移角　　　　附表 B.4

地震烈度	工况	相对台面的最大位移(mm)					相对台面的最大位移角				
		F1	F2	F3	F4	F5	F1	F2	F3	F4	F5
7度多遇 X-0.035g Y-0.030g	E-C 单向	0.17	0.29	0.28	0.31	0.38	1/6116	1/7070	1/10917	1/13253	1/13328
	人工波单向	0.21	0.30	0.27	0.31	0.30	1/5009	1/6917	1/11359	1/13095	1/16653
	汶川波单向	0.11	0.16	0.18	0.16	0.17	1/9701	1/12531	1/17094	1/24622	1/30049
	E-C 双向	0.51	1.00	1.56	1.80	2.00	1/2054	1/2049	1/1957	1/2250	1/2524
	汶川波双向	0.25	0.51	0.82	0.83	0.98	1/4152	1/4042	1/3738	1/4870	1/5152
7度设防 X-0.100g Y-0.085g	E-C 单向	0.39	0.66	0.81	0.84	0.96	1/2659	1/3089	1/3772	1/4797	1/5246
	人工波单向	0.42	0.77	0.93	1.22	1.16	1/2517	1/2675	1/3292	1/3318	1/4364
	汶川波单向	0.19	0.31	0.29	0.29	0.38	1/5675	1/6673	1/10578	1/13814	1/13259
	E-C 双向	1.83	3.56	4.91	6.24	6.74	1/573	1/576	1/621	1/649	1/749
	汶川波双向	0.79	1.46	1.78	2.19	2.41	1/1322	1/1405	1/1713	1/1850	1/2094

续表

地震烈度	工况	相对台面的最大位移(mm)					相对台面的最大位移角				
		F1	F2	F3	F4	F5	F1	F2	F3	F4	F5
7度罕遇 X-0.220g Y-0.187g	E-C 单向	0.58	0.99	1.00	1.15	1.28	1/1810	1/2069	1/3041	1/3536	1/3958
	人工波单向	0.82	1.35	1.40	1.91	1.91	1/1281	1/1520	1/2175	1/2118	1/2637
	汶川波单向	0.41	0.50	0.38	0.43	0.50	1/2574	1/4117	1/8084	1/9321	1/10150
	E-C 双向	4.57	9.68	14.44	17.67	19.46	1/230	1/212	1/211	1/229	1/260
	汶川波双向	2.25	4.19	5.36	6.35	7.05	1/466	1/489	1/569	1/637	1/716
7度半 罕遇 X-0.310g Y-0.264g	E-C 单向	0.74	1.06	1.05	1.53	1.74	1/1421	1/1938	1/2901	1/2655	1/2894
	人工波单向	0.75	1.34	1.25	1.47	1.67	1/1394	1/1525	1/2435	1/2752	1/3019
	汶川波单向	0.53	0.69	0.73	0.90	2.59	1/1969	1/2958	1/4173	1/4505	1/1948
	E-C 双向	6.85	16.66	25.56	31.34	33.99	1/153	1/123	1/119	1/129	1/149
	汶川波双向	4.78	10.50	13.88	16.15	17.86	1/219	1/195	1/220	1/251	1/283
8度罕遇 X-0.400g Y-0.340g	E-C 单向	0.99	1.30	1.50	2.32	2.48	1/1061	1/1571	1/2031	1/1744	1/2038
	人工波单向	0.86	1.69	0.88	1.72	1.95	1/1227	1/1212	1/3447	1/2354	1/2595
	汶川波单向	1.42	1.37	1.23	1.49	1.57	1/739	1/1501	1/2488	1/2711	1/3222
	E-C 双向	7.16	16.42	25.56	31.85	35.01	1/147	1/125	1/119	1/127	1/144
	汶川波双向	7.36	16.49	22.63	27.08	29.26	1/143	1/124	1/135	1/150	1/173

模型各层 X 向的最大层间位移和最大层间位移角 附表 B.5

地震烈度	工况	最大层间位移(mm)					最大层间位移角				
		F1	F2	F3	F4	F5	F1	F2	F3	F4	F5
7度多遇 X-0.035g Y-0.030g	E-C 单向	0.96	0.96	0.83	0.69	0.38	1/1092	1/1043	1/1200	1/1446	1/2621
	人工波单向	0.78	0.81	0.73	0.68	0.43	1/1339	1/1232	1/1365	1/1479	1/2313
	汶川波单向	0.42	0.34	0.35	0.32	0.33	1/2489	1/2961	1/2836	1/3165	1/3013
	E-C 双向	0.75	0.93	0.78	0.68	0.52	1/1391	1/1072	1/1287	1/1469	1/1921
	汶川波双向	0.46	0.45	0.44	0.43	0.44	1/2299	1/2200	1/2292	1/2330	1/2277
7度设防 X-0.100g Y-0.085g	E-C 单向	2.20	2.46	1.80	1.46	1.00	1/477	1/407	1/555	1/687	1/997
	人工波单向	1.95	2.05	1.86	1.61	1.09	1/538	1/489	1/538	1/619	1/921
	汶川波单向	0.84	1.03	0.85	0.81	0.73	1/1247	1/967	1/1176	1/1235	1/1361
	E-C 双向	2.13	2.94	2.69	1.90	1.22	1/492	1/341	1/372	1/527	1/823
	汶川波双向	0.85	1.05	0.89	0.84	0.65	1/1229	1/950	1/1124	1/1192	1/1539
7度罕遇 X-0.220g Y-0.187g	E-C 单向	4.32	5.55	4.24	3.34	2.08	1/243	1/180	1/236	1/299	1/481
	人工波单向	5.43	7.12	5.10	4.74	2.37	1/193	1/140	1/196	1/211	1/422
	汶川波单向	2.63	3.45	2.35	2.09	1.31	1/399	1/290	1/426	1/479	1/761
	E-C 双向	4.32	7.80	5.38	4.55	3.14	1/243	1/128	1/186	1/220	1/319
	汶川波双向	2.91	3.17	3.92	2.06	1.37	1/360	1/315	1/255	1/485	1/731

续表

地震烈度	工况	最大层间位移（mm）					最大层间位移角				
		F1	F2	F3	F4	F5	F1	F2	F3	F4	F5
7度半 罕遇 X-0.310g Y-0.264g	E-C 单向	6.73	8.33	6.16	5.59	3.29	1/156	1/120	1/162	1/179	1/304
	人工波单向	5.79	7.86	6.05	5.80	3.32	1/181	1/127	1/165	1/172	1/301
	汶川波单向	4.66	5.84	5.24	5.16	3.83	1/225	1/171	1/191	1/194	1/261
	E-C 双向	6.69	12.03	8.58	7.37	4.57	1/157	1/83	1/117	1/136	1/219
	汶川波双向	5.39	6.94	7.21	4.94	6.01	1/195	1/144	1/139	1/203	1/166
8度罕遇 X-0.400g Y-0.340g	E-C 单向	11.92	18.66	14.22	10.44	5.36	1/88	1/54	1/70	1/96	1/187
	人工波单向	11.03	17.25	12.94	9.72	4.64	1/95	1/58	1/77	1/103	1/215
	汶川波单向	11.68	16.89	12.33	10.31	5.74	1/90	1/59	1/81	1/97	1/174
	E-C 双向	12.72	20.01	16.93	11.71	6.71	1/83	1/50	1/59	1/85	1/149
	汶川波双向	11.07	14.02	15.99	9.08	4.12	1/95	1/71	1/63	1/110	1/243

模型各层 Y 向的最大层间位移和最大层间位移角　　　　附表 B.6

地震烈度	工况	最大层间位移（mm）					最大层间位移角				
		F1	F2	F3	F4	F5	F1	F2	F3	F4	F5
7度多遇 X-0.035g Y-0.030g	E-C 单向	0.17	0.22	0.27	0.15	0.19	1/6116	1/4505	1/3695	1/6588	1/5380
	人工波单向	0.21	0.24	0.24	0.20	0.14	1/5009	1/4226	1/4182	1/4978	1/7078
	汶川波单向	0.11	0.18	0.18	0.21	0.17	1/9701	1/5446	1/5674	1/4834	1/5808
	E-C 双向	0.51	0.52	0.61	0.41	0.41	1/2054	1/1929	1/1628	1/2468	1/2417
	汶川波双向	0.25	0.28	0.35	0.35	0.30	1/4152	1/3522	1/2895	1/2897	1/3314
7度设防 X-0.100g Y-0.085g	E-C 单向	0.39	0.34	0.43	0.23	0.23	1/2659	1/2962	1/2313	1/4374	1/4417
	人工波单向	0.42	0.39	0.49	0.51	0.30	1/2517	1/2596	1/2053	1/1962	1/3349
	汶川波单向	0.19	0.25	0.27	0.19	0.15	1/5675	1/3965	1/3667	1/5362	1/6708
	E-C 双向	1.83	1.89	1.62	1.46	0.73	1/573	1/529	1/618	1/683	1/1365
	汶川波双向	0.79	0.72	0.63	0.59	0.49	1/1322	1/1387	1/1598	1/1694	1/2030
7度罕遇 X-0.220g Y-0.187g	E-C 单向	0.58	0.47	1.03	0.35	0.24	1/1810	1/2123	1/968	1/2868	1/4240
	人工波单向	0.82	0.55	1.48	0.55	0.29	1/1281	1/1829	1/675	1/1829	1/3459
	汶川波单向	0.41	0.28	0.59	0.25	0.14	1/2574	1/3636	1/1705	1/4060	1/6900
	E-C 双向	4.57	5.33	4.86	3.33	1.86	1/230	1/188	1/206	1/300	1/537
	汶川波双向	2.25	2.41	1.82	1.46	0.89	1/466	1/414	1/551	1/684	1/1123
7度半 罕遇 X-0.310g Y-0.264g	E-C 单向	0.74	1.02	1.61	0.54	0.36	1/1421	1/981	1/622	1/1848	1/2745
	人工波单向	0.75	0.62	1.50	0.43	0.36	1/1394	1/1604	1/665	1/2346	1/2779
	汶川波单向	0.53	0.33	1.10	0.40	1.94	1/1969	1/3067	1/907	1/2480	1/516
	E-C 双向	6.85	9.87	8.99	5.83	2.72	1/153	1/101	1/111	1/172	1/368
	汶川波双向	4.78	5.76	4.21	3.22	1.78	1/219	1/174	1/238	1/311	1/562
8度罕遇 X-0.400g Y-0.340g	E-C 单向	0.99	0.64	2.62	0.88	0.40	1/1061	1/1552	1/381	1/1140	1/2500
	人工波单向	0.86	0.84	2.43	0.96	0.93	1/1227	1/1196	1/411	1/1047	1/1071
	汶川波单向	1.42	0.97	1.90	0.89	1.82	1/739	1/1026	1/527	1/1128	1/550
	E-C 双向	7.16	9.91	9.26	6.42	3.20	1/147	1/101	1/108	1/156	1/312
	汶川波双向	7.36	9.62	6.60	4.72	2.65	1/143	1/104	1/151	1/212	1/377

附录C　框架静力推覆分析计算结果

附表C.1～附表C.12列出了第8章框架算例在两种荷载分布模式下分别进行静力推覆分析得到的性能指标。

F3-B345-C345 钢框架静力推覆分析的性能指标（倒三角形分布）　　　　附表 C.1

框架	V_d(kN)	V_y(kN)	V_{MCE}(kN)	V_u(kN)	Δ_y(mm)	Δ_u(mm)	μ	R_s
F3-B345-C345-U	112.8	404.3	350.7	460.9	133.9	315.9	2.36	4.09
F3-B345-C345-η0.25	124.7	415.7	353.4	479.7	128.8	310.5	2.41	3.85
F3-B345-C345-η0.50	135.2	433.5	355.5	495.9	128.4	309.8	2.41	3.67
F3-B345-C345-η0.75	144.6	447.7	356.7	512.3	125.8	306.9	2.44	3.54
F3-B345-C345-η1.00	153.4	456.9	359.8	528.9	120.2	305.9	2.54	3.45
F3-B345-C345-η1.50	169.1	490.5	370.6	562.3	117.9	298.3	2.53	3.33
F3-B345-C345-η2.00	183.1	514.8	388.8	596.2	110.3	290.3	2.63	3.26
F3-B345-C345-η3.00	207.7	554.0	440.8	667.0	90.6	274.7	3.03	3.21
F3-B345-C345-η4.00	229.2	610.0	483.6	738.1	79.2	267.0	3.37	3.22

F3-B345-C345 钢框架静力推覆分析的性能指标（平均分布）　　　　附表 C.2

框架	V_d(kN)	V_y(kN)	V_{MCE}(kN)	V_u(kN)	Δ_y(mm)	Δ_u(mm)	μ	R_s
F3-B345-C345-U	112.8	444.4	384.7	510.5	122.0	308.0	2.53	4.53
F3-B345-C345-η0.25	124.7	458.0	385.7	530.8	117.5	307.8	2.62	4.26
F3-B345-C345-η0.50	135.2	474.2	387.5	548.3	115.3	299.9	2.60	4.06
F3-B345-C345-η0.75	144.6	488.1	389.3	565.9	111.8	295.9	2.65	3.91
F3-B345-C345-η1.00	153.4	505.5	395.9	583.6	110.1	296.1	2.69	3.81
F3-B345-C345-η1.50	169.1	532.5	413.9	619.2	102.7	290.0	2.83	3.66
F3-B345-C345-η2.00	183.1	555.8	430.8	655.1	93.7	285.0	3.04	3.58
F3-B345-C345-η3.00	207.7	620.9	476.8	727.9	83.1	266.6	3.21	3.50
F3-B345-C345-η4.00	229.2	681.0	529.4	799.3	76.4	250.2	3.28	3.49

F3-B345-C460 钢框架静力推覆分析的性能指标（倒三角形分布）　　　　附表 C.3

框架	V_d(kN)	V_y(kN)	V_{MCE}(kN)	V_u(kN)	Δ_y(mm)	Δ_u(mm)	μ	R_s
F3-B345-C460-U	106.3	413.1	337.1	482.5	157.5	331.7	2.11	4.54
F3-B345-C460-η0.25	117.4	425.6	339.0	502.3	151.1	320.2	2.12	4.28
F3-B345-C460-η0.50	127.2	435.6	339.3	516.6	146.9	325.1	2.21	4.06
F3-B345-C460-η0.75	136.1	443.8	338.9	531.2	141.8	319.9	2.26	3.90
F3-B345-C460-η1.00	144.3	456.2	341.9	545.8	139.2	317.0	2.28	3.78

续表

框架	V_d(kN)	V_y(kN)	V_{MCE}(kN)	V_u(kN)	Δ_y(mm)	Δ_u(mm)	μ	R_s
F3-B345-C460-η1.50	159.1	480.5	350.3	575.4	133.6	311.0	2.33	3.62
F3-B345-C460-η2.00	172.3	495.9	362.5	605.5	123.3	309.7	2.51	3.51
F3-B345-C460-η3.00	195.6	537.5	402.0	667.1	108.5	303.5	2.80	3.41
F3-B345-C460-η4.00	215.9	573.0	439.2	730.6	91.0	295.0	3.24	3.38

F3-B345-C460 钢框架静力推覆分析的性能指标（平均分布）　　附表 C.4

框架	V_d(kN)	V_y(kN)	V_{MCE}(kN)	V_u(kN)	Δ_y(mm)	Δ_u(mm)	μ	R_s
F3-B345-C460-U	106.3	465.5	370.5	534.4	147.8	329.3	2.23	5.03
F3-B345-C460-η0.25	117.4	483.4	370.2	555.0	144.4	319.5	2.21	4.73
F3-B345-C460-η0.50	127.2	498.5	369.2	570.4	142.5	322.0	2.26	4.48
F3-B345-C460-η0.75	136.1	504.2	370.5	585.8	135.3	319.5	2.36	4.30
F3-B345-C460-η1.00	144.3	519.9	374.1	601.3	133.6	322.4	2.41	4.17
F3-B345-C460-η1.50	159.1	548.7	385.2	632.7	128.8	316.3	2.46	3.98
F3-B345-C460-η2.00	172.3	572.3	401.4	664.5	121.0	312.7	2.58	3.86
F3-B345-C460-η3.00	195.6	620.7	433.9	729.4	106.1	306.0	2.88	3.73
F3-B345-C460-η4.00	215.9	677.9	477.5	795.8	97.6	294.1	3.01	3.69

F3-B460-C460 钢框架静力推覆分析的性能指标（倒三角形分布）　　附表 C.5

框架	V_d(kN)	V_y(kN)	V_{MCE}(kN)	V_u(kN)	Δ_y(mm)	Δ_u(mm)	μ	R_s
F3-B460-C460-U	105.3	432.4	352.2	501.6	157.5	330.5	2.10	4.76
F3-B460-C460-η0.25	116.3	446.9	348.3	521.9	152.3	311.2	2.04	4.49
F3-B460-C460-η0.50	126.0	457.4	348.0	540.7	146.0	309.3	2.12	4.29
F3-B460-C460-η0.75	134.8	473.6	351.1	559.6	142.9	305.9	2.14	4.15
F3-B460-C460-η1.00	142.9	490.5	355.5	578.6	140.2	302.9	2.16	4.05
F3-B460-C460-η1.50	157.6	512.4	371.6	617.1	128.7	300.3	2.33	3.92
F3-B460-C460-η2.00	170.7	546.8	395.2	656.0	123.4	294.3	2.39	3.84
F3-B460-C460-η3.00	193.8	586.9	442.9	736.0	99.5	288.3	2.90	3.80
F3-B460-C460-η4.00	213.9	694.9	503.1	818.1	103.3	280.9	2.72	3.83

F3-B460-C460 钢框架静力推覆分析的性能指标（平均分布）　　附表 C.6

框架	V_d(kN)	V_y(kN)	V_{MCE}(kN)	V_u(kN)	Δ_y(mm)	Δ_u(mm)	μ	R_s
F3-B460-C460-U	105.3	484.5	383.9	554.0	147.9	321.9	2.18	5.26
F3-B460-C460-η0.25	116.3	498.5	380.9	575.3	141.7	310.1	2.19	4.95
F3-B460-C460-η0.50	126.0	521.0	380.3	595.2	141.0	313.4	2.22	4.72
F3-B460-C460-η0.75	134.8	527.4	384.7	615.2	131.9	304.2	2.31	4.56
F3-B460-C460-η1.00	142.9	546.6	392.2	635.3	129.3	305.8	2.37	4.44
F3-B460-C460-η1.50	157.6	585.6	407.8	675.7	124.1	304.3	2.45	4.29
F3-B460-C460-η2.00	170.7	611.8	427.3	716.4	113.0	297.4	2.63	4.20
F3-B460-C460-η3.00	193.8	696.5	484.5	799.3	106.7	291.8	2.73	4.13
F3-B460-C460-η4.00	213.9	760.5	555.2	882.9	96.2	276.8	2.88	4.13

F6-B345-C345 钢框架静力推覆分析的性能指标（倒三角形分布）　　　附表 C.7

框架	V_d(kN)	V_y(kN)	V_{MCE}(kN)	V_u(kN)	Δ_y(mm)	Δ_u(mm)	μ	R_s
F6-B345-C345-U	151.9	465.9	432.7	561.8	206.0	414.2	2.01	3.70
F6-B345-C345-η0.25	166.9	496.0	447.0	603.2	199.2	400.6	2.01	3.61
F6-B345-C345-η0.50	180.3	514.9	452.9	625.9	193.3	399.9	2.07	3.47
F6-B345-C345-η0.75	192.6	533.1	459.5	649.4	186.4	398.3	2.14	3.37
F6-B345-C345-η1.00	204.0	559.8	468.8	673.8	184.4	395.4	2.14	3.30
F6-B345-C345-η1.50	224.8	599.3	492.1	725.2	171.9	386.7	2.25	3.23
F6-B345-C345-η2.00	243.7	623.3	526.3	780.7	150.5	371.2	2.47	3.20
F6-B345-C345-η3.00	277.6	711.0	623.2	905.6	126.5	350.9	2.77	3.26
F6-B345-C345-η4.00	307.8	833.3	752.9	1054.2	109.6	336.6	3.07	3.42

F6-B345-C345 钢框架静力推覆分析的性能指标（平均分布）　　　附表 C.8

框架	V_d(kN)	V_y(kN)	V_{MCE}(kN)	V_u(kN)	Δ_y(mm)	Δ_u(mm)	μ	R_s
F6-B345-C345-U	151.9	535.7	495.9	644.7	181.6	367.2	2.02	4.24
F6-B345-C345-η0.25	166.9	592.4	508.7	688.4	187.3	376.3	2.01	4.13
F6-B345-C345-η0.50	180.3	609.2	512.3	713.1	178.8	367.1	2.05	3.96
F6-B345-C345-η0.75	192.6	623.5	520.2	738.7	169.2	357.2	2.11	3.84
F6-B345-C345-η1.00	204.0	640.1	533.8	765.2	160.9	354.7	2.20	3.75
F6-B345-C345-η1.50	224.8	686.6	561.2	821.4	149.4	342.1	2.29	3.65
F6-B345-C345-η2.00	243.7	735.1	600.6	881.8	139.2	342.2	2.46	3.62
F6-B345-C345-η3.00	277.6	839.1	700.8	1016.1	118.4	331.6	2.80	3.66
F6-B345-C345-η4.00	307.8	997.6	842.0	1174.4	112.2	322.2	2.87	3.81

F6-B345-C460 钢框架静力推覆分析的性能指标（倒三角形分布）　　　附表 C.9

框架	V_d(kN)	V_y(kN)	V_{MCE}(kN)	V_u(kN)	Δ_y(mm)	Δ_u(mm)	μ	R_s
F6-B345-C460-U	141.7	459.7	413.5	563.2	236.0	491.0	2.08	3.97
F6-B345-C460-η0.25	155.5	488.9	423.1	598.5	232.6	474.8	2.04	3.85
F6-B345-C460-η0.50	167.9	493.4	426.8	618.6	217.4	465.6	2.14	3.68
F6-B345-C460-η0.75	179.4	509.3	432.2	639.5	210.6	464.1	2.20	3.57
F6-B345-C460-η1.00	190.0	527.9	438.8	661.2	205.2	458.1	2.23	3.48
F6-B345-C460-η1.50	209.5	564.5	456.7	707.0	193.6	444.5	2.30	3.38
F6-B345-C460-η2.00	227.2	593.9	485.1	756.8	176.2	420.6	2.39	3.33
F6-B345-C460-η3.00	259.0	676.4	562.8	871.1	149.9	393.0	2.62	3.36
F6-B345-C460-η4.00	287.6	755.0	679.5	1009.9	118.0	369.0	3.13	3.51

F6-B345-C460 钢框架静力推覆分析的性能指标（平均分布）　　　附表 C.10

框架	V_d(kN)	V_y(kN)	V_{MCE}(kN)	V_u(kN)	Δ_y(mm)	Δ_u(mm)	μ	R_s
F6-B345-C460-U	141.7	517.0	470.4	646.8	201.7	408.4	2.02	4.56
F6-B345-C460-η0.25	155.5	563.0	479.1	684.1	206.3	404.0	1.96	4.40
F6-B345-C460-η0.50	167.9	567.3	484.3	705.7	192.3	396.2	2.06	4.20
F6-B345-C460-η0.75	179.4	584.9	488.8	728.1	186.0	389.0	2.09	4.06
F6-B345-C460-η1.00	190.0	598.1	497.6	751.3	177.2	379.9	2.14	3.95
F6-B345-C460-η1.50	209.5	623.3	519.6	800.5	158.5	367.1	2.32	3.82
F6-B345-C460-η2.00	227.2	681.5	549.0	853.9	154.6	360.4	2.33	3.76
F6-B345-C460-η3.00	259.0	758.7	634.2	975.8	127.1	341.9	2.69	3.77
F6-B345-C460-η4.00	287.6	884.1	759.2	1122.6	114.2	325.6	2.85	3.90

F6-B460-C460 钢框架静力推覆分析的性能指标（倒三角形分布）　　　附表 C.11

框架	V_d(kN)	V_y(kN)	V_{MCE}(kN)	V_u(kN)	Δ_y(mm)	Δ_u(mm)	μ	R_s
F6-B460-C460-U	138.3	437.7	407.8	536.1	269.8	527.0	1.95	3.88
F6-B460-C460-η0.25	151.8	469.1	404.4	575.7	262.5	512.7	1.95	3.79
F6-B460-C460-η0.50	164.0	484.1	403.1	601.0	248.7	504.4	2.03	3.66
F6-B460-C460-η0.75	175.1	504.1	409.6	627.1	238.6	499.5	2.09	3.58
F6-B460-C460-η1.00	185.5	517.8	419.7	654.1	224.4	484.6	2.16	3.53
F6-B460-C460-η1.50	204.5	551.3	450.7	711.0	200.6	464.6	2.32	3.48
F6-B460-C460-η2.00	221.7	582.2	488.7	772.1	174.3	449.5	2.58	3.48
F6-B460-C460-η3.00	252.7	645.1	599.8	910.3	128.1	405.9	3.17	3.60
F6-B460-C460-η4.00	280.3	813.0	745.4	1072.7	125.3	386.5	3.09	3.83

F6-B460-C460 钢框架静力推覆分析的性能指标（平均分布）　　　附表 C.12

框架	V_d(kN)	V_y(kN)	V_{MCE}(kN)	V_u(kN)	Δ_y(mm)	Δ_u(mm)	μ	R_s
F6-B460-C460-U	138.3	498.0	438.8	616.8	234.5	437.3	1.86	4.46
F6-B460-C460-η0.25	151.8	546.5	449.2	658.9	236.1	435.9	1.85	4.34
F6-B460-C460-η0.50	164.0	558.2	455.2	686.3	220.0	425.6	1.93	4.18
F6-B460-C460-η0.75	175.1	574.8	465.0	714.4	207.4	412.8	1.99	4.08
F6-B460-C460-η1.00	185.5	580.7	477.4	743.4	189.0	401.1	2.12	4.01
F6-B460-C460-η1.50	204.5	644.6	511.9	804.5	180.6	395.8	2.19	3.93
F6-B460-C460-η2.00	221.7	672.2	557.3	870.1	155.8	381.2	2.45	3.92
F6-B460-C460-η3.00	252.7	828.1	677.5	1016.8	146.0	360.5	2.47	4.02
F6-B460-C460-η4.00	280.3	913.1	827.5	1189.5	109.6	338.5	3.09	4.24

附录D 框架算例动力时程分析计算结果

本附录列出了第8章动力时程分析的计算结果，包括罕遇地震最大顶点相对位移和最大层间位移角（附表D.1～附表D.6）、支撑最大名义应力与钢材屈服强度标准值之比（附表D.7～附表D.12）以及最大绝对加速度（附表D.13～附表D.18）。

F3-B345-C345 钢框架最大顶点相对位移（mm）和最大层间位移角（%）　　附表D.1

刚度比	项目	EQ1	EQ2	EQ3	EQ4	EQ5	EQ6	EQ7	EQ8	均值
0	顶点相对位移	118.3	328.1	213.7	271.2	231.1	120.5	146.9	128.3	194.7
	层间位移角(F1)	1.353	4.275	2.079	3.393	2.183	1.320	1.832	1.391	2.228
	层间位移角(F2)	1.695	4.355	3.014	3.646	3.166	1.724	2.108	1.760	2.684
	层间位移角(F3)	1.105	2.373	2.088	2.040	2.361	1.096	1.449	1.350	1.733
0.25	顶点相对位移	114.1	297.0	208.2	260.5	224.8	112.6	145.8	122.2	185.6
	层间位移角(F1)	1.308	3.900	2.026	3.267	2.230	1.277	1.826	1.372	2.151
	层间位移角(F2)	1.635	3.963	2.954	3.519	3.087	1.615	2.043	1.669	2.561
	层间位移角(F3)	1.021	2.065	1.977	1.926	2.206	1.053	1.476	1.307	1.629
0.50	顶点相对位移	114.8	267.2	201.4	250.6	222.0	105.6	145.2	117.2	178.0
	层间位移角(F1)	1.271	3.537	1.996	3.149	2.297	1.226	1.775	1.342	2.074
	层间位移角(F2)	1.648	3.582	2.868	3.399	3.084	1.512	2.049	1.598	2.467
	层间位移角(F3)	0.980	1.802	1.860	1.819	2.119	1.058	1.494	1.264	1.550
0.75	顶点相对位移	114.3	238.7	195.9	241.9	214.6	98.9	142.9	114.3	170.2
	层间位移角(F1)	1.290	3.194	2.018	3.052	2.256	1.173	1.707	1.320	2.001
	层间位移角(F2)	1.645	3.202	2.790	3.290	3.027	1.416	2.080	1.592	2.380
	层间位移角(F3)	0.987	1.587	1.726	1.729	1.994	0.978	1.462	1.228	1.461
1.00	顶点相对位移	111.4	211.7	191.4	234.0	205.9	93.6	140.0	108.7	162.1
	层间位移角(F1)	1.287	2.882	2.084	2.973	2.200	1.160	1.641	1.284	1.939
	层间位移角(F2)	1.613	2.884	2.722	3.186	2.937	1.325	2.080	1.554	2.287
	层间位移角(F3)	0.948	1.519	1.583	1.644	1.846	0.871	1.385	1.161	1.370
1.50	顶点相对位移	99.7	196.0	177.0	220.3	196.7	94.3	137.4	89.0	151.3
	层间位移角(F1)	1.225	2.446	2.136	2.829	2.170	1.255	1.481	1.055	1.825
	层间位移角(F2)	1.454	2.768	2.499	3.000	2.819	1.293	2.045	1.227	2.138
	层间位移角(F3)	0.765	1.330	1.332	1.538	1.637	0.872	1.359	1.002	1.230
2.00	顶点相对位移	84.8	196.1	161.5	212.7	196.8	93.9	127.9	85.8	144.9
	层间位移角(F1)	1.010	2.331	2.146	2.794	2.306	1.139	1.509	0.832	1.758
	层间位移角(F2)	1.215	2.867	2.269	2.874	2.758	1.341	1.832	1.266	2.053
	层间位移角(F3)	0.704	1.377	1.143	1.434	1.540	0.940	1.006	0.994	1.142

刚度比	项目	EQ1	EQ2	EQ3	EQ4	EQ5	EQ6	EQ7	EQ8	均值
3.00	顶点相对位移	60.6	197.3	167.7	200.8	195.1	75.7	119.6	70.2	135.9
	层间位移角(F1)	0.735	2.487	2.238	2.552	2.581	0.865	1.221	0.820	1.687
	层间位移角(F2)	0.813	2.803	2.397	2.774	2.764	1.121	1.744	1.065	1.935
	层间位移角(F3)	0.524	1.376	1.218	1.585	1.375	0.663	1.188	0.675	1.076
4.00	顶点相对位移	54.1	161.8	152.3	196.2	188.5	55.7	120.4	64.7	124.2
	层间位移角(F1)	0.675	2.332	2.158	2.276	3.154	0.676	1.482	0.813	1.696
	层间位移角(F2)	0.731	2.221	2.154	2.789	2.504	0.772	1.709	0.890	1.721
	层间位移角(F3)	0.538	0.919	1.020	1.740	1.104	0.579	0.949	0.604	0.932

注：F1～F3 分别表示 1 层～3 层（下同）。

F3-B345-C460 钢框架最大顶点相对位移（mm）和最大层间位移角（%）　　附表 D.2

刚度比	项目	EQ1	EQ2	EQ3	EQ4	EQ5	EQ6	EQ7	EQ8	均值
0	顶点相对位移	136.1	354.0	237.4	286.1	249.9	110.9	142.4	141.8	207.3
	层间位移角(F1)	1.588	4.241	2.489	3.411	2.226	1.245	1.823	1.558	2.323
	层间位移角(F2)	1.931	4.832	3.468	4.004	3.561	1.552	2.124	2.107	2.948
	层间位移角(F3)	1.051	2.787	2.186	2.176	2.588	1.067	1.458	1.353	1.833
0.25	顶点相对位移	121.2	344.8	227.8	280.8	242.0	108.6	143.0	137.4	200.7
	层间位移角(F1)	1.464	4.122	2.395	3.406	2.208	1.192	1.814	1.502	2.263
	层间位移角(F2)	1.685	4.719	3.339	3.912	3.472	1.513	2.123	2.018	2.848
	层间位移角(F3)	0.942	2.679	2.136	2.106	2.442	1.077	1.428	1.334	1.768
0.50	顶点相对位移	109.6	328.1	221.4	275.3	233.8	110.7	141.4	132.0	194.0
	层间位移角(F1)	1.369	3.948	2.364	3.401	2.200	1.170	1.801	1.421	2.209
	层间位移角(F2)	1.558	4.506	3.242	3.827	3.373	1.546	2.089	1.914	2.757
	层间位移角(F3)	0.903	2.504	2.034	2.015	2.292	1.079	1.379	1.288	1.687
0.75	顶点相对位移	106.4	306.2	213.9	270.8	227.3	109.3	138.8	126.7	187.4
	层间位移角(F1)	1.321	3.734	2.330	3.407	2.214	1.213	1.808	1.360	2.173
	层间位移角(F2)	1.497	4.214	3.133	3.754	3.297	1.548	2.014	1.815	2.659
	层间位移角(F3)	0.880	2.266	1.955	1.927	2.169	1.049	1.327	1.294	1.609
1.00	顶点相对位移	104.8	282.9	205.2	267.4	221.4	105.8	136.7	121.1	180.7
	层间位移角(F1)	1.267	3.514	2.312	3.388	2.283	1.220	1.829	1.330	2.143
	层间位移角(F2)	1.470	3.894	2.995	3.700	3.228	1.511	1.935	1.721	2.557
	层间位移角(F3)	0.859	2.028	1.888	1.874	2.056	0.999	1.349	1.284	1.542
1.50	顶点相对位移	109.3	235.3	196.7	254.5	209.3	97.8	133.9	120.0	169.6
	层间位移角(F1)	1.273	3.091	2.293	3.239	2.280	1.254	1.748	1.274	2.057
	层间位移角(F2)	1.582	3.272	2.922	3.533	3.105	1.427	1.912	1.601	2.419
	层间位移角(F3)	0.847	1.544	1.745	1.728	1.861	0.973	1.249	1.239	1.398

续表

刚度比	项目	EQ1	EQ2	EQ3	EQ4	EQ5	EQ6	EQ7	EQ8	均值
2.00	顶点相对位移	100.9	190.6	191.4	238.6	197.2	90.7	129.7	109.0	156.0
	层间位移角(F1)	1.245	2.625	2.252	3.016	2.172	1.237	1.591	1.346	1.936
	层间位移角(F2)	1.500	2.697	2.861	3.355	2.965	1.259	1.926	1.481	2.256
	层间位移角(F3)	0.747	1.208	1.545	1.586	1.660	0.767	1.187	1.130	1.229
3.00	顶点相对位移	1.002	2.560	2.295	2.719	2.110	0.971	1.410	0.863	1.741
	层间位移角(F1)	1.095	3.194	2.710	3.065	2.831	1.251	1.754	1.120	2.128
	层间位移角(F2)	0.650	1.334	1.196	1.515	1.450	0.971	0.927	0.887	1.116
	层间位移角(F3)	1.002	2.560	2.295	2.719	2.110	0.971	1.410	0.863	1.741
4.00	顶点相对位移	60.3	195.1	181.3	206.6	188.1	70.3	102.3	68.8	134.1
	层间位移角(F1)	0.748	2.441	2.504	2.278	2.247	0.792	1.201	0.848	1.632
	层间位移角(F2)	0.796	2.865	2.529	3.020	2.804	1.016	1.441	1.012	1.935
	层间位移角(F3)	0.590	1.267	1.075	1.838	1.325	0.674	0.886	0.645	1.037

F3-B460-C460 钢框架最大顶点相对位移（mm）和最大层间位移角（%）　附表 D.3

刚度比	项目	EQ1	EQ2	EQ3	EQ4	EQ5	EQ6	EQ7	EQ8	均值
0	顶点相对位移	131.2	344.8	228.0	292.6	247.1	107.7	143.6	151.4	205.8
	层间位移角(F1)	1.533	4.307	2.517	3.688	2.290	1.231	1.819	1.626	2.376
	层间位移角(F2)	1.818	4.655	3.291	3.993	3.550	1.503	2.127	2.225	2.895
	层间位移角(F3)	1.040	2.572	2.285	2.081	2.452	1.073	1.565	1.474	1.818
0.25	顶点相对位移	116.7	328.7	227.8	281.1	239.7	113.0	144.4	143.4	199.3
	层间位移角(F1)	1.430	4.123	2.331	3.638	2.309	1.183	1.829	1.509	2.294
	层间位移角(F2)	1.643	4.447	3.301	3.819	3.463	1.585	2.126	2.073	2.807
	层间位移角(F3)	0.951	2.402	2.194	1.933	2.288	1.092	1.468	1.388	1.715
0.50	顶点相对位移	109.1	302.8	226.1	270.7	231.2	111.2	141.5	134.0	190.8
	层间位移角(F1)	1.358	3.844	2.244	3.581	2.332	1.244	1.844	1.421	2.233
	层间位移角(F2)	1.524	4.089	3.298	3.669	3.360	1.583	2.021	1.910	2.682
	层间位移角(F3)	0.942	2.162	2.091	1.800	2.116	1.057	1.398	1.325	1.611
0.75	顶点相对位移	112.6	273.9	224.4	260.1	222.6	105.2	140.3	129.5	183.6
	层间位移角(F1)	1.305	3.564	2.282	3.453	2.404	1.258	1.836	1.395	2.187
	层间位移角(F2)	1.579	3.734	3.281	3.528	3.262	1.505	1.956	1.775	2.578
	层间位移角(F3)	0.921	1.863	1.978	1.707	1.957	0.967	1.429	1.315	1.517
1.00	顶点相对位移	114.3	244.6	222.1	248.3	214.2	98.9	138.6	126.2	175.9
	层间位移角(F1)	1.336	3.281	2.309	3.333	2.433	1.266	1.772	1.408	2.142
	层间位移角(F2)	1.636	3.382	3.255	3.381	3.160	1.414	1.986	1.687	2.488
	层间位移角(F3)	0.855	1.560	1.875	1.575	1.814	0.998	1.373	1.297	1.418
1.50	顶点相对位移	105.4	203.4	214.3	229.7	198.0	93.3	134.2	113.7	161.5
	层间位移角(F1)	1.336	2.682	2.344	3.091	2.309	1.217	1.585	1.364	1.991

续表

刚度比	项目	EQ1	EQ2	EQ3	EQ4	EQ5	EQ6	EQ7	EQ8	均值
1.50	层间位移角(F2)	1.550	2.936	3.135	3.159	2.964	1.285	1.988	1.565	2.323
	层间位移角(F3)	0.843	1.305	1.677	1.434	1.548	0.937	1.273	1.131	1.269
2.00	顶点相对位移	99.2	216.6	204.4	216.4	189.1	90.9	132.5	90.3	154.9
	层间位移角(F1)	1.204	2.665	2.354	2.865	2.197	1.209	1.461	1.064	1.877
	层间位移角(F2)	1.358	3.217	2.962	3.027	2.805	1.271	1.973	1.213	2.228
	层间位移角(F3)	0.791	1.407	1.520	1.434	1.389	0.862	1.188	1.029	1.202
3.00	顶点相对位移	73.2	175.6	188.3	203.6	177.8	87.0	105.8	69.5	135.1
	层间位移角(F1)	0.916	2.104	2.643	2.393	2.115	0.981	1.151	0.864	1.646
	层间位移角(F2)	0.983	2.635	2.604	2.912	2.616	1.201	1.502	0.963	1.927
	层间位移角(F3)	0.666	1.324	1.106	1.626	1.385	0.941	1.009	0.766	1.103
4.00	顶点相对位移	59.3	145.8	177.1	196.4	205.9	66.2	105.1	66.2	127.7
	层间位移角(F1)	0.739	2.027	2.527	2.499	3.066	0.792	1.138	0.836	1.703
	层间位移角(F2)	0.785	1.981	2.409	2.869	2.999	0.901	1.438	0.958	1.792
	层间位移角(F3)	0.567	1.014	1.108	1.715	1.065	0.603	1.082	0.650	0.975

F6-B345-C345 钢框架最大顶点相对位移（mm）和最大层间位移角（%）　　　附表 D.4

刚度比	项目	EQ1	EQ2	EQ3	EQ4	EQ5	EQ6	EQ7	EQ8	均值
0	顶点相对位移	142.6	244.6	183.6	221.0	288.5	110.3	150.1	133.9	184.3
	层间位移角(F1)	1.118	2.016	1.287	1.495	2.375	0.836	1.152	0.972	1.406
	层间位移角(F2)	1.861	3.213	2.237	2.885	3.678	1.455	1.989	1.724	2.380
	层间位移角(F3)	1.975	3.147	3.349	2.990	3.756	1.394	2.084	1.874	2.571
	层间位移角(F4)	1.525	2.621	3.362	2.290	3.061	1.182	2.042	1.591	2.209
	层间位移角(F5)	1.110	1.723	2.425	1.657	1.931	1.111	1.518	1.284	1.595
	层间位移角(F6)	0.767	0.974	1.375	0.893	1.033	0.810	0.940	0.819	0.951
0.25	顶点相对位移	136.8	266.1	193.7	209.9	278.1	105.5	145.0	132.6	183.4
	层间位移角(F1)	1.025	2.172	1.269	1.394	2.320	0.850	1.155	0.963	1.393
	层间位移角(F2)	1.809	3.441	2.312	2.737	3.550	1.389	1.936	1.718	2.362
	层间位移角(F3)	1.847	3.316	3.405	2.865	3.602	1.343	1.987	1.826	2.524
	层间位移角(F4)	1.365	2.665	3.354	2.202	2.868	1.089	1.978	1.586	2.138
	层间位移角(F5)	0.956	1.663	2.391	1.481	1.766	1.087	1.484	1.253	1.510
	层间位移角(F6)	0.640	0.923	1.354	0.821	1.037	0.801	0.881	0.735	0.899
0.50	顶点相对位移	132.2	279.2	200.5	201.2	265.2	102.5	134.4	128.8	180.5
	层间位移角(F1)	0.995	2.342	1.273	1.316	2.234	0.830	1.084	0.928	1.375
	层间位移角(F2)	1.779	3.577	2.431	2.620	3.409	1.346	1.799	1.671	2.329
	层间位移角(F3)	1.704	3.449	3.407	2.772	3.417	1.325	1.898	1.751	2.465
	层间位移角(F4)	1.214	2.727	3.257	2.121	2.700	1.052	1.852	1.529	2.057
	层间位移角(F5)	0.836	1.645	2.311	1.317	1.925	1.040	1.409	1.194	1.460
	层间位移角(F6)	0.535	0.858	1.319	0.796	1.119	0.786	0.805	0.689	0.863

续表

刚度比	项目	EQ1	EQ2	EQ3	EQ4	EQ5	EQ6	EQ7	EQ8	均值
0.75	顶点相对位移	127.6	283.7	205.0	190.9	255.6	97.3	131.0	123.7	176.8
	层间位移角(F1)	0.988	2.372	1.269	1.223	2.154	0.766	0.954	0.893	1.327
	层间位移角(F2)	1.742	3.626	2.524	2.485	3.314	1.273	1.734	1.599	2.287
	层间位移角(F3)	1.560	3.558	3.394	2.658	3.295	1.286	1.803	1.702	2.407
	层间位移角(F4)	1.090	2.733	3.139	2.031	2.588	1.083	1.720	1.487	1.984
	层间位移角(F5)	0.751	1.602	2.237	1.291	1.970	1.094	1.358	1.119	1.428
	层间位移角(F6)	0.470	0.808	1.262	0.839	1.101	0.826	0.800	0.675	0.848
1.00	顶点相对位移	123.5	281.2	205.1	179.2	247.4	92.0	136.5	119.2	173.0
	层间位移角(F1)	1.022	2.296	1.240	1.154	2.030	0.695	0.982	0.865	1.285
	层间位移角(F2)	1.700	3.589	2.557	2.351	3.193	1.196	1.871	1.552	2.251
	层间位移角(F3)	1.455	3.605	3.329	2.505	3.209	1.201	1.753	1.623	2.335
	层间位移角(F4)	1.010	2.697	2.981	1.879	2.466	1.005	1.670	1.427	1.892
	层间位移角(F5)	0.697	1.558	2.143	1.458	1.907	1.048	1.306	1.027	1.393
	层间位移角(F6)	0.438	0.800	1.187	0.915	0.989	0.809	0.810	0.633	0.823
1.50	顶点相对位移	112.1	266.7	198.7	175.4	227.1	80.5	130.8	106.5	162.2
	层间位移角(F1)	1.001	2.156	1.098	1.350	1.762	0.741	1.093	0.911	1.264
	层间位移角(F2)	1.539	3.409	2.544	2.328	2.986	1.063	1.738	1.416	2.128
	层间位移角(F3)	1.285	3.520	3.102	2.342	2.869	1.016	1.670	1.384	2.149
	层间位移角(F4)	0.886	2.499	2.573	1.940	2.189	0.798	1.452	1.198	1.692
	层间位移角(F5)	0.622	1.366	1.839	1.292	1.592	0.795	0.961	0.834	1.163
	层间位移角(F6)	0.392	0.734	0.972	0.673	0.801	0.673	0.646	0.604	0.687
2.00	顶点相对位移	97.0	246.4	195.6	197.3	207.8	72.1	114.3	100.2	153.8
	层间位移角(F1)	0.886	1.987	1.169	1.676	1.645	0.709	0.996	0.941	1.251
	层间位移角(F2)	1.312	3.229	2.552	2.636	2.790	0.989	1.524	1.361	2.049
	层间位移角(F3)	1.087	3.250	2.868	2.405	2.499	0.883	1.646	1.271	1.989
	层间位移角(F4)	0.771	2.162	2.224	1.637	2.024	0.692	1.343	1.042	1.487
	层间位移角(F5)	0.541	1.109	1.555	0.878	1.391	0.706	0.976	0.795	0.994
	层间位移角(F6)	0.343	0.764	0.803	0.624	0.793	0.617	0.718	0.636	0.662
3.00	顶点相对位移	72.0	215.2	157.4	172.5	159.3	60.4	96.0	78.0	126.3
	层间位移角(F1)	0.663	1.743	1.226	1.683	1.383	0.527	0.856	0.626	1.089
	层间位移角(F2)	0.964	2.931	2.067	2.365	2.171	0.770	1.267	0.998	1.691
	层间位移角(F3)	0.810	2.623	2.125	2.250	2.000	0.765	1.173	1.037	1.598
	层间位移角(F4)	0.615	1.542	1.827	1.275	1.774	0.673	0.841	0.996	1.193
	层间位移角(F5)	0.464	0.993	1.350	0.913	1.078	0.607	0.823	0.839	0.883
	层间位移角(F6)	0.394	0.748	0.949	0.825	0.805	0.546	0.716	0.686	0.709
4.00	顶点相对位移	60.6	154.1	136.8	166.0	138.0	51.1	78.5	67.8	106.6
	层间位移角(F1)	0.572	1.193	1.058	1.287	1.170	0.472	0.685	0.613	0.881
	层间位移角(F2)	0.779	2.128	1.723	2.304	1.806	0.637	1.055	0.843	1.409
	层间位移角(F3)	0.677	1.903	1.873	1.982	1.770	0.610	0.933	0.886	1.329
	层间位移角(F4)	0.568	1.285	1.619	1.266	1.364	0.585	0.842	0.909	1.055
	层间位移角(F5)	0.488	1.014	1.272	0.978	0.949	0.574	0.829	0.843	0.868
	层间位移角(F6)	0.408	0.739	0.926	0.802	0.764	0.524	0.714	0.621	0.687

注：F1~F6 分别表示 1 层~6 层（下同）。

F6-B345-C460 钢框架最大顶点相对位移（mm）和最大层间位移角（％）　附表 D.5

刚度比	项目	EQ1	EQ2	EQ3	EQ4	EQ5	EQ6	EQ7	EQ8	均值
0	顶点相对位移	164.3	275.6	225.9	229.2	289.3	113.0	124.4	140.9	195.3
	层间位移角(F1)	1.350	2.364	1.609	1.598	2.129	0.872	1.103	1.015	1.505
	层间位移角(F2)	2.184	3.765	2.905	2.946	3.861	1.460	1.707	1.835	2.583
	层间位移角(F3)	2.175	3.246	3.451	3.367	3.735	1.644	2.131	1.917	2.708
	层间位移角(F4)	1.825	2.548	2.753	2.858	2.730	1.392	2.039	1.499	2.206
	层间位移角(F5)	1.361	1.674	2.094	2.201	1.813	1.077	1.379	1.096	1.587
	层间位移角(F6)	0.786	1.137	1.204	1.211	1.122	0.739	0.942	0.888	1.003
0.25	顶点相对位移	156.8	253.8	225.8	227.2	305.6	103.8	125.7	138.9	192.2
	层间位移角(F1)	1.324	2.280	1.604	1.527	2.283	0.830	1.099	1.046	1.499
	层间位移角(F2)	2.093	3.476	2.956	2.930	4.069	1.354	1.661	1.804	2.543
	层间位移角(F3)	2.067	3.074	3.301	3.293	3.897	1.444	2.189	1.886	2.644
	层间位移角(F4)	1.659	2.633	2.847	2.757	2.989	1.256	2.059	1.521	2.215
	层间位移角(F5)	1.198	1.652	2.081	2.131	1.813	1.053	1.335	1.070	1.541
	层间位移角(F6)	0.711	1.169	1.147	1.113	1.127	0.724	0.937	0.823	0.969
0.50	顶点相对位移	149.0	261.5	210.1	223.3	318.3	94.2	131.7	138.1	190.8
	层间位移角(F1)	1.285	2.106	1.564	1.473	2.427	0.855	1.082	1.085	1.484
	层间位移角(F2)	1.980	3.515	2.748	2.890	4.219	1.264	1.745	1.795	2.519
	层间位移角(F3)	1.937	3.251	3.055	3.196	4.093	1.277	2.219	1.870	2.612
	层间位移角(F4)	1.491	2.673	3.051	2.622	3.161	1.082	1.994	1.536	2.201
	层间位移角(F5)	1.043	1.584	2.132	2.053	1.873	0.974	1.341	1.076	1.510
	层间位移角(F6)	0.649	1.119	1.114	1.020	1.100	0.706	0.944	0.736	0.924
0.75	顶点相对位移	141.4	275.3	185.5	218.5	321.9	88.3	137.9	136.2	188.1
	层间位移角(F1)	1.221	2.138	1.538	1.430	2.473	0.815	1.122	1.074	1.476
	层间位移角(F2)	1.872	3.655	2.396	2.838	4.253	1.137	1.837	1.773	2.470
	层间位移角(F3)	1.839	3.434	2.995	3.097	4.109	1.098	2.207	1.850	2.578
	层间位移角(F4)	1.348	2.737	3.189	2.469	3.086	0.930	1.844	1.517	2.140
	层间位移角(F5)	0.918	1.535	2.161	1.912	1.775	0.932	1.308	1.155	1.462
	层间位移角(F6)	0.589	1.015	1.064	0.955	1.023	0.721	0.924	0.693	0.873
1.00	顶点相对位移	134.5	286.1	172.7	212.7	311.4	88.8	144.7	132.7	185.5
	层间位移角(F1)	1.140	2.246	1.535	1.387	2.401	0.834	1.231	1.051	1.478
	层间位移角(F2)	1.795	3.763	2.129	2.774	4.119	1.170	1.928	1.729	2.426
	层间位移角(F3)	1.736	3.612	3.155	2.985	3.924	1.101	2.176	1.813	2.563
	层间位移角(F4)	1.205	2.765	3.145	2.280	2.849	0.921	1.689	1.498	2.044
	层间位移角(F5)	0.827	1.475	2.082	1.731	1.837	0.936	1.257	1.178	1.415
	层间位移角(F6)	0.539	0.930	0.990	0.912	1.066	0.722	0.913	0.681	0.844
1.50	顶点相对位移	124.3	290.1	206.8	201.0	297.7	88.2	146.2	128.1	185.3
	层间位移角(F1)	1.029	2.227	1.453	1.296	2.361	0.813	1.143	1.040	1.420
	层间位移角(F2)	1.707	3.823	2.516	2.633	3.981	1.139	1.955	1.674	2.428
	层间位移角(F3)	1.476	3.782	3.452	2.774	3.655	1.131	1.865	1.691	2.478
	层间位移角(F4)	0.961	2.684	3.037	2.060	2.468	0.974	1.673	1.406	1.908
	层间位移角(F5)	0.696	1.322	2.082	1.484	1.992	0.910	1.279	1.101	1.358
	层间位移角(F6)	0.449	0.778	0.990	0.952	1.074	0.704	0.925	0.699	0.822

续表

刚度比	项目	EQ1	EQ2	EQ3	EQ4	EQ5	EQ6	EQ7	EQ8	均值
2.00	顶点相对位移	114.2	279.7	216.4	188.1	271.7	86.0	132.8	121.9	176.4
	层间位移角(F1)	1.052	2.120	1.406	1.279	2.123	0.742	1.167	1.027	1.365
	层间位移角(F2)	1.568	3.691	2.659	2.519	3.687	1.118	1.794	1.598	2.329
	层间位移角(F3)	1.253	3.726	3.536	2.506	3.258	1.073	1.819	1.558	2.341
	层间位移角(F4)	0.835	2.499	3.003	1.705	2.177	0.879	1.605	1.271	1.747
	层间位移角(F5)	0.619	1.210	2.145	1.365	1.693	0.880	1.254	0.953	1.265
	层间位移角(F6)	0.391	0.795	0.975	0.872	0.918	0.761	0.828	0.644	0.773
3.00	顶点相对位移	86.2	240.5	199.9	209.9	211.2	70.5	123.4	105.8	155.9
	层间位移角(F1)	0.856	1.835	1.295	1.792	1.785	0.718	1.182	1.085	1.318
	层间位移角(F2)	1.160	3.283	2.507	2.888	2.947	0.933	1.681	1.424	2.103
	层间位移角(F3)	0.884	3.092	2.996	2.469	2.308	0.837	1.550	1.281	1.927
	层间位移角(F4)	0.658	1.849	2.541	1.507	1.826	0.690	1.316	1.045	1.429
	层间位移角(F5)	0.478	1.172	1.866	0.955	1.296	0.660	0.997	0.893	1.040
	层间位移角(F6)	0.336	0.839	1.165	0.735	0.896	0.597	0.766	0.710	0.756
4.00	顶点相对位移	67.9	199.8	149.5	189.1	159.0	55.6	87.9	70.5	122.4
	层间位移角(F1)	0.668	1.580	1.354	1.345	1.417	0.523	0.829	0.641	1.045
	层间位移角(F2)	0.860	2.806	1.984	2.579	2.163	0.687	1.164	0.863	1.638
	层间位移角(F3)	0.773	2.329	1.923	2.437	1.896	0.699	1.046	0.892	1.499
	层间位移角(F4)	0.610	1.394	1.616	1.601	1.621	0.651	0.823	0.922	1.155
	层间位移角(F5)	0.486	1.084	1.194	1.192	1.134	0.601	0.726	0.830	0.906
	层间位移角(F6)	0.342	0.834	0.928	1.046	0.945	0.527	0.704	0.719	0.756

F6-B460-C460 钢框架最大顶点相对位移（mm）和最大层间位移角（%）　　附表 D.6

刚度比	项目	EQ1	EQ2	EQ3	EQ4	EQ5	EQ6	EQ7	EQ8	均值
0	顶点相对位移	173.4	286.8	170.7	202.9	259.8	119.7	117.9	161.1	186.5
	层间位移角(F1)	1.307	2.168	1.491	1.666	2.112	0.875	1.185	1.375	1.522
	层间位移角(F2)	2.275	3.902	2.448	2.715	3.549	1.530	1.665	2.212	2.537
	层间位移角(F3)	2.295	3.663	3.003	2.835	3.377	1.791	2.019	1.970	2.619
	层间位移角(F4)	1.846	2.509	2.959	2.670	2.894	1.440	2.115	1.677	2.264
	层间位移角(F5)	1.412	1.637	2.357	1.930	1.938	0.974	1.571	1.288	1.638
	层间位移角(F6)	0.841	1.054	1.390	1.308	1.387	0.710	1.156	0.839	1.085
0.25	顶点相对位移	163.2	275.8	204.1	203.1	260.9	111.5	120.7	136.2	184.4
	层间位移角(F1)	1.300	2.235	1.499	1.604	1.989	0.841	1.100	1.186	1.469
	层间位移角(F2)	2.174	3.775	2.569	2.693	3.474	1.424	1.611	1.835	2.444
	层间位移角(F3)	2.167	3.378	3.317	2.938	3.378	1.656	2.174	1.840	2.606
	层间位移角(F4)	1.825	2.364	2.893	2.678	2.595	1.381	2.208	1.598	2.193
	层间位移角(F5)	1.371	1.675	2.160	2.087	1.987	1.008	1.506	1.149	1.618
	层间位移角(F6)	0.795	1.103	1.275	1.318	1.289	0.721	1.054	0.878	1.054

刚度比	项目	EQ1	EQ2	EQ3	EQ4	EQ5	EQ6	EQ7	EQ8	均值
0.50	顶点相对位移	155.4	257.6	215.9	199.9	286.7	105.8	124.1	118.0	182.9
	层间位移角(F1)	1.259	2.213	1.538	1.525	2.034	0.796	1.093	1.094	1.444
	层间位移角(F2)	2.071	3.539	2.787	2.616	3.785	1.380	1.624	1.571	2.422
	层间位移角(F3)	2.063	3.076	3.320	2.993	3.755	1.458	2.251	1.671	2.573
	层间位移角(F4)	1.686	2.484	2.640	2.635	2.812	1.264	2.232	1.577	2.166
	层间位移角(F5)	1.226	1.682	2.038	2.116	1.720	1.023	1.406	1.165	1.547
	层间位移角(F6)	0.722	1.183	1.187	1.251	1.059	0.734	0.929	0.856	0.990
0.75	顶点相对位移	147.7	257.4	206.3	200.6	311.6	96.8	127.9	125.1	184.2
	层间位移角(F1)	1.242	2.089	1.582	1.435	2.245	0.750	1.096	1.060	1.437
	层间位移角(F2)	1.966	3.478	2.679	2.568	4.117	1.252	1.605	1.617	2.410
	层间位移角(F3)	1.930	3.297	3.102	3.015	4.165	1.274	2.274	1.753	2.601
	层间位移角(F4)	1.502	2.597	2.690	2.562	3.277	1.100	2.200	1.441	2.171
	层间位移角(F5)	1.070	1.634	2.060	2.103	1.952	0.975	1.409	1.080	1.536
	层间位移角(F6)	0.679	1.164	1.155	1.162	1.047	0.696	0.974	0.787	0.958
1.00	顶点相对位移	139.2	271.4	183.8	199.9	332.1	84.9	136.8	134.7	185.3
	层间位移角(F1)	1.185	2.033	1.575	1.405	2.443	0.802	1.055	1.024	1.440
	层间位移角(F2)	1.844	3.614	2.373	2.544	4.358	1.137	1.731	1.768	2.421
	层间位移角(F3)	1.827	3.491	2.768	2.971	4.400	1.095	2.259	1.848	2.582
	层间位移角(F4)	1.364	2.717	2.998	2.473	3.350	0.932	2.048	1.516	2.175
	层间位移角(F5)	0.957	1.590	2.174	2.035	1.964	0.924	1.395	1.077	1.515
	层间位移角(F6)	0.626	1.056	1.151	1.061	1.043	0.743	0.996	0.736	0.926
1.50	顶点相对位移	125.3	284.7	189.6	192.0	308.1	84.8	144.2	134.1	182.8
	层间位移角(F1)	1.019	2.131	1.504	1.354	2.261	0.819	1.170	0.992	1.406
	层间位移角(F2)	1.689	3.779	2.289	2.472	4.068	1.098	1.824	1.758	2.372
	层间位移角(F3)	1.616	3.727	3.188	2.782	3.953	1.045	2.075	1.862	2.531
	层间位移角(F4)	1.101	2.784	2.965	2.222	2.734	0.893	1.617	1.537	1.982
	层间位移角(F5)	0.811	1.429	2.124	1.722	2.071	0.939	1.295	1.162	1.444
	层间位移角(F6)	0.540	0.907	1.090	1.018	1.259	0.778	1.038	0.743	0.922
2.00	顶点相对位移	116.2	284.7	217.6	189.8	279.8	85.8	143.1	120.2	179.6
	层间位移角(F1)	0.989	2.126	1.298	1.252	2.060	0.771	1.205	1.082	1.348
	层间位移角(F2)	1.598	3.778	2.631	2.512	3.765	1.116	1.952	1.594	2.368
	层间位移角(F3)	1.350	3.812	3.630	2.606	3.515	1.051	1.883	1.562	2.426
	层间位移角(F4)	0.959	2.644	3.280	1.940	2.218	0.935	1.433	1.371	1.848
	层间位移角(F5)	0.718	1.261	2.426	1.426	1.897	0.942	1.250	1.127	1.381
	层间位移角(F6)	0.505	0.878	1.253	1.017	1.165	0.778	0.931	0.775	0.913
3.00	顶点相对位移	91.6	237.5	195.5	203.9	203.7	72.8	130.5	99.5	154.4
	层间位移角(F1)	0.885	1.746	1.317	1.818	1.657	0.753	1.165	0.972	1.289
	层间位移角(F2)	1.211	3.213	2.434	2.776	2.811	0.966	1.789	1.300	2.062
	层间位移角(F3)	0.999	3.176	2.935	2.445	2.324	0.885	1.558	1.159	1.935
	层间位移角(F4)	0.800	2.044	2.581	1.575	1.826	0.765	1.323	1.110	1.503
	层间位移角(F5)	0.599	1.361	1.994	1.120	1.429	0.703	1.055	0.969	1.154
	层间位移角(F6)	0.381	1.027	1.440	0.896	1.068	0.642	0.822	0.848	0.890

续表

刚度比	项目	EQ1	EQ2	EQ3	EQ4	EQ5	EQ6	EQ7	EQ8	均值
4.00	顶点相对位移	69.6	201.5	154.9	193.0	151.7	62.6	95.6	75.5	125.6
	层间位移角(F1)	0.685	1.545	1.315	1.350	1.386	0.572	0.936	0.681	1.059
	层间位移角(F2)	0.874	2.808	2.038	2.635	2.056	0.782	1.231	0.930	1.669
	层间位移角(F3)	0.799	2.426	2.083	2.495	1.832	0.764	1.122	0.991	1.564
	层间位移角(F4)	0.639	1.513	1.705	1.642	1.646	0.678	1.001	1.034	1.232
	层间位移角(F5)	0.501	1.226	1.318	1.296	1.337	0.624	0.907	0.899	1.013
	层间位移角(F6)	0.368	0.876	1.043	1.076	1.076	0.578	0.766	0.750	0.817

F3-B345-C345 钢框架各层支撑最大名义应力与钢材屈服强度标准值之比 附表 D.7

刚度比	项目	EQ1	EQ2	EQ3	EQ4	EQ5	EQ6	EQ7	EQ8	均值
0.25	1层支撑	1.123	1.139	1.124	1.137	1.155	1.125	1.129	1.126	1.132
	2层支撑	1.128	1.145	1.137	1.140	1.145	1.115	1.131	1.121	1.133
	3层支撑	1.127	1.136	1.136	1.127	1.133	1.131	1.126	1.133	1.131
0.50	1层支撑	1.124	1.138	1.124	1.137	1.139	1.122	1.131	1.126	1.130
	2层支撑	1.127	1.143	1.137	1.139	1.144	1.116	1.135	1.128	1.134
	3层支撑	1.130	1.134	1.136	1.127	1.132	1.131	1.129	1.134	1.132
0.75	1层支撑	1.125	1.138	1.124	1.137	1.137	1.123	1.132	1.125	1.130
	2层支撑	1.126	1.141	1.137	1.139	1.143	1.118	1.133	1.128	1.133
	3层支撑	1.132	1.130	1.135	1.129	1.130	1.127	1.133	1.131	1.131
1.00	1层支撑	1.126	1.137	1.126	1.137	1.135	1.122	1.132	1.122	1.130
	2层支撑	1.126	1.139	1.136	1.138	1.142	1.119	1.133	1.127	1.133
	3层支撑	1.130	1.128	1.134	1.131	1.132	1.119	1.133	1.131	1.130
1.50	1层支撑	1.128	1.134	1.128	1.136	1.133	1.120	1.127	1.116	1.128
	2层支撑	1.119	1.135	1.137	1.136	1.140	1.123	1.132	1.126	1.131
	3层支撑	1.109	1.133	1.134	1.134	1.133	1.119	1.134	1.129	1.128
2.00	1层支撑	1.125	1.133	1.133	1.134	1.131	1.120	1.125	1.114	1.127
	2层支撑	1.116	1.134	1.136	1.137	1.139	1.121	1.124	1.124	1.129
	3层支撑	0.996	1.135	1.130	1.129	1.132	1.129	1.128	1.130	1.114
3.00	1层支撑	1.094	1.135	1.134	1.133	1.134	1.107	1.115	1.115	1.121
	2层支撑	1.095	1.134	1.139	1.136	1.131	1.120	1.121	1.130	1.126
	3层支撑	0.714	1.133	1.129	1.130	1.138	1.029	1.130	1.008	1.051
4.00	1层支撑	1.034	1.135	1.140	1.135	1.132	1.025	1.125	1.109	1.104
	2层支撑	1.080	1.131	1.136	1.132	1.142	1.104	1.132	1.120	1.122
	3层支撑	0.730	1.108	1.123	1.135	1.127	0.760	1.130	0.857	0.996

F3-B345-C460 钢框架各层支撑最大名义应力与钢材屈服强度标准值之比 附表 D.8

刚度比	项目	EQ1	EQ2	EQ3	EQ4	EQ5	EQ6	EQ7	EQ8	均值
0.25	1层支撑	1.125	1.138	1.128	1.138	1.136	1.115	1.132	1.121	1.129
	2层支撑	1.128	1.147	1.142	1.144	1.147	1.122	1.129	1.125	1.135
	3层支撑	1.100	1.139	1.137	1.127	1.133	1.130	1.135	1.130	1.129

续表

刚度比	项目	EQ1	EQ2	EQ3	EQ4	EQ5	EQ6	EQ7	EQ8	均值
0.50	1层支撑	1.122	1.137	1.127	1.138	1.138	1.118	1.130	1.119	1.129
	2层支撑	1.126	1.146	1.142	1.143	1.147	1.119	1.131	1.123	1.135
	3层支撑	1.108	1.137	1.136	1.127	1.132	1.133	1.132	1.132	1.130
0.75	1层支撑	1.119	1.136	1.125	1.138	1.140	1.119	1.128	1.122	1.128
	2层支撑	1.125	1.145	1.141	1.143	1.146	1.117	1.130	1.126	1.134
	3层支撑	1.110	1.136	1.135	1.125	1.132	1.134	1.129	1.132	1.129
1.00	1层支撑	1.118	1.136	1.125	1.137	1.140	1.120	1.134	1.119	1.129
	2层支撑	1.124	1.143	1.140	1.143	1.145	1.116	1.128	1.128	1.133
	3层支撑	1.119	1.136	1.136	1.120	1.131	1.131	1.131	1.131	1.129
1.50	1层支撑	1.120	1.136	1.125	1.134	1.139	1.124	1.136	1.126	1.130
	2层支撑	1.123	1.140	1.138	1.144	1.144	1.116	1.129	1.126	1.132
	3层支撑	1.124	1.131	1.138	1.120	1.129	1.129	1.131	1.126	1.128
2.00	1层支撑	1.125	1.134	1.131	1.132	1.136	1.121	1.134	1.122	1.129
	2层支撑	1.120	1.136	1.135	1.144	1.142	1.120	1.128	1.122	1.131
	3层支撑	1.109	1.124	1.135	1.129	1.126	1.067	1.129	1.132	1.119
3.00	1层支撑	1.123	1.136	1.129	1.132	1.131	1.109	1.130	1.118	1.126
	2层支撑	1.117	1.138	1.135	1.143	1.143	1.121	1.126	1.128	1.131
	3层支撑	0.855	1.127	1.134	1.132	1.126	1.129	1.126	1.127	1.095
4.00	1层支撑	1.101	1.136	1.135	1.134	1.137	1.098	1.118	1.116	1.122
	2层支撑	1.079	1.133	1.133	1.139	1.140	1.118	1.131	1.124	1.125
	3层支撑	0.781	1.130	1.128	1.137	1.138	0.989	1.118	0.934	1.044

F3-B460-C460 钢框架各层支撑最大名义应力与钢材屈服强度标准值之比　　附表 D. 9

刚度比	项目	EQ1	EQ2	EQ3	EQ4	EQ5	EQ6	EQ7	EQ8	均值
0.25	1层支撑	1.124	1.137	1.125	1.137	1.137	1.117	1.128	1.121	1.128
	2层支撑	1.125	1.145	1.141	1.142	1.146	1.118	1.130	1.126	1.134
	3层支撑	1.095	1.136	1.135	1.129	1.128	1.126	1.132	1.132	1.127
0.50	1层支撑	1.120	1.135	1.126	1.137	1.139	1.118	1.130	1.121	1.128
	2层支撑	1.123	1.144	1.140	1.141	1.145	1.116	1.129	1.124	1.133
	3层支撑	1.083	1.134	1.134	1.126	1.127	1.124	1.128	1.129	1.123
0.75	1层支撑	1.118	1.134	1.125	1.136	1.139	1.119	1.134	1.123	1.128
	2层支撑	1.121	1.142	1.138	1.141	1.144	1.115	1.129	1.121	1.131
	3层支撑	1.074	1.133	1.133	1.116	1.126	1.111	1.132	1.126	1.119
1.00	1层支撑	1.118	1.133	1.125	1.135	1.139	1.118	1.134	1.123	1.128
	2层支撑	1.117	1.140	1.137	1.141	1.142	1.114	1.129	1.121	1.130
	3层支撑	1.007	1.133	1.134	1.122	1.125	1.080	1.125	1.122	1.106
1.50	1层支撑	1.119	1.132	1.126	1.133	1.136	1.118	1.131	1.122	1.127
	2层支撑	1.120	1.136	1.137	1.141	1.140	1.104	1.126	1.120	1.128
	3层支撑	0.986	1.123	1.134	1.127	1.119	1.003	1.131	1.128	1.094
2.00	1层支撑	1.118	1.136	1.128	1.133	1.131	1.110	1.123	1.113	1.124
	2层支撑	1.120	1.136	1.134	1.140	1.138	1.118	1.125	1.116	1.128
	3层支撑	0.908	1.124	1.134	1.125	1.122	0.991	1.125	1.118	1.081

刚度比	项目	EQ1	EQ2	EQ3	EQ4	EQ5	EQ6	EQ7	EQ8	均值
3.00	1层支撑	1.053	1.130	1.135	1.135	1.131	1.088	1.113	0.965	1.094
	2层支撑	1.031	1.131	1.135	1.135	1.136	1.114	1.117	1.089	1.111
	3层支撑	0.677	1.129	1.123	1.132	1.135	1.054	1.107	0.874	1.029
4.00	1层支撑	0.863	1.133	1.136	1.136	1.138	0.913	1.111	0.946	1.047
	2层支撑	0.812	1.129	1.137	1.133	1.139	1.015	1.122	1.075	1.070
	3层支撑	0.572	0.993	1.114	1.133	1.106	0.681	1.121	0.680	0.925

F6-B345-C345 钢框架各层支撑最大名义应力与钢材屈服强度标准值之比　附表 D.10

刚度比	项目	EQ1	EQ2	EQ3	EQ4	EQ5	EQ6	EQ7	EQ8	均值
0.25	1层支撑	1.116	1.127	1.117	1.117	1.127	1.110	1.120	1.115	1.119
	2层支撑	1.122	1.131	1.129	1.136	1.138	1.124	1.123	1.125	1.129
	3层支撑	1.124	1.142	1.136	1.135	1.143	1.118	1.126	1.118	1.130
	4层支撑	1.115	1.157	1.143	1.146	1.148	1.131	1.137	1.141	1.140
	5层支撑	1.111	1.131	1.137	1.137	1.147	1.121	1.128	1.134	1.131
	6层支撑	0.857	1.112	1.112	1.119	1.127	1.108	1.106	1.062	1.075
0.50	1层支撑	1.111	1.125	1.118	1.122	1.125	1.113	1.115	1.114	1.118
	2层支撑	1.120	1.134	1.128	1.136	1.137	1.122	1.121	1.123	1.128
	3层支撑	1.121	1.141	1.136	1.133	1.142	1.115	1.125	1.117	1.129
	4层支撑	1.103	1.157	1.144	1.141	1.151	1.131	1.133	1.141	1.138
	5层支撑	1.096	1.129	1.137	1.135	1.150	1.128	1.120	1.132	1.128
	6层支撑	0.697	1.101	1.115	1.097	1.129	1.100	1.069	1.001	1.039
0.75	1层支撑	1.108	1.124	1.119	1.122	1.122	1.104	1.107	1.113	1.115
	2层支撑	1.121	1.137	1.127	1.136	1.136	1.119	1.119	1.122	1.127
	3层支撑	1.117	1.140	1.135	1.131	1.140	1.107	1.122	1.118	1.127
	4层支撑	1.098	1.156	1.144	1.140	1.153	1.131	1.130	1.140	1.136
	5层支撑	1.011	1.129	1.137	1.133	1.151	1.129	1.119	1.129	1.117
	6层支撑	0.595	1.071	1.115	1.092	1.127	1.094	1.045	0.960	1.012
1.00	1层支撑	1.109	1.123	1.119	1.120	1.128	1.056	1.112	1.112	1.110
	2层支撑	1.121	1.137	1.125	1.134	1.135	1.125	1.121	1.122	1.128
	3层支撑	1.112	1.139	1.135	1.129	1.139	1.103	1.122	1.117	1.124
	4层支撑	1.100	1.156	1.143	1.140	1.153	1.129	1.123	1.138	1.135
	5层支撑	0.926	1.127	1.137	1.125	1.150	1.127	1.119	1.126	1.105
	6层支撑	0.544	1.053	1.110	1.111	1.119	1.079	1.028	0.878	0.990
1.50	1层支撑	1.111	1.124	1.115	1.119	1.125	1.096	1.114	1.106	1.114
	2层支撑	1.117	1.135	1.127	1.131	1.131	1.122	1.116	1.121	1.125
	3层支撑	1.107	1.138	1.134	1.127	1.137	1.105	1.116	1.110	1.122
	4层支撑	1.096	1.155	1.140	1.132	1.148	1.056	1.126	1.129	1.123
	5层支撑	0.807	1.125	1.134	1.114	1.142	1.068	1.114	1.092	1.074
	6层支撑	0.474	0.914	1.109	0.779	1.015	0.884	0.816	0.743	0.842

刚度比	项目	EQ1	EQ2	EQ3	EQ4	EQ5	EQ6	EQ7	EQ8	均值
2.00	1层支撑	1.104	1.120	1.117	1.127	1.122	1.061	1.119	1.118	1.111
	2层支撑	1.112	1.133	1.130	1.130	1.128	1.119	1.121	1.125	1.125
	3层支撑	1.098	1.135	1.132	1.121	1.134	1.104	1.117	1.119	1.120
	4层支撑	1.014	1.151	1.137	1.124	1.146	0.906	1.122	1.119	1.090
	5层支撑	0.675	1.124	1.129	1.074	1.137	0.931	1.123	1.030	1.028
	6层支撑	0.418	0.896	0.980	0.767	0.951	0.787	0.862	0.765	0.803
3.00	1层支撑	0.980	1.117	1.119	1.129	1.119	0.819	1.103	0.929	1.040
	2层支撑	1.107	1.133	1.120	1.134	1.128	1.073	1.118	1.105	1.115
	3层支撑	1.064	1.134	1.121	1.134	1.127	1.015	1.116	1.103	1.102
	4层支撑	0.749	1.141	1.136	1.125	1.146	0.840	1.039	1.112	1.036
	5层支撑	0.518	1.111	1.124	1.072	1.121	0.779	1.000	0.969	0.962
	6层支撑	0.481	0.762	0.983	0.920	0.847	0.677	0.838	0.743	0.781
4.00	1层支撑	0.828	1.119	1.109	1.113	1.116	0.694	0.990	0.899	0.984
	2层支撑	1.055	1.125	1.123	1.128	1.132	0.864	1.114	1.084	1.078
	3层支撑	0.858	1.130	1.121	1.128	1.124	0.758	1.106	1.074	1.037
	4层支撑	0.659	1.132	1.134	1.135	1.139	0.673	0.962	1.026	0.982
	5层支撑	0.502	1.059	1.122	1.007	0.979	0.633	0.885	0.895	0.885
	6层支撑	0.387	0.663	0.854	0.735	0.688	0.593	0.705	0.637	0.658

F6-B345-C460 钢框架各层支撑最大名义应力与钢材屈服强度标准值之比 附表 D.11

刚度比	项目	EQ1	EQ2	EQ3	EQ4	EQ5	EQ6	EQ7	EQ8	均值
0.25	1层支撑	1.124	1.127	1.122	1.118	1.125	1.103	1.129	1.127	1.122
	2层支撑	1.130	1.133	1.132	1.127	1.141	1.125	1.133	1.129	1.131
	3层支撑	1.120	1.140	1.133	1.131	1.143	1.120	1.132	1.125	1.131
	4层支撑	1.128	1.157	1.144	1.158	1.145	1.104	1.141	1.125	1.138
	5层支撑	1.110	1.138	1.138	1.148	1.138	1.117	1.136	1.125	1.131
	6层支撑	0.936	1.127	1.132	1.128	1.119	0.980	1.116	1.101	1.080
0.50	1层支撑	1.123	1.124	1.123	1.118	1.124	1.104	1.128	1.127	1.121
	2层支撑	1.128	1.132	1.131	1.128	1.142	1.125	1.131	1.129	1.131
	3层支撑	1.123	1.141	1.133	1.132	1.143	1.119	1.131	1.126	1.131
	4层支撑	1.125	1.157	1.144	1.157	1.142	1.105	1.141	1.129	1.138
	5层支撑	1.107	1.135	1.137	1.146	1.138	1.113	1.135	1.129	1.130
	6层支撑	0.844	1.124	1.126	1.129	1.116	0.984	1.106	1.014	1.055
0.75	1层支撑	1.122	1.123	1.121	1.118	1.122	1.101	1.126	1.123	1.120
	2层支撑	1.126	1.130	1.128	1.134	1.141	1.124	1.129	1.128	1.130
	3层支撑	1.124	1.140	1.134	1.134	1.143	1.117	1.129	1.125	1.131
	4层支撑	1.119	1.156	1.143	1.154	1.140	1.102	1.140	1.133	1.136
	5层支撑	1.104	1.133	1.136	1.144	1.142	1.108	1.131	1.133	1.129
	6层支撑	0.752	1.115	1.122	1.127	1.124	0.983	1.108	0.941	1.034

续表

刚度比	项目	EQ1	EQ2	EQ3	EQ4	EQ5	EQ6	EQ7	EQ8	均值
1.00	1层支撑	1.121	1.120	1.119	1.123	1.122	1.109	1.123	1.120	1.120
	2层支撑	1.124	1.134	1.130	1.134	1.140	1.122	1.126	1.125	1.129
	3层支撑	1.123	1.139	1.135	1.132	1.143	1.115	1.127	1.125	1.130
	4层支撑	1.111	1.156	1.142	1.150	1.146	1.117	1.136	1.136	1.137
	5层支撑	1.082	1.133	1.134	1.141	1.146	1.107	1.125	1.134	1.125
	6层支撑	0.670	1.105	1.116	1.122	1.133	0.964	1.112	0.889	1.014
1.50	1层支撑	1.114	1.125	1.123	1.125	1.126	1.111	1.115	1.119	1.120
	2层支撑	1.122	1.137	1.129	1.135	1.138	1.117	1.122	1.121	1.128
	3层支撑	1.120	1.138	1.137	1.129	1.141	1.105	1.122	1.119	1.126
	4层支撑	1.090	1.155	1.142	1.138	1.149	1.124	1.131	1.137	1.133
	5层支撑	0.887	1.131	1.135	1.138	1.151	1.119	1.116	1.130	1.101
	6层支撑	0.574	0.984	1.096	1.128	1.136	0.944	1.112	0.863	0.980
2.00	1层支撑	1.108	1.127	1.123	1.123	1.127	1.096	1.115	1.116	1.117
	2层支撑	1.120	1.136	1.128	1.132	1.134	1.125	1.122	1.119	1.127
	3层支撑	1.106	1.137	1.136	1.126	1.138	1.098	1.117	1.113	1.121
	4层支撑	1.074	1.155	1.142	1.139	1.147	1.116	1.129	1.133	1.129
	5层支撑	0.762	1.124	1.136	1.123	1.145	1.102	1.122	1.119	1.079
	6层支撑	0.496	0.916	1.070	1.063	1.100	0.942	0.957	0.784	0.916
3.00	1层支撑	1.098	1.120	1.111	1.129	1.119	1.057	1.130	1.123	1.111
	2层支撑	1.106	1.133	1.124	1.130	1.128	1.113	1.122	1.124	1.122
	3层支撑	1.072	1.135	1.129	1.125	1.133	1.083	1.123	1.112	1.114
	4层支撑	0.789	1.143	1.136	1.135	1.139	0.849	1.129	1.115	1.054
	5层支撑	0.539	1.120	1.131	1.085	1.133	0.811	1.099	1.055	0.997
	6层支撑	0.413	0.847	1.122	0.784	1.053	0.697	0.826	0.781	0.815
4.00	1层支撑	0.968	1.124	1.112	1.117	1.121	0.810	1.114	0.974	1.042
	2层支撑	1.093	1.129	1.120	1.132	1.127	0.925	1.116	1.096	1.092
	3层支撑	0.949	1.131	1.122	1.129	1.126	0.874	1.108	1.072	1.064
	4层支撑	0.667	1.135	1.145	1.144	1.144	0.747	0.900	1.045	0.991
	5层支撑	0.481	1.104	1.130	1.131	1.120	0.656	0.798	0.864	0.911
	6层支撑	0.393	0.726	0.869	0.994	0.862	0.570	0.752	0.692	0.732

F6-B460-C460 钢框架各层支撑最大名义应力与钢材屈服强度标准值之比　　附表 D.12

刚度比	项目	EQ1	EQ2	EQ3	EQ4	EQ5	EQ6	EQ7	EQ8	均值
0.25	1层支撑	1.121	1.127	1.119	1.117	1.122	0.989	1.115	1.111	1.103
	2层支撑	1.131	1.132	1.128	1.126	1.130	1.115	1.129	1.123	1.127
	3层支撑	1.119	1.133	1.133	1.132	1.131	1.120	1.133	1.115	1.127
	4层支撑	1.126	1.152	1.152	1.152	1.150	1.116	1.140	1.128	1.139
	5层支撑	1.109	1.139	1.136	1.150	1.138	1.066	1.138	1.114	1.124
	6层支撑	0.806	1.110	1.133	1.124	1.136	0.754	1.113	0.951	1.016

附录 D 框架算例动力时程分析计算结果

续表

刚度比	项目	EQ1	EQ2	EQ3	EQ4	EQ5	EQ6	EQ7	EQ8	均值
0.50	1层支撑	1.120	1.127	1.112	1.115	1.119	0.925	1.112	1.109	1.092
	2层支撑	1.130	1.131	1.130	1.126	1.132	1.109	1.130	1.126	1.127
	3层支撑	1.119	1.137	1.131	1.126	1.139	1.119	1.132	1.116	1.127
	4层支撑	1.121	1.154	1.148	1.151	1.147	1.109	1.137	1.129	1.137
	5层支撑	1.101	1.137	1.134	1.150	1.134	1.069	1.136	1.119	1.122
	6层支撑	0.718	1.118	1.126	1.118	1.114	0.756	0.994	0.912	0.982
0.75	1层支撑	1.118	1.124	1.118	1.117	1.122	0.858	1.114	1.107	1.085
	2层支撑	1.128	1.130	1.130	1.123	1.141	1.107	1.130	1.126	1.127
	3层支撑	1.122	1.138	1.130	1.126	1.142	1.117	1.131	1.116	1.128
	4层支撑	1.119	1.154	1.147	1.154	1.144	1.094	1.137	1.125	1.134
	5层支撑	1.079	1.135	1.133	1.149	1.135	1.009	1.134	1.106	1.110
	6层支撑	0.664	1.113	1.099	1.109	1.032	0.729	0.993	0.825	0.945
1.00	1层支撑	1.115	1.122	1.117	1.118	1.120	0.935	1.113	1.110	1.094
	2层支撑	1.126	1.129	1.128	1.127	1.140	1.099	1.128	1.124	1.125
	3层支撑	1.123	1.138	1.131	1.130	1.142	1.108	1.128	1.119	1.127
	4层支撑	1.114	1.154	1.144	1.151	1.139	0.972	1.135	1.119	1.116
	5层支撑	0.965	1.132	1.134	1.148	1.139	0.946	1.132	1.106	1.088
	6层支撑	0.602	1.054	1.082	1.087	1.064	0.775	1.007	0.737	0.926
1.50	1层支撑	1.096	1.115	1.120	1.115	1.122	0.931	1.110	1.099	1.088
	2层支撑	1.122	1.135	1.128	1.133	1.137	1.101	1.122	1.119	1.125
	3层支撑	1.122	1.138	1.131	1.130	1.140	1.081	1.123	1.122	1.123
	4层支撑	1.088	1.155	1.141	1.143	1.147	0.910	1.134	1.129	1.106
	5层支撑	0.791	1.123	1.132	1.142	1.151	0.956	1.112	1.119	1.066
	6层支撑	0.519	0.894	1.012	0.996	1.133	0.779	1.028	0.740	0.888
2.00	1层支撑	1.090	1.123	1.123	1.108	1.126	0.882	1.115	1.100	1.083
	2层支撑	1.121	1.136	1.128	1.133	1.136	1.093	1.122	1.118	1.123
	3层支撑	1.109	1.137	1.131	1.126	1.137	1.079	1.117	1.114	1.119
	4层支撑	0.947	1.154	1.141	1.140	1.145	0.958	1.126	1.129	1.092
	5层支撑	0.696	1.108	1.133	1.125	1.150	0.927	1.109	1.086	1.042
	6层支撑	0.457	0.807	1.088	0.969	1.074	0.745	0.899	0.721	0.845
3.00	1层支撑	0.981	1.116	1.116	1.132	1.117	0.842	1.123	1.082	1.064
	2层支撑	1.102	1.132	1.125	1.131	1.126	1.013	1.122	1.121	1.109
	3层支撑	0.982	1.132	1.128	1.127	1.133	0.885	1.120	1.094	1.075
	4层支撑	0.739	1.146	1.128	1.125	1.135	0.723	1.120	1.039	1.019
	5层支撑	0.521	1.111	1.132	0.976	1.133	0.651	0.912	0.882	0.915
	6层支撑	0.331	0.845	1.122	0.757	0.857	0.571	0.682	0.722	0.736

刚度比	项目	EQ1	EQ2	EQ3	EQ4	EQ5	EQ6	EQ7	EQ8	均值
4.00	1层支撑	0.750	1.124	1.100	1.112	1.123	0.667	1.026	0.768	0.959
	2层支撑	0.886	1.131	1.125	1.131	1.126	0.795	1.106	0.939	1.030
	3层支撑	0.756	1.129	1.123	1.126	1.122	0.724	1.041	0.900	0.990
	4层支撑	0.544	1.124	1.143	1.139	1.138	0.596	0.869	0.900	0.932
	5层支撑	0.382	0.939	1.039	1.008	1.063	0.567	0.714	0.720	0.804
	6层支撑	0.320	0.556	0.731	0.738	0.740	0.482	0.620	0.553	0.592

F3-B345-C345 钢框架最大绝对加速度（g） 附表 D.13

刚度比	项目	EQ1	EQ2	EQ3	EQ4	EQ5	EQ6	EQ7	EQ8	均值
0	基底	0.408	0.408	0.408	0.408	0.408	0.408	0.408	0.408	0.408
	1层梁轴线处	0.313	0.373	0.382	0.395	0.371	0.494	0.460	0.440	0.403
	2层梁轴线处	0.358	0.350	0.411	0.395	0.402	0.410	0.428	0.420	0.397
	3层梁轴线处	0.302	0.482	0.437	0.437	0.491	0.418	0.420	0.446	0.429
0.25	基底	0.408	0.408	0.408	0.408	0.408	0.408	0.403	0.408	0.407
	1层梁轴线处	0.363	0.388	0.356	0.406	0.408	0.544	0.499	0.507	0.434
	2层梁轴线处	0.408	0.344	0.451	0.473	0.423	0.512	0.465	0.539	0.452
	3层梁轴线处	0.381	0.477	0.555	0.596	0.497	0.570	0.471	0.690	0.530
0.50	基底	0.408	0.408	0.408	0.408	0.408	0.408	0.403	0.403	0.407
	1层梁轴线处	0.417	0.395	0.414	0.493	0.506	0.636	0.509	0.664	0.504
	2层梁轴线处	0.357	0.456	0.543	0.434	0.413	0.525	0.656	0.510	0.487
	3层梁轴线处	0.417	0.708	0.667	0.765	0.503	0.475	0.805	0.551	0.611
0.75	基底	0.408	0.408	0.408	0.408	0.408	0.408	0.408	0.408	0.408
	1层梁轴线处	0.506	0.404	0.487	0.654	0.846	0.636	0.532	0.796	0.608
	2层梁轴线处	0.456	0.720	0.461	0.643	0.790	0.649	0.464	0.638	0.603
	3层梁轴线处	0.545	0.829	0.687	1.017	0.528	0.585	1.084	0.608	0.735
1.00	基底	0.408	0.408	0.407	0.408	0.408	0.408	0.408	0.405	0.408
	1层梁轴线处	0.503	0.547	0.497	0.842	0.596	0.594	0.624	0.850	0.632
	2层梁轴线处	0.590	1.156	1.274	0.929	0.824	0.489	0.553	0.533	0.794
	3层梁轴线处	0.727	1.031	1.194	1.333	0.506	0.469	1.130	0.635	0.878
1.50	基底	0.408	0.408	0.408	0.408	0.408	0.408	0.404	0.405	0.407
	1层梁轴线处	0.833	0.912	1.401	1.105	0.691	0.892	1.026	0.818	0.960
	2层梁轴线处	0.709	1.437	0.986	1.467	0.950	0.787	0.924	0.949	1.026
	3层梁轴线处	1.059	0.823	0.954	1.297	0.667	0.914	0.910	1.049	0.959
2.00	基底	0.408	0.408	0.408	0.408	0.408	0.408	0.403	0.405	0.407
	1层梁轴线处	1.014	0.985	1.083	0.897	1.641	1.423	0.891	1.132	1.133
	2层梁轴线处	0.667	1.123	1.408	1.160	1.907	1.131	0.939	0.692	1.128
	3层梁轴线处	1.375	1.440	2.087	1.386	1.307	0.759	1.444	1.028	1.353
3.00	基底	0.408	0.408	0.408	0.408	0.408	0.408	0.408	0.408	0.408
	1层梁轴线处	2.090	1.567	2.302	1.809	1.805	1.408	1.379	1.321	1.710
	2层梁轴线处	1.437	1.360	1.524	1.992	1.998	1.587	1.970	1.674	1.693
	3层梁轴线处	1.281	2.516	3.083	2.391	2.191	1.461	1.844	1.143	1.989

刚度比	项目	EQ1	EQ2	EQ3	EQ4	EQ5	EQ6	EQ7	EQ8	均值
4.00	基底	0.408	0.408	0.408	0.408	0.408	0.408	0.403	0.408	0.407
	1 层梁轴线处	1.414	2.085	1.690	2.626	2.647	1.291	3.190	1.293	2.030
	2 层梁轴线处	2.056	1.722	2.434	3.714	2.680	1.980	2.198	1.532	2.289
	3 层梁轴线处	2.084	2.016	2.073	3.086	2.826	1.425	1.929	2.447	2.236

F3-B345-C460 钢框架最大绝对加速度（g）　　　附表 D.14

刚度比	项目	EQ1	EQ2	EQ3	EQ4	EQ5	EQ6	EQ7	EQ8	均值
0	基底	0.408	0.408	0.408	0.408	0.408	0.408	0.408	0.408	0.408
	1 层梁轴线处	0.274	0.379	0.422	0.360	0.390	0.431	0.447	0.420	0.390
	2 层梁轴线处	0.316	0.421	0.400	0.363	0.358	0.355	0.401	0.358	0.372
	3 层梁轴线处	0.256	0.536	0.474	0.415	0.505	0.386	0.479	0.378	0.429
0.25	基底	0.408	0.408	0.408	0.408	0.408	0.408	0.408	0.403	0.407
	1 层梁轴线处	0.343	0.393	0.411	0.366	0.374	0.463	0.424	0.440	0.402
	2 层梁轴线处	0.309	0.439	0.407	0.380	0.419	0.379	0.377	0.433	0.393
	3 层梁轴线处	0.261	0.531	0.598	0.534	0.510	0.455	0.461	0.402	0.469
0.50	基底	0.408	0.408	0.408	0.408	0.408	0.408	0.408	0.402	0.407
	1 层梁轴线处	0.332	0.403	0.385	0.409	0.382	0.536	0.529	0.496	0.434
	2 层梁轴线处	0.309	0.510	0.548	0.439	0.727	0.340	0.396	0.583	0.481
	3 层梁轴线处	0.300	0.637	0.879	0.743	0.579	0.687	0.631	0.654	0.639
0.75	基底	0.408	0.408	0.408	0.408	0.408	0.408	0.404	0.408	0.408
	1 层梁轴线处	0.451	0.560	0.454	0.517	0.663	0.666	0.560	0.532	0.550
	2 层梁轴线处	0.360	0.580	0.580	0.529	0.454	0.529	0.503	0.602	0.517
	3 层梁轴线处	0.373	0.673	0.861	0.779	0.514	0.571	0.605	0.622	0.625
1.00	基底	0.408	0.408	0.408	0.408	0.408	0.408	0.403	0.405	0.407
	1 层梁轴线处	0.506	0.588	0.508	0.599	0.821	0.655	0.676	0.782	0.642
	2 层梁轴线处	0.437	0.833	0.725	0.575	0.788	0.735	0.461	0.646	0.650
	3 层梁轴线处	0.367	0.490	0.645	0.857	0.589	0.908	0.894	0.934	0.711
1.50	基底	0.408	0.408	0.408	0.408	0.408	0.408	0.408	0.403	0.407
	1 层梁轴线处	0.553	0.691	0.605	1.044	1.338	1.316	0.788	0.869	0.901
	2 层梁轴线处	0.583	0.527	1.425	0.633	0.699	1.043	0.647	1.112	0.833
	3 层梁轴线处	0.695	1.335	1.314	1.136	0.521	0.741	1.448	0.862	1.007
2.00	基底	0.408	0.408	0.408	0.408	0.408	0.408	0.404	0.405	0.407
	1 层梁轴线处	0.672	0.803	1.084	1.062	1.367	0.849	1.440	0.952	1.029
	2 层梁轴线处	0.712	1.278	1.978	1.495	1.009	0.710	0.852	1.069	1.138
	3 层梁轴线处	1.244	1.174	2.023	1.703	0.656	1.054	0.964	1.188	1.251
3.00	基底	0.408	0.408	0.408	0.408	0.408	0.408	0.408	0.408	0.408
	1 层梁轴线处	0.832	1.005	1.459	2.238	1.111	2.054	1.121	1.725	1.443
	2 层梁轴线处	1.360	1.455	2.167	2.759	1.694	1.282	1.402	1.269	1.674
	3 层梁轴线处	0.995	1.865	2.795	1.905	1.141	1.791	1.530	1.193	1.652
4.00	基底	0.408	0.408	0.408	0.408	0.408	0.408	0.408	0.408	0.408
	1 层梁轴线处	1.235	1.321	2.551	1.724	2.413	1.974	1.389	1.383	1.749
	2 层梁轴线处	2.162	1.932	2.304	2.758	2.325	1.602	2.096	1.263	2.056
	3 层梁轴线处	1.675	1.767	2.686	4.008	2.700	1.871	1.813	1.536	2.257

F3-B460-C460 钢框架最大绝对加速度（g）　　　附表 D.15

刚度比	项目	EQ1	EQ2	EQ3	EQ4	EQ5	EQ6	EQ7	EQ8	均值
0	基底	0.408	0.408	0.408	0.408	0.408	0.408	0.408	0.408	0.408
	1层梁轴线处	0.274	0.384	0.404	0.357	0.366	0.429	0.455	0.423	0.386
	2层梁轴线处	0.318	0.438	0.403	0.387	0.364	0.350	0.386	0.382	0.378
	3层梁轴线处	0.275	0.519	0.491	0.465	0.519	0.383	0.489	0.419	0.445
0.25	基底	0.408	0.408	0.408	0.408	0.408	0.408	0.404	0.402	0.407
	1层梁轴线处	0.319	0.380	0.387	0.374	0.452	0.483	0.429	0.443	0.408
	2层梁轴线处	0.314	0.456	0.420	0.410	0.449	0.507	0.400	0.403	0.420
	3层梁轴线处	0.343	0.505	0.495	0.634	0.526	0.447	0.461	0.431	0.480
0.50	基底	0.408	0.408	0.408	0.408	0.408	0.408	0.403	0.403	0.407
	1层梁轴线处	0.327	0.356	0.482	0.397	0.411	0.565	0.441	0.597	0.447
	2层梁轴线处	0.300	0.463	0.519	0.487	0.451	0.442	0.427	0.604	0.461
	3层梁轴线处	0.393	0.522	0.587	0.842	0.523	0.527	0.502	0.517	0.552
0.75	基底	0.408	0.408	0.408	0.408	0.408	0.408	0.403	0.402	0.407
	1层梁轴线处	0.374	0.389	0.695	0.629	0.569	0.562	0.522	0.677	0.552
	2层梁轴线处	0.377	0.779	0.741	0.561	0.513	0.591	0.573	0.747	0.610
	3层梁轴线处	0.353	0.806	1.014	0.727	0.521	0.542	0.727	0.812	0.688
1.00	基底	0.408	0.408	0.408	0.408	0.408	0.408	0.408	0.405	0.408
	1层梁轴线处	0.391	0.654	0.717	0.747	1.044	1.004	0.823	0.768	0.769
	2层梁轴线处	0.548	0.745	0.787	0.786	1.012	0.789	0.459	0.646	0.721
	3层梁轴线处	0.647	0.984	1.089	0.940	0.574	0.718	1.001	0.869	0.853
1.50	基底	0.408	0.408	0.408	0.408	0.408	0.408	0.403	0.403	0.407
	1层梁轴线处	0.704	0.818	0.957	1.163	1.256	0.876	0.795	0.662	0.904
	2层梁轴线处	0.679	1.200	0.926	1.373	0.936	0.745	0.782	0.864	0.938
	3层梁轴线处	0.969	1.560	0.623	1.504	0.580	0.893	1.253	0.633	1.002
2.00	基底	0.408	0.408	0.408	0.408	0.408	0.408	0.404	0.405	0.407
	1层梁轴线处	0.881	0.675	1.566	2.476	1.140	0.822	0.946	0.936	1.180
	2层梁轴线处	0.741	0.756	1.507	1.350	0.970	0.955	1.179	1.063	1.065
	3层梁轴线处	0.958	0.721	1.462	1.351	0.644	0.776	1.498	1.351	1.095
3.00	基底	0.408	0.408	0.408	0.408	0.408	0.408	0.403	0.402	0.407
	1层梁轴线处	0.946	1.444	2.075	2.158	1.886	1.984	1.705	1.110	1.663
	2层梁轴线处	1.095	2.253	1.706	2.363	1.677	1.687	1.767	1.281	1.729
	3层梁轴线处	1.645	1.647	2.068	2.069	2.104	2.373	1.177	1.454	1.817
4.00	基底	0.408	0.408	0.408	0.408	0.408	0.408	0.403	0.408	0.407
	1层梁轴线处	1.183	0.633	2.336	2.153	3.017	1.043	2.150	1.608	1.765
	2层梁轴线处	1.731	2.012	2.421	4.002	2.576	2.148	2.138	1.757	2.348
	3层梁轴线处	1.747	2.221	2.220	2.108	2.023	2.026	2.600	2.242	2.148

F6-B345-C345 钢框架最大绝对加速度（g）　　　附表 D.16

刚度比	项目	EQ1	EQ2	EQ3	EQ4	EQ5	EQ6	EQ7	EQ8	均值
0	基底	0.408	0.408	0.408	0.408	0.408	0.408	0.408	0.408	0.408
	1层梁轴线处	0.343	0.400	0.483	0.455	0.378	0.316	0.341	0.358	0.384
	2层梁轴线处	0.363	0.603	0.470	0.471	0.454	0.434	0.414	0.361	0.446
	3层梁轴线处	0.236	0.533	0.444	0.481	0.385	0.533	0.402	0.410	0.428

刚度比	项目	EQ1	EQ2	EQ3	EQ4	EQ5	EQ6	EQ7	EQ8	均值
0	4 层梁轴线处	0.329	0.323	0.304	0.343	0.428	0.503	0.384	0.306	0.365
	5 层梁轴线处	0.251	0.356	0.399	0.438	0.326	0.251	0.343	0.290	0.332
	6 层梁轴线处	0.366	0.549	0.500	0.488	0.495	0.512	0.442	0.420	0.471
0.25	基底	0.408	0.408	0.408	0.408	0.408	0.408	0.403	0.402	0.407
	1 层梁轴线处	0.377	0.425	0.466	0.444	0.374	0.361	0.335	0.364	0.393
	2 层梁轴线处	0.454	0.573	0.501	0.565	0.438	0.477	0.406	0.377	0.474
	3 层梁轴线处	0.300	0.529	0.460	0.483	0.444	0.594	0.399	0.374	0.448
	4 层梁轴线处	0.373	0.342	0.326	0.349	0.487	0.496	0.380	0.339	0.387
	5 层梁轴线处	0.235	0.409	0.438	0.422	0.362	0.273	0.329	0.334	0.350
	6 层梁轴线处	0.349	0.554	0.530	0.595	0.575	0.575	0.450	0.564	0.524
0.50	基底	0.408	0.408	0.408	0.408	0.408	0.408	0.403	0.403	0.407
	1 层梁轴线处	0.543	0.421	0.534	0.512	0.491	0.413	0.370	0.418	0.463
	2 层梁轴线处	0.419	0.543	0.567	0.547	0.759	0.521	0.355	0.567	0.535
	3 层梁轴线处	0.343	0.514	0.485	0.478	0.497	0.622	0.461	0.459	0.482
	4 层梁轴线处	0.435	0.472	0.368	0.363	0.610	0.618	0.461	0.393	0.465
	5 层梁轴线处	0.328	0.473	0.576	0.419	0.573	0.402	0.346	0.522	0.455
	6 层梁轴线处	0.366	0.547	0.707	0.668	0.687	0.638	0.455	0.531	0.575
0.75	基底	0.408	0.408	0.408	0.408	0.408	0.408	0.408	0.408	0.408
	1 层梁轴线处	0.446	0.412	0.540	0.634	0.725	0.563	0.411	0.483	0.527
	2 层梁轴线处	0.638	0.755	0.834	0.844	1.222	0.610	0.400	0.689	0.749
	3 层梁轴线处	0.379	0.488	0.582	0.642	0.976	0.747	0.437	0.595	0.606
	4 层梁轴线处	0.434	0.457	0.573	0.532	0.570	0.697	0.485	0.432	0.523
	5 层梁轴线处	0.387	0.636	0.746	0.672	0.488	0.733	0.363	0.538	0.570
	6 层梁轴线处	0.665	0.580	0.591	0.789	0.860	0.762	0.527	0.557	0.666
1.00	基底	0.408	0.408	0.408	0.408	0.408	0.408	0.408	0.408	0.408
	1 层梁轴线处	0.471	0.611	0.786	0.549	0.877	0.527	0.789	0.574	0.648
	2 层梁轴线处	0.639	0.686	0.674	0.787	1.477	0.907	0.714	0.765	0.831
	3 层梁轴线处	0.625	0.790	0.526	0.746	1.497	0.624	0.531	0.630	0.746
	4 层梁轴线处	0.614	0.707	0.858	0.663	0.732	0.810	0.463	0.599	0.681
	5 层梁轴线处	0.449	0.508	0.792	0.883	0.572	0.666	0.614	0.744	0.654
	6 层梁轴线处	0.779	0.593	0.964	0.953	0.826	0.805	0.770	0.592	0.785
1.50	基底	0.408	0.408	0.408	0.408	0.408	0.408	0.408	0.408	0.408
	1 层梁轴线处	0.689	0.880	0.769	1.049	0.879	0.988	0.759	0.653	0.833
	2 层梁轴线处	0.682	0.695	1.032	1.042	0.994	0.966	0.725	0.783	0.865
	3 层梁轴线处	0.594	0.888	1.166	0.846	0.856	0.970	0.823	0.661	0.850
	4 层梁轴线处	0.519	1.256	1.037	0.927	1.981	0.895	0.950	0.809	1.047
	5 层梁轴线处	0.524	0.900	1.185	0.867	0.935	1.247	0.833	0.680	0.896
	6 层梁轴线处	0.806	0.778	1.409	1.130	1.283	0.666	0.993	0.717	0.973
2.00	基底	0.408	0.408	0.408	0.408	0.408	0.408	0.408	0.408	0.408
	1 层梁轴线处	0.985	0.957	1.359	0.995	0.894	1.031	1.169	1.093	1.060
	2 层梁轴线处	1.167	1.422	1.735	1.452	1.446	1.469	1.036	0.773	1.313
	3 层梁轴线处	0.787	1.605	1.463	1.343	0.977	1.368	0.716	1.149	1.176
	4 层梁轴线处	0.525	1.563	1.102	1.394	1.418	1.174	1.060	0.742	1.122
	5 层梁轴线处	0.642	1.625	1.408	1.489	1.469	0.961	0.862	0.846	1.163
	6 层梁轴线处	1.396	0.794	1.754	1.329	1.456	1.213	1.246	1.039	1.278

续表

刚度比	项目	EQ1	EQ2	EQ3	EQ4	EQ5	EQ6	EQ7	EQ8	均值
3.00	基底	0.408	0.408	0.408	0.408	0.408	0.408	0.408	0.408	0.408
	1 层梁轴线处	1.202	1.210	1.780	1.769	1.454	1.569	1.385	1.603	1.496
	2 层梁轴线处	1.595	1.076	1.799	2.505	2.161	2.141	2.180	1.740	1.900
	3 层梁轴线处	1.253	2.041	2.080	2.116	2.789	1.885	2.751	1.895	2.101
	4 层梁轴线处	1.246	3.153	2.651	1.989	1.801	2.353	2.310	2.412	2.240
	5 层梁轴线处	1.512	1.956	2.277	1.941	1.731	2.423	3.146	1.671	2.082
	6 层梁轴线处	1.276	1.792	2.316	2.606	1.290	1.924	2.295	1.742	1.905
4.00	基底	0.408	0.408	0.408	0.408	0.408	0.408	0.408	0.408	0.408
	1 层梁轴线处	1.246	2.839	2.196	3.570	4.021	2.195	2.454	2.491	2.627
	2 层梁轴线处	1.480	1.594	2.685	3.010	2.641	2.582	2.397	2.829	2.402
	3 层梁轴线处	1.569	4.250	4.953	3.264	3.223	1.832	2.936	2.911	3.117
	4 层梁轴线处	1.525	3.683	2.723	3.221	1.734	2.693	2.878	2.169	2.578
	5 层梁轴线处	1.799	4.822	3.043	3.958	2.174	3.912	4.007	3.315	3.379
	6 层梁轴线处	1.777	2.967	2.803	2.727	2.275	3.486	3.677	4.999	3.089

F6-B345-C460 钢框架最大绝对加速度（g） 附表 D.17

刚度比	项目	EQ1	EQ2	EQ3	EQ4	EQ5	EQ6	EQ7	EQ8	均值
0	基底	0.408	0.408	0.408	0.408	0.408	0.408	0.408	0.408	0.408
	1 层梁轴线处	0.326	0.311	0.446	0.383	0.355	0.307	0.390	0.362	0.360
	2 层梁轴线处	0.297	0.521	0.509	0.514	0.482	0.290	0.378	0.402	0.424
	3 层梁轴线处	0.255	0.498	0.398	0.407	0.378	0.305	0.414	0.343	0.375
	4 层梁轴线处	0.243	0.294	0.285	0.397	0.321	0.436	0.370	0.338	0.336
	5 层梁轴线处	0.259	0.362	0.375	0.453	0.335	0.218	0.342	0.251	0.324
	6 层梁轴线处	0.308	0.586	0.493	0.475	0.502	0.372	0.431	0.417	0.448
0.25	基底	0.408	0.408	0.408	0.408	0.408	0.407	0.406	0.403	0.407
	1 层梁轴线处	0.386	0.334	0.454	0.389	0.363	0.307	0.394	0.410	0.380
	2 层梁轴线处	0.364	0.545	0.490	0.558	0.475	0.303	0.481	0.418	0.454
	3 层梁轴线处	0.254	0.526	0.404	0.464	0.373	0.381	0.421	0.372	0.399
	4 层梁轴线处	0.292	0.310	0.314	0.433	0.325	0.436	0.396	0.373	0.360
	5 层梁轴线处	0.252	0.370	0.355	0.471	0.314	0.269	0.358	0.252	0.330
	6 层梁轴线处	0.310	0.592	0.635	0.503	0.504	0.364	0.451	0.394	0.469
0.50	基底	0.408	0.408	0.408	0.408	0.408	0.408	0.406	0.405	0.407
	1 层梁轴线处	0.511	0.365	0.435	0.552	0.507	0.388	0.439	0.414	0.451
	2 层梁轴线处	0.527	0.571	0.504	0.485	0.484	0.361	0.518	0.407	0.482
	3 层梁轴线处	0.271	0.547	0.421	0.605	0.376	0.432	0.398	0.391	0.430
	4 层梁轴线处	0.298	0.293	0.323	0.453	0.358	0.459	0.437	0.348	0.371
	5 层梁轴线处	0.233	0.587	0.615	0.514	0.401	0.322	0.330	0.261	0.408
	6 层梁轴线处	0.347	0.571	0.667	0.524	0.640	0.399	0.541	0.417	0.513
0.75	基底	0.408	0.408	0.408	0.408	0.408	0.408	0.408	0.408	0.408
	1 层梁轴线处	0.563	0.392	0.601	0.636	0.555	0.449	0.444	0.561	0.525
	2 层梁轴线处	0.432	0.645	0.927	0.623	0.468	0.502	0.627	0.424	0.581
	3 层梁轴线处	0.392	0.552	0.490	0.712	0.856	0.571	0.529	0.437	0.567
	4 层梁轴线处	0.390	0.498	0.463	0.480	0.933	0.577	0.522	0.356	0.527
	5 层梁轴线处	0.395	0.441	0.561	0.612	0.663	0.435	0.406	0.458	0.496
	6 层梁轴线处	0.531	0.668	0.613	0.761	0.663	0.503	0.590	0.542	0.609

刚度比	项目	EQ1	EQ2	EQ3	EQ4	EQ5	EQ6	EQ7	EQ8	均值
1.00	基底	0.408	0.408	0.408	0.408	0.408	0.408	0.408	0.408	0.408
	1 层梁轴线处	0.559	0.544	0.883	0.579	0.566	0.522	0.641	0.393	0.586
	2 层梁轴线处	0.724	0.925	1.194	0.785	0.889	0.707	0.695	0.812	0.842
	3 层梁轴线处	0.537	0.887	0.596	0.705	0.873	0.666	0.546	0.414	0.653
	4 层梁轴线处	0.363	0.587	0.564	0.744	1.338	0.592	0.606	0.414	0.651
	5 层梁轴线处	0.416	0.634	0.689	0.768	0.822	0.664	0.574	0.503	0.634
	6 层梁轴线处	0.574	0.549	0.765	1.028	0.693	0.692	0.676	0.673	0.706
1.50	基底	0.408	0.408	0.408	0.408	0.408	0.408	0.408	0.408	0.408
	1 层梁轴线处	0.840	1.034	1.447	0.900	1.587	0.683	0.804	0.737	1.004
	2 层梁轴线处	0.727	1.446	1.754	1.235	1.516	0.828	1.284	0.759	1.194
	3 层梁轴线处	0.989	0.848	1.272	0.956	2.377	1.253	1.003	0.898	1.199
	4 层梁轴线处	0.546	0.728	1.078	1.153	1.441	0.774	0.999	0.743	0.933
	5 层梁轴线处	0.553	1.052	1.312	1.075	1.336	1.229	0.927	0.957	1.055
	6 层梁轴线处	0.972	0.733	1.095	1.078	1.080	1.218	0.682	0.933	0.974
2.00	基底	0.408	0.408	0.408	0.408	0.408	0.408	0.408	0.408	0.408
	1 层梁轴线处	1.100	0.766	1.299	1.030	1.528	1.022	0.654	0.922	1.040
	2 层梁轴线处	0.835	1.758	1.467	1.028	1.538	1.470	0.941	1.386	1.303
	3 层梁轴线处	0.956	0.675	2.415	1.490	1.020	1.491	0.571	1.144	1.220
	4 层梁轴线处	0.730	1.224	1.298	1.140	2.218	1.324	1.162	0.918	1.252
	5 层梁轴线处	0.568	1.113	1.402	1.269	1.387	1.502	1.291	0.937	1.184
	6 层梁轴线处	0.891	0.856	0.941	1.330	1.660	1.101	1.048	1.134	1.120
3.00	基底	0.408	0.408	0.408	0.408	0.408	0.408	0.408	0.408	0.408
	1 层梁轴线处	1.589	2.847	1.531	1.186	1.718	1.164	2.102	1.449	1.698
	2 层梁轴线处	1.468	2.168	3.173	1.931	2.733	2.010	1.462	1.431	2.047
	3 层梁轴线处	1.201	1.281	2.997	2.913	3.171	1.809	2.127	1.506	2.126
	4 层梁轴线处	1.285	3.167	1.958	1.791	3.171	3.170	2.113	1.843	2.312
	5 层梁轴线处	0.858	2.463	2.813	2.336	1.957	2.130	2.578	1.350	2.061
	6 层梁轴线处	1.089	1.807	2.402	1.795	1.831	1.139	2.401	1.144	1.701
4.00	基底	0.408	0.408	0.408	0.408	0.408	0.408	0.408	0.408	0.408
	1 层梁轴线处	1.217	2.675	2.489	2.157	2.429	1.174	3.263	2.175	2.197
	2 层梁轴线处	1.611	2.618	3.614	4.517	2.509	2.657	2.367	2.819	2.839
	3 层梁轴线处	1.324	3.273	3.350	3.706	3.033	2.594	3.100	2.415	2.849
	4 层梁轴线处	1.152	5.409	2.617	4.568	2.322	1.335	2.426	2.591	2.803
	5 层梁轴线处	1.524	4.418	4.122	4.158	3.579	2.403	3.582	3.147	3.367
	6 层梁轴线处	1.591	3.225	3.725	5.754	1.963	1.824	3.164	3.421	3.083

F6-B460-C460 钢框架最大绝对加速度（g）　　附表 D.18

刚度比	项目	EQ1	EQ2	EQ3	EQ4	EQ5	EQ6	EQ7	EQ8	均值
0	基底	0.408	0.408	0.408	0.408	0.408	0.408	0.408	0.408	0.408
	1 层梁轴线处	0.321	0.355	0.433	0.400	0.366	0.289	0.428	0.376	0.371
	2 层梁轴线处	0.253	0.376	0.509	0.433	0.437	0.297	0.388	0.381	0.384
	3 层梁轴线处	0.255	0.451	0.456	0.369	0.369	0.316	0.435	0.356	0.376
	4 层梁轴线处	0.232	0.329	0.312	0.319	0.280	0.357	0.308	0.325	0.308
	5 层梁轴线处	0.226	0.321	0.375	0.306	0.319	0.214	0.336	0.266	0.295
	6 层梁轴线处	0.283	0.497	0.478	0.468	0.578	0.387	0.452	0.350	0.437

刚度比	项目	EQ1	EQ2	EQ3	EQ4	EQ5	EQ6	EQ7	EQ8	均值
0.25	基底	0.408	0.408	0.408	0.408	0.408	0.408	0.408	0.402	0.407
	1层梁轴线处	0.328	0.329	0.467	0.386	0.364	0.302	0.418	0.422	0.377
	2层梁轴线处	0.328	0.415	0.492	0.537	0.539	0.300	0.379	0.478	0.434
	3层梁轴线处	0.259	0.479	0.419	0.386	0.377	0.287	0.422	0.439	0.383
	4层梁轴线处	0.297	0.326	0.334	0.333	0.280	0.398	0.384	0.358	0.339
	5层梁轴线处	0.244	0.416	0.386	0.363	0.459	0.244	0.336	0.277	0.341
	6层梁轴线处	0.299	0.555	0.482	0.550	0.537	0.430	0.439	0.405	0.462
0.50	基底	0.408	0.408	0.408	0.408	0.408	0.408	0.404	0.405	0.407
	1层梁轴线处	0.360	0.355	0.500	0.558	0.449	0.306	0.422	0.431	0.422
	2层梁轴线处	0.391	0.456	0.577	0.591	0.588	0.363	0.415	0.602	0.498
	3层梁轴线处	0.255	0.508	0.404	0.559	0.366	0.376	0.413	0.404	0.411
	4层梁轴线处	0.311	0.388	0.429	0.603	0.300	0.410	0.397	0.406	0.405
	5层梁轴线处	0.289	0.476	0.473	0.422	0.436	0.331	0.445	0.287	0.395
	6层梁轴线处	0.301	0.591	0.589	0.583	0.542	0.571	0.628	0.453	0.532
0.75	基底	0.408	0.408	0.408	0.408	0.408	0.408	0.408	0.405	0.408
	1层梁轴线处	0.536	0.364	0.575	0.500	0.682	0.350	0.521	0.592	0.515
	2层梁轴线处	0.584	0.517	0.967	0.751	0.507	0.371	0.489	0.578	0.595
	3层梁轴线处	0.340	0.799	0.504	0.990	0.395	0.468	0.515	0.519	0.566
	4层梁轴线处	0.461	0.786	0.441	0.605	0.463	0.438	0.414	0.553	0.520
	5层梁轴线处	0.243	0.743	0.651	0.591	0.476	0.336	0.504	0.496	0.505
	6层梁轴线处	0.526	0.603	0.840	0.698	0.596	0.511	0.493	0.627	0.612
1.00	基底	0.408	0.408	0.407	0.408	0.408	0.408	0.404	0.408	0.408
	1层梁轴线处	0.500	0.389	0.573	0.643	0.624	0.523	0.508	0.664	0.553
	2层梁轴线处	0.373	0.537	1.084	0.801	0.589	0.411	0.536	0.646	0.622
	3层梁轴线处	0.610	0.583	0.897	0.998	0.450	0.514	0.743	0.565	0.670
	4层梁轴线处	0.385	0.487	0.683	1.131	1.073	0.533	0.659	0.507	0.682
	5层梁轴线处	0.405	0.828	0.707	0.732	0.671	0.601	0.703	0.626	0.659
	6层梁轴线处	0.490	0.583	1.165	0.974	0.765	0.833	0.923	0.709	0.805
1.50	基底	0.408	0.408	0.408	0.408	0.408	0.408	0.408	0.408	0.408
	1层梁轴线处	0.870	0.623	0.702	0.783	1.334	0.592	0.962	0.823	0.836
	2层梁轴线处	1.047	0.871	1.322	1.356	1.397	0.667	0.889	0.777	1.041
	3层梁轴线处	0.732	1.020	1.082	1.078	0.980	0.676	0.802	0.899	0.909
	4层梁轴线处	0.646	1.200	1.338	1.524	1.008	0.971	0.989	0.729	1.051
	5层梁轴线处	0.775	0.850	1.398	1.616	2.075	0.966	1.252	0.951	1.235
	6层梁轴线处	0.473	0.782	1.272	1.259	1.967	1.009	1.155	1.372	1.161
2.00	基底	0.408	0.408	0.408	0.408	0.408	0.408	0.408	0.408	0.408
	1层梁轴线处	0.673	1.354	0.904	1.456	1.518	1.550	1.239	1.203	1.237
	2层梁轴线处	1.384	1.193	2.297	1.654	2.449	1.145	1.136	1.706	1.621
	3层梁轴线处	0.848	2.239	1.883	1.332	2.977	1.292	1.058	0.819	1.556
	4层梁轴线处	1.165	1.680	1.596	1.240	2.946	0.873	1.206	1.552	1.532
	5层梁轴线处	1.128	1.029	1.952	1.367	1.255	1.709	1.579	1.220	1.405
	6层梁轴线处	0.954	0.950	0.765	2.472	1.275	1.193	1.170	1.343	1.265

续表

刚度比	项目	EQ1	EQ2	EQ3	EQ4	EQ5	EQ6	EQ7	EQ8	均值
3.00	基底	0.408	0.408	0.408	0.408	0.408	0.408	0.408	0.408	0.408
	1层梁轴线处	1.063	2.476	1.831	1.822	2.088	2.178	1.910	1.855	1.903
	2层梁轴线处	1.671	1.795	2.685	2.255	2.848	1.190	2.114	1.637	2.024
	3层梁轴线处	1.328	2.182	3.343	2.029	2.190	1.717	1.846	1.136	1.971
	4层梁轴线处	0.868	1.934	3.991	2.447	2.721	1.835	2.150	2.910	2.357
	5层梁轴线处	1.118	2.195	2.559	2.440	3.180	1.816	1.616	1.727	2.081
	6层梁轴线处	1.273	1.180	2.284	2.734	3.319	2.525	2.861	1.971	2.268
4.00	基底	0.408	0.408	0.408	0.408	0.408	0.408	0.408	0.408	0.408
	1层梁轴线处	2.436	2.408	2.924	2.732	4.106	2.873	2.122	1.717	2.665
	2层梁轴线处	1.843	4.231	3.506	3.113	3.669	2.514	2.364	3.531	3.096
	3层梁轴线处	2.030	3.648	2.349	4.825	2.549	2.602	3.391	2.717	3.014
	4层梁轴线处	1.321	3.338	3.351	3.254	3.285	2.805	3.579	3.340	3.034
	5层梁轴线处	1.082	2.728	5.151	2.988	3.624	1.775	4.896	2.721	3.121
	6层梁轴线处	1.709	3.467	7.344	3.233	3.654	2.823	3.342	3.816	3.673